双基地MIMO雷达目标多参数联合估计

郭艺夺　宫健　胡晓伟　著

西北工業大學出版社

西　安

【内容简介】 本书分为九章，包括绪论、双基地 MIMO 雷达基本理论、双基地 MIMO 雷达收发方位角估计的波束空间 ESPRIT 算法、未知目标数的双基地 MIMO 雷达角度-多普勒频率联合估计、双基地MIMO雷达相干分布式目标收发中心角估计算法、双基地 MIMO 雷达准平稳目标空间定位算法、双基地 MIMO 雷达目标定位及幅相误差自校正、双基地 MIMO 雷达目标定位及互耦自校正，以及总结和展望等。

本书可供高等院校雷达目标探测相关专业高年级及研究生学习使用，也可供相关技术人员阅读参考。

图书在版编目(CIP)数据

双基地 MIMO 雷达目标多参数联合估计/郭艺夺，宫健，胡晓伟著. —西安：西北工业大学出版社，2018.11

ISBN 978-7-5612-6389-1

Ⅰ.①双… Ⅱ.①郭… ②宫… ③胡… Ⅲ.①多变量系统—雷达目标—参数—估计 Ⅳ.①TN951

中国版本图书馆 CIP 数据核字(2018)第 259078 号

策划编辑：杨 军

责任编辑：万灵芝

出版发行：西北工业大学出版社

通信地址：西安市友谊西路 127 号 邮编：710072

电 话：(029)88493844 88491757

网 址：www.nwpup.com

印 刷 者：兴平市博闻印务有限公司

开 本：727 mm×960 mm 1/16

印 张：10.625

字 数：176 千字

版 次：2018 年 11 月第 1 版 2018 年 11 月第 1 次印刷

定 价：69.00 元

前　言

随着电子战技术的发展，隐身目标、电子干扰、反辐射导弹和超低空突防等技术严重制约着传统单雷达发挥其作用，使其面临着所谓的“四大威胁”。双(多)基地雷达以收发分置和复杂的工作方式，具有固有的反隐身、对抗反辐射导弹、抗干扰、反低空突防的优势和一些雷达新特性，极具发展潜力，被认为是21世纪的三大雷达体制之一。

MIMO(Multiple - Input Multiple - Output)技术是一种多输入多输出技术，最早在通信中应用，近年来开始在雷达中应用。MIMO雷达是近几年发展起来的一种新概念雷达，是双(多)基地雷达的一种扩展。MIMO雷达在抑制目标闪烁与信号传输衰落、提高测量精度和分辨力、抗干扰以及反隐身等方面具有潜在优势。对这些潜在优势的开发可以显著改善雷达的目标检测、参数估计、跟踪和识别的性能。MIMO雷达代表未来雷达发展的必然趋势，已经引起世界各国学者、研究机构、军事和工业部门的高度关注。MIMO雷达与常规相控阵雷达不同，采用空间分集、频率分集、多种波形设计等技术，在发射和接收端同时采用数字阵列技术。发射端每个子阵发射相互正交的信号，接收子阵形成接收数字波束，可同时完成多个功能。MIMO雷达处理维数高、收发孔径利用充分、角分辨率高，可以兼顾大空域搜索和空域覆盖率要求，可以实现更低的波束副瓣，可进行自适应处理以提高检测目标能力。有关专家预期:21世纪将是MIMO雷达的时代。

传统双基地雷达在目标参数测量中存在着时间、角度、频率(相位)同步的三大技术难题，对于直达信号的抑制也存在较大的困难。将MIMO技术与双基地雷达技术相结合，可形成一种新的双基地雷达体制，是雷达技术的一个新发展。双基地MIMO雷达利用发射和接收阵列信号具有的方向相关性，可同时估计出接收站目标方向和发射站目标方向，这种体制避开了双基地固有的“三大同步”难题，具有双基地雷达和MIMO技术的双重优点。这种新体制雷达是数字化、分布化、多通道化、低辐射功率和非扫描等雷达发展趋势的综合体现，具有很好的发展前景。然而，双基地MIMO雷达目标参数估计技术的理论研究尚处于起步阶段，有许多理论问题需要深入研究，因此，本书主要针对双基地MIMO雷达目标探测中的多参数联合估计新方法和新技术等关键问题来展开研究。

本书分为九章。第 1 章介绍本书研究的背景和意义，对 MIMO 雷达的研究进展及 MIMO 雷达目标参数估计技术的发展与现状进行了综述，分析双基地 MIMO 雷达目标多参数联合估计研究的可行性和必要性。第 2 章介绍双基地 MIMO 雷达基本理论。从定义和分类、结构和信号模型、基本算法等方面对双基地 MIMO 雷达基本理论进行简要介绍。第 3 章针对目标收发角联合估计问题，介绍一种双基地 MIMO 雷达收发方位角估计的波束空间 ESPRIT(B－ESPRIT)算法。第 4 章针对空间高斯白噪声和高斯色噪声背景，介绍两种无须预知或预判目标数的双基地 MIMO 雷达收发方位角及多普勒频率联合估计算法。第 5 章针对相干分布式目标，介绍一种快速的双基地 MIMO 雷达目标收发中心方位角联合估计方法。第 6 章针对准平稳目标，介绍一种目标二维 DOD 和 DOA 联合估计的 Khatri－Rao ESPRIT(KR－ESPRIT)算法，从而实现对准平稳目标的空间定位。第 7 章针对双基地 MIMO 雷达收发阵列存在幅相误差的情况，介绍一种基于辅助阵元法(ISM)的 ESPRIT 类(ESPRIT－like)算法。第 8 章针对双基地 MIMO 雷达收发阵列存在互耦误差的情况，利用均匀线阵互耦系数矩阵的带状、对称 Toeplitz 特性，介绍一种基于降维的双基地 MIMO 雷达目标定位及互耦自校正算法。第 9 章对本书内容进行总结，并对双基地 MIMO 雷达目标参数估计的未来发展方向进行展望。

本书内容新颖，技术实用。在编写过程中，参阅了相关文献资料，在此向相关作者表示衷心的感谢。

限于笔者的水平和能力，书中难免有不足之处，敬请同行、专家批评指正。

著　者

2018 年 8 月

目　录

第1章 绪 论

1.1 引 言

现代战争是信息化条件下的高科技战争。信息战、空天战、非接触及立体作战、全方位大纵深和海陆空天地一体化作战将成为战争的主要作战样式。雷达作为战场上主要的目标传感器，担负着信息获取、精确制导等重要任务，将在信息化战争中发挥核心作用。然而，随着隐身技术、反辐射导弹、综合电子干扰和低空突防技术的发展，雷达面临的作战环境更加恶劣，传统雷达已难以应付这“四大威胁”，主要表现在：①反隐身能力弱。目前隐身技术已发展到相当高的水平，前向鼻锥$\pm 45°$范围的隐身水平可达到20～30 dB，使传统单基地雷达探测距离大大缩小。②生存能力差。常规体制雷达发射功率大、天线副瓣电平较高，使其易于被电子侦察系统侦测定位，更易遭到反辐射导弹的攻击，其生存受到极大威胁。③抗干扰能力弱。实际战场环境中强大的电磁干扰，极大地限制了常规体制雷达探测性能的发挥。④目标闪烁引起雷达性能衰退。由于目标是由许多小的散射体组成，所以目标到雷达的距离、方位微小变动都会引起目标的散射中心和截面积(RCS)变化，即引起反射波能量的变化，致使雷达测量性能大大降低。

多输入多输出(Multiple - Input Multiple - Output，MIMO)雷达[1-3]是近几年来发展起来的一种新体制雷达，因其具有优良的反隐身、抗反辐射导弹、抗干扰和低慢速目标检测等性能，已经引起世界各国学者、研究机构、军事和工业部门的高度关注。因此，MIMO雷达可为解决上述问题提供一条崭新的途径。与传统的相控阵雷达相比，MIMO雷达的优势主要体现在以下几方面：①反隐身能力强。MIMO雷达可利用不同角度的散射特性，而隐身飞行器不可能做到任何角度都具有隐身效果，所以总有大的RCS被侦测到。②参数估计精度高。与传统相控阵雷达相比，相同收发阵元情况下，MIMO雷达能够形成更大的虚拟阵列孔径，因此能够提高目标参数估计的分辨力。研究表明，MIMO雷达的角度估计误差比常规雷达小$\sqrt{2}$倍[4]。③抗干扰能力强。MIMO雷达通过充分利用多散射体造成的多径进行信号处理，所以其抗多径干扰能力强。相比常规雷达,MIMO 雷达降低了接收机上的杂波功率,使其具有较好的抗杂波及抗干扰性能。MIMO 雷达采用了收发分开配置的结构,使得干扰机实施干扰的方向是该雷达发射机的方向而不是接收机的方向,而且其接收端可以采用数字波束形成技术将干扰方向置零,从而达到消除有源干扰的目的,这就使得 MIMO 雷达具有优良的抗有源干扰性能。④反侦察、低截获性能高。由于 MIMO 雷达发射低功率、宽频带的脉冲信号,使得角度宽开的天线和频率宽开的电子侦测机截获 MIMO 雷达信号困难。而 MIMO 雷达天线收发分置,使用合成的阵列天线虚阵元,可以完成电子战的欺骗式干扰。由于 MIMO 雷达各发射阵元的波形相互正交不产生相干合成,因此可形成低增益的宽波束。当 MIMO 雷达发射通道数为 M 时,主波束方向的空间增益将降低为原来的 $1/M$,因而改善了雷达的抗截获性能。⑤抗摧毁能力强。MIMO 雷达采用空间分散分布、频率分集、多种波形设计,相当于一部雷达随机变换工作地点、工作波段和波形,使得反辐射导弹侦测系统始终处于搜索阶段,最终导致反辐射导弹找不到目标而不能进行有效攻击。因而 MIMO 雷达代表着未来雷达发展的必然趋势,是近代雷达变革中新技术和新体制的集中体现,是集中了现代电子科学技术各学科成就的高技术系统。有关专家预期:21 世纪将是 MIMO 雷达的时代。

双基地 MIMO 雷达指的是一种发射站与接收站间隔一定距离,发射站发射两个以上的正交信号,接收站采用两个以上的接收阵元进行相参接收的 MIMO 雷达系统。与传统的双基地雷达相比,其不需要发射站和接收站之间的时间同步和角度同步,也不需要额外的通信,从而可大大简化系统设备。因此,双基地 MIMO 雷达可以解决双基地雷达系统面临的技术难题,具有双基地雷达和 MIMO 雷达的双重优点,它是数字化、分布化、多通道化、低辐射功率和非扫描等雷达发展趋势的综合体现。

双基地 MIMO 雷达形成的虚拟阵列可增大天线的孔径,从而获得空间分集增益,提高雷达探测目标的可靠性和目标参数估计的精度,可以作为防空雷达的一种新体制,用于对空中目标的预警、跟踪、识别和对导弹的精确制导。因此,其在军事领域具有广阔的应用前景。信号检测和目标参数估计是双基地 MIMO 雷达信号处理的核心内容,特别是目标参数估计,更是当前国际上的研究热点。近年来,基于双基地 MIMO 雷达的目标参数估计理论研究取得了丰硕的成果,但将其应用到实践中,有待解决的问题仍然很多。进行深入的理论和方法研究,使目标参数估计走向实用化是十分必要的,具有重要的理论意义和实用价值。

1.2 MIMO雷达的发展与现状

1.2.1 MIMO雷达的概念及分类

MIMO雷达是指使用多个发射天线发射多种正交分集信号，并使用多个接收天线联合接收处理信号的雷达系统。在发射端，MIMO雷达发射阵元（或子阵）以全向或宽波束的形式发射相互正交的波形。在接收端，用匹配滤波器组来分离回波信号中的各发射分量，然后通过自适应阵列处理技术进行目标检测、杂波抑制与参数估计。MIMO雷达实际上就是更广义的数字阵列雷达系统，传统相控阵雷达仅是其在发射波形全相干时的特例[2]。MIMO雷达的特点主要体现在两个分集，即空间分集和波形分集。空间分集是指由于MIMO雷达收发阵元间距离较大，所以各回波通道中的信号互不相关；波形分集是指各发射通道信号波形相互正交，不具有相关性。MIMO雷达主要可以分为两大类：统计MIMO雷达[5-8]与相干MIMO雷达[9-11]。

统计MIMO(Statistical MIMO，SMIMO)雷达的发射阵元和接收阵元间距离较大，使得探测信号可从多个不相关的方向照射到散射目标，所以各接收阵元对应通道内信号完全独立，从而可获得较高的空间分集增益。SMIMO雷达又称为分布式MIMO雷达或收发全分集的MIMO雷达。SMIMO雷达同时具有空间分集和波形分集的特点，它能够从各个角度观测目标，使得目标对每个发射接收通道呈现独立的散射特性，从而避免了目标RCS起伏给雷达目标检测带来的不利影响，提高了雷达整体的探测和参数估计性能。研究者主要以美国新泽西研究所的Fishler Eran和Lehigh大学的Blum Rick等为代表。

相干MIMO(Coherent MIMO，CMIMO)雷达，也称为集中式MIMO雷达，其发射阵列阵元间距较小，接收阵列与传统相控阵雷达类似。CMIMO雷达各发射阵元发射相互正交信号，因此发射信号在空间中不能形成强方向性的发射方向图，而是发射全方向波束或宽波束[12]。CMIMO雷达仅具有波形分集的特点，该分集可以使其产生大量的虚拟阵元，从而能够扩展雷达的虚拟阵列孔径。因此，CMIMO雷达能够提高空间分辨力，增强目标参数估计的性能[9]。另外，CMIMO雷达可以自适应地对发射波束方向图进行设计，从而提高发射方向图设计的灵活性[13]。其研究者主要以美国Florida大学的Li Jian和瑞典Uppsala大学的Stoica Petre等为代表。

由于 SMIMO 雷达具有分布部署的特点，所以其在空间对准和时间对准上的技术难度较大，不易于工程实现；而 CMIMO 雷达收发阵列阵元间距较小，与传统的相控阵雷达类似，在工程上较容易实现。因此，本书研究对象为 CMIMO 雷达，为了简略起见，后面叙述中省略“相干”二字，统称为 MIMO 雷达。

1.2.2 MIMO 雷达的研究现状与趋势

针对传统雷达探测隐身目标难和易受反辐射导弹攻击的问题，法国国家航天局于 20 世纪 70 年代给出了综合脉冲孔径雷达（Synthetic Impulse and Aperture Radar，SIAR）[14-17]的概念。SIAR 采用收发分置的天线阵列，发射天线向空间全向辐射一组正交编码频率调制的宽脉冲，在接收端对接收到的目标回波信号进行匹配滤波，因此可看作 MIMO 雷达的雏形。为了满足现代战争对雷达探测性能的需求，受 MIMO 通信和 SIAR 技术的启发，在 2003 年第 37 届 Asilomar 信号、系统和计算机会议上，Rabideau 和 Paker[1]首次将 MIMO 的概念拓展到雷达领域中；2004 年，新泽西理工学院的 E. Fishier 等人从统计的角度详细介绍了 MIMO 雷达的基本概念和信号模型[2]。相比传统的相控阵雷达，MIMO 雷达在目标检测[18-20]、参数估计[21-23]及杂波抑制[24-26]等方面具有明显优势，同时具有抗干扰能力强和截获概率低的特性[27-29]。因此，关于 MIMO 雷达的研究已成为当前新体制雷达技术研究的热点，并取得了一系列的理论研究成果和实验论证结果。通过对现有关于 MIMO 雷达研究的文献进行整理可以发现，MIMO 雷达技术研究重点主要集中于以下 7 个领域：MIMO 雷达的系统建模与分析、收发阵列布阵配置、发射波形的设计、发射/接收波束形成、杂波抑制、目标检测和参数估计。

1.系统建模与分析

Bliss 等人[21]系统论述了 MIMO 雷达的目标信号模型，分析了 MIMO 雷达的探测性能及其 GMTI 性能。文献[2,30]建立了 MIMO 雷达的信号模型，研究了 MIMO 雷达在各种收发阵列分布条件下的信号模型，并分析了角度分集下 MIMO 雷达的目标检测性能和参数估计的克拉美-罗界。Robey 等人[5]基于对 MIMO 雷达信号模型的分析，给出了 MIMO 雷达的杂波模型，论述了 MIMO 雷达性能改善的原理，利用 L 波段和 X 波段的 MIMO 雷达系统所获得的实测数据研究了低旁瓣的波束形成技术。文献[9]建立了 CMIMO 雷达的信号模型，并基于这一模型详细论述了 CMIMO 雷达在参数估计、目标定位和波束设计上的性能优势。Friedlander[31]从 MIMO 雷达接收信号模型的角度出发，比较了集中式 MIMO 雷达和传统相控阵雷达（SIMO 雷达），建立了 MIMO 雷达与 SIMO 雷达模型之间的数学关系，验证了 MIMO 雷达与 SIMO 雷达的一致性，研究成果为 SIMO 雷达的信号处理方法向 MIMO 雷达的扩展提供了理论依据。

国内中国人民解放军国防科技大学、西安电子科技大学和电子科技大学等单位均对 MIMO 雷达的模型及特性分析进行了深入的研究，也取得了大量的高价值的研究成果[32-34]。

2.收发阵列布阵配置

基于 MIMO 雷达中虚拟阵元的形成机理，文献[35－36]研究了采用不同收发阵列配置时 MIMO 雷达形成虚拟阵列的结构及特点。文献[37]阐述了 SMIMO 雷达的阵列配置对空间去相关性和检测性能的影响，得出了其空间去相关情况下收发阵列的配置条件。文献[38]分析了分布式机载 MIMO 雷达发射平台（4 个平台）的不同几何配置方案对探测覆盖区域的影响。文献[39]中将 MIMO 思想应用到 VSAR 中，给出了一种新体制 MIMO VSAR 雷达的实用优化阵列配置方案。上述关于 MIMO 雷达中虚拟阵元的讨论都以均匀线阵（Uniform linear array，ULA）为基础，文献[40]研究了具有非均匀线阵（Nonuniform linear array，NLA）结构的 MIMO 雷达，从而得出非均匀线阵能够产生更多的有效虚拟阵元，解决了均匀配置的 MIMO 雷达虚拟阵元冗余的问题，该结构具有更大的空间自由度和更好的统计估计性能。基于传统相控阵雷达接收端最小冗余阵列的设计思想，文献[41－42]针对均匀线阵的 MIMO 雷达虚拟阵元冗余度高的问题，分别给出了发射阵列配置设计的最小冗余（Minimum Redundancy，MR）阵列设计算法和基于差集理论的 MR 算法，有效提高了 MIMO 雷达的阵元利用率。西安电子科技大学的一些学者也对该问题进行了详细研究，并给出了一系列 MIMO 雷达阵列优化配置的高效算法[43-46]。

3.发射波形设计

当前，关于 MIMO 雷达发射波形优化设计的研究成果很多，根据优化设计准则的不同可归纳为如下三类：①基于发射波形互相关矩阵的发射波形设计方法。该设计中用发射波形的互相关矩阵代替直接的波形函数作为设计目标。如文献[47－49]研究了如何通过选择合适的信号互相关矩阵和互谱密度矩阵来逼近需要实现的发射方向图。文献[50]通过优化控制 $\boldsymbol{R}_s$ 获得了最优的发射功率控制，实现了在指定目标探测位置上发射信号波形的互相关最小，同时也提高了接收端的空间分辨力。文献[51]以目标参数估计的克拉美-罗界为优化准则，对发射波形间的互相关矩阵进行了优化设计。文献[52]给出了最优的发射波形的互相关矩阵，该最优设计获得了低的峰值均值功率比(Peak - to - average - power ratio，PAR)和较高的距离分辨力。②基于波形模糊函数的发射波形设计方法。模糊函数表征了 MIMO 雷达的角度-距离-多普勒分辨力，因此基于模糊函数的最优波形设计方法可实现空间域多普勒域的最优分辨性能。文献[53 - 55]设计了发射波形自相关和互相关函数的最低副瓣，进而使得模糊函数更加尖锐，增强了目标检测的空间和距离分辨力。③基于目标检测与估计性能最优的发射波形设计方法。基于模糊函数的方法仅以对目标的分辨力为目标进行波形的优化，而该方法则以目标检测与估计性能为设计准则进行发射波形的优化设计。一般该类方法均需要目标和杂波脉冲响应的先验信息。文献[56]给出了在发射波形为近似理想波形的约束下，使得输出 SINR 最大的发射波形设计方法。文献[57]研究了综合考虑目标检测概率、多普勒频率估计精度和距离分辨力等因素的最优编码波形的设计方法。文献[58 - 61]从信息论的角度，基于互信息(MI)及最小均方误差估计(MMSE)的准则对正交发射波形进行了优化设计。

4.杂波抑制

空时自适应处理(Space Time Adaptive Processing，STAP)的概念最初是由 Brennan 等人[62]于 1973 年针对相控阵体制机载预警雷达的杂波抑制而给出的。经过三十多年的探索和研究，STAP 技术如今已成为一项具有较为坚实理论基础的实用新技术[63-70]。而 MIMO 雷达是在相控阵雷达的基础上引入波形分集的思想，采用相干处理各单元发射的信号。将 MIMO 技术与 STAP 技术结合起来可大幅提高雷达的杂波抑制能力。首先，Bliss 等[71-76]研究了机载 MIMO 雷达的 STAP 技术，结果表明同机载相控阵雷达相比，机载 MIMO 雷达在最小可检测速度、搜索速率以及阵列旁瓣等方面都具有明显的性能优势[71-72]；继而，针对机载相干 MIMO 雷达 STAP 的高运算量问题，C. Y.Chen 等人给出了一种低复杂度的 STAP 算法[73-74]；与此同时，Mecca 等还研究了机载相干 MIMO 雷达在多径杂波下的地面动目标检测问题，并基于子阵设计提高发射功率有效性，解决高电压驻波比问题[75-76]。

5.波束形成

文献[77]研究了基于目标和散射特性调整的 MIMO 雷达波束形成技术，在不同的目标散射统计特性的假设条件下，建立了发射天线波束形成最优算法。文献[78]采用基于现代优化理论优化发射信号的互相关矩阵方法来形成所期望的天线发射方向图以实现发射波束形成。采用混合遗传算法来优化选择 MIMO 雷达相关信号的互相关矩阵，从而实现了阵元间距较近时的相关 MIMO 雷达的波束形成。Yuri 给出了一种迭代自适应处理的波束形成算法[79]，不但降低了运算量和结构复杂性，而且迭代过程中收敛性和稳健性好。针对实际中导向矢量失配情况下的波束形成问题，文献[80-81]给出了波束最优化设计的模型，并给出了基于双边迭代算法的(Bi-iterative algorithm, BIA)的解法。文献[82]通过数学变换，把传统相控阵雷达非线性最小二乘方向图综合法推广到 MIMO 雷达方向图综合。该方法能够灵活调节综合方向图的过渡带宽度和主瓣波动幅度，且具有更小的均方误差。

6.目标检测技术

对于 SMIMO 雷达，文献[3]重点分析了该雷达的检测性能，并和相控阵雷达以及 MISO 雷达的检测性能进行了比较，研究了空间分集对目标检测性能的改善；文献[83-84]分别研究了 SMIMO 雷达发射相干脉冲串时的检测方法和性能，构建了 SMIMO 雷达和传统雷达检测方法及性能分析的统一的框架。Bekkerman 等重点分析了 CMIMO 雷达虚拟阵元的产生原理，讨论了其波束方向图改善和目标检测性能的潜力[85]。文献[86]在 Neyman-Pearson 准则下，研究了当 MIMO 雷达分集路径不完全独立时的检测方法和性能。Maio 将发射和接收全分集的统计 MIMO 雷达的检测问题分解为 MISO 系统的检测问题，并给出了加性高斯干扰中的 GLRT(Generalized Likelihood Ratio Test)检测器[87]；文献[88]给出了基于对角加载的机载 MIMO 雷达目标检测的 GLRT 方法。文献[89-92]建立了 MIMO 雷达在多脉冲条件下的目标检测模型，着重对比分析了 MIMO 雷达与传统相控阵雷达多脉冲条件下的检测性能，验证了 MIMO 雷达检测性能的优越性。

综上所述，MIMO 雷达作为一种极具潜力的新体制雷达，其在系统建模与分析、收发阵列布阵配置、发射波形设计、发射/接收波束形成、杂波抑制、目标检测等各个方面都取得了大量的研究成果。此外，关于 MIMO 雷达的 SAR 成像技术的研究也是当前研究的热点并有大量的研究成果出现[93-102]。而作为 MIMO 雷达信号处理的核心，MIMO 雷达参数估计技术的研究现状及趋势将在 1.3 节进行总结论述。

1.3　MIMO 雷达目标参数估计技术的发展与现状

MIMO 雷达的发射阵元间距小，接收阵列与传统的相控阵雷达类似，其利用波形分集和多通道相干处理，增加系统的自由度，提高目标的角度分辨率和参数的估计性能。MIMO 雷达按收发阵列的部署方式的不同可分为两大类:收发共置的单基地 MIMO 雷达和收发分置的双基地 MIMO 雷达。以下将分别针对这两种 MIMO 雷达的目标参数估计算法的研究动态进行论述。

1.3.1 单基地 MIMO 雷达目标参数估计算法

由于单基地 MIMO 雷达是收发共置的,所以目标相对于收发阵列的波达方向(Direction Of Arrival,DOA)是相同的。目标 DOA 估计技术[103-104]是信号处理的一个重要分支,已经在雷达、声呐、地震勘探、射电天文中得到广泛的应用。由于 MIMO 雷达相对传统的相控阵雷达具有明显的优势,所以出现了单基地 MIMO 雷达 DOA 估计的大量文献。

针对单基地 MIMO 雷达目标一维 DOA 估计,文献[23,105]将 Capon 法、APES 和 CAPES 等几种典型的自适应算法应用到单基地 MIMO 雷达对目标 DOA 和回波信号幅度的估计上。但文中所使用的接收数据为 MIMO 雷达实际接收的阵列数据,而不是 MIMO 雷达通过匹配滤波后的虚拟阵列数据,阵列的有效孔径没有增大。文献[106]给出了一种基于 ESPRIT 和 Kalman 滤波器的 MIMO 雷达参数估计方法。该方法适用于具有任意构型的一维或二维阵列,提高了参数估计的精度,但其只利用了系统接收或发射其中一端的自由度,多目标辨识能力降低了。文献[107]给出了一种未知互耦系数条件下基于四阶累积量的稀疏表示 DOA 估计方法,该方法不仅能够用于高斯白噪声的环境,还能用于高斯色噪声的环境。文献[108]针对多径效应,给出了一种相干源条件下 MIMO 雷达低仰角跟踪时 DOA 估计的新方法,其利用改进的只需一维搜索的最大似然算法对阵列接收数据进行了双端处理,这相当于扩大了单端处理时的阵列孔径,不但提高了低信噪比下仰角分辨力和估计精度,还降低了计算量。文献[109]研究了对称 α 稳定分布($S\alpha S$)冲击杂波下的 MIMO 雷达目标 DOA 估计问题,分别给出基于分数低阶最小方差无畸变响应的 MIMO 雷达 DOA 估计算法和无穷范数归一化最小方差无畸变响应算法。此外,很多文献分析了各种情况下单基地 MIMO 雷达的 DOA 估计性能,并得出了一些具有指导意义的结论。文献[110 - 111]研究了 MIMO 雷达对点目标的 DOA 估计性能,结果表明:对于具有多个发射天线的 MIMO 雷达,其 DOA 估计性能要优于相控阵雷达。文献[112]在文献[110 - 111]的基础上,研究了非均匀线阵,研究结果表明,非均匀线阵产生了更多的有效虚拟阵元,与相控阵雷达和均匀布阵 MIMO 雷达相比,具有更多的空间自由度、更好的克拉美-罗界和更好的 DOA 性能。文献[113]针对单基地

MIMO雷达波达方向估计精度问题，推导了单目标情况下波达方向估计的克拉美-罗界，结果表明：DOA估计精度取决于收发阵列的导向矢量以及发射信号的相关矩阵，当发射阵元间距为半波长时，MIMO雷达波达方向估计的克拉美-罗界在大部分角度范围内优于相控阵雷达，MIMO雷达还能够通过增大发射阵元间距来得到更小的克拉美-罗界，从而获得远优于相控阵雷达的波达方向估计性能。文献[114]研究了MIMO雷达对相干分布式目标DOA估计的克拉美-罗下界(CRB)，给出相干分布式目标的MIMO雷达信号模型，推导出目标参数估计CRB的一般关系式，仿真结果表明：由于具有避免波束形状损失等优点，MIMO雷达对相干分布式目标的参数估计CRB性能优于普通相控阵雷达。文献[115]研究了复合高斯杂波下MIMO雷达DOA估计的平均克拉美-罗下限(Average CRB，ACRB)，给出了MIMO雷达信号与杂波模型，推导出目标DOA估计ACRB的一般关系式，在此基础上给出当杂波texture分量满足反Gamma分布时，ACRB的闭合表达式，研究了目标DOA估计的中断CRB(Outage CRB)，克服了一个发射单元时ACRB发散的问题。

上述关于单基地MIMO雷达目标一维DOA估计的研究都是基于线阵展开的。而对于二维DOA估计，常采用面阵结构，如均匀圆阵、L形阵等。文献[116]中，作者将MIMO思想和米波圆阵雷达结合起来，给出了一种能同时估计目标及其镜像的二维角的算法，该算法不仅能估计出目标的方位角，而且能从俯仰上将目标和镜像分开。文献[117]基于约束最小冗余线阵(RMRLA)，给出利用增广矩阵束(MEMP)算法来估计MIMO雷达的二维DOA。采用约束最小冗余线阵配置L形阵列，计算两线阵的互四阶累积量并构造增广矩阵，利用RMRLA-MEMP方法估计出二维DOA。文献[118]给出了一种单基地L形阵列MIMO雷达的空间多目标分辨和定位方案和基于Capon波束形成器的MIMO-Capon二维空间谱估计方法，该方法可对空间目标二维DOA进行估计，从而完成对多目标的分辨定位。文献[119]将MIMO技术和L形阵结合，给出了一种基于MIMO技术的L形二维DOA估计方法，该方法通过MIMO等效虚拟阵列原理，将L形阵等效为一矩形平面阵列，然后在等效矩形阵列的基础上，采用MUSIC进行二维DOA估计，以L形阵的物理孔径实现矩形平面阵列的估计性能，同时，其推导了二维DOA估计的CRB。

除了对目标一维和二维DOA的估计，利用单基地MIMO雷达还可同时实现对目标其他参数(如距离，速度等)的估计。文献[120]采用多个发射机单个阵列接收机的MIMO模型，利用目标对应于各发射机和接收机的速度矢量关系合成出目标运动方向上的速度，将目标运动方向上的速度矢量投影到接收机和目标的连线方向上估计出目标径向速度，并推导出估计性能公式，理论分析和仿真结果表明：MIMO 雷达对速度的估计性能与目标、发射机和接收机形成的夹角有关，夹角越大，估计误差越小。文献[121]建立了多载频 MIMO 雷达的信号模型，指出信号预处理后在接收端形成一个阵元数为 $M_t \times M_r$ 的等效阵列(M_t 和 M_r 分别为发射和接收阵元数)，推导出窄带情况下导向矢量是发射和接收导向矢量的 kronecker 积，并针对该特点给出了采用空时二维多重信号分类法(Multiple Signal Classification, MUSIC)来实现距离和角度的超分辨，从而提高在多目标环境中目标距离以及角度的估计精度，推导了距离和角度估计的 CRB。

综上所述，在理论研究方面，目前对单基地 MIMO 雷达参数估计理论的研究取得了较大的进展。在工程实现方面，国内外一些研究机构已经研制了相应的实验系统，如 SIAR 系统，这种雷达系统具有单基地 MIMO 雷达的特点，是一种可行的单基地 MIMO 雷达。

1.3.2 双基地 MIMO 雷达目标参数估计算法

由于 MIMO 雷达的方向矢量是发射和接收方向矢量的 Kronecker 积，而双基地 MIMO 雷达采用收发分置的阵列配置形式，其相对于收发阵列具有不同的方位角。因此，相对于单基地 MIMO 雷达，采用双基地 MIMO 雷达对目标进行参数估计将更为复杂。

双基地 MIMO 雷达的回波信号中包含了目标相对于发射和接收阵列的角度信息，可通过对这些角度信息的测量实现对目标的交叉定位。目前，关于双基地 MIMO 雷达波离方向(Direction Of Departure, DOD)和 DOA 联合估计算法的研究文献大量出现，从处理方式上可将这些文献分为三类：①噪声子空间类算法[122-131]。如文献[122]基于 Capon 二维谱峰搜索实现了双基地 MIMO 雷达交叉多目标定位；在文献[122]的基础上，文献[123]给出了一种降维 Capon 算法，该算法利用 Kronecker 积的性质来实现降维，只需一维谱峰搜索，达到了降低计算量的目的，但是该算法不能实现对估计出的 DOAs 和 DODs 的配对；针对文献[123]目标角度参数不能配对的问题，文献[124]给出了一种降维 MUSIC 算法，实现了角度参数的自动配对；文献[125－128]利用多项式求根实现了对目标收发方位角的估计，其将二维的收发方位角的估计分离为两个一维的方位角度估计过程，采用多项式求根法对一维方位角度进行估计。②信号子空间类算法[132-145]。此类算法较多，一般具有较小的运算量，主要有旋转不变子空间（Estimation of Signal Parameters via Rotational Invariance Techniques，ESPRIT）算法、DOA 矩阵法算法等。如文献[132]首先将 ESPRIT 算法应用到双基地 MIMO 雷达收发角度的估计，避免了谱峰搜索。文献[133]针对文献[132]中算法对同一目标的收发角度需进行额外的参数配对问题，给出了一种无须参数配对的 ESPRIT 方法。文献[134]针对非圆信号给出了一种共轭 ESPRIT（Conjugate ESPRIT，CESPRIT）算法，该算法可将双基地 MIMO 雷达的虚拟阵列天线提高到两倍。文献[135]给出了一种基于传播算子（Propagator Method，PM）的多目标定位算法，该算法利用线性运算代替特征值分解，降低了计算量。文献[136－143]同样都采用 ESPRIT 方法对 MIMO 雷达角度估计进行了研究。另外，文献[144－145]利用双基地 MIMO 雷达形成的虚拟阵列，并基于 DOA 矩阵法的思想，实现了对目标收发方位角的联合估计。当发射阵元数为 3 时，两种算法可对消空间色噪声，适用于更广泛的空间噪声背景，但是其可以估计的最大目标数受限于接收阵元数。③其他算法[146-149]。文献[146]给出了一种基于信号子空间和噪声子空间的联合 ESPRIT－MUSIC 方法，该方法利用 ESPRIT 方法估计出目标的 DOD，然后利用求根 MUSIC 算法来估计目标的 DOA。文献[147]基于 2 阶和 4 阶统计量，给出了空间高斯白噪声和高斯色噪声的背景下联合 MUSIC 和 ESPRIT 的双基地 MIMO 雷达角度估计算法。在接收端，通过单天线的 MUSIC 算法和双天线的 ESPRIT 算法分别估计目标的 DOD 和 DOA，且 DOD 和 DOA 自动配对。文献[148]针对非圆信号给出了一种基于 ESPRIT 和求根 MUSIC 的联合估计算法。文献[149]给出了一种基于三重线性分解的收发方位角估计算法，与传统算法相比，该算法具有较好的统计估计性能。

由于双基地 MIMO 雷达收发阵列之间的基线较长，其接收的回波信号中除了包含目标的 DOD 和 DOA 信息外，还包含有目标的多普勒频率信息。因此，通过接收的回波信号不仅可实现对目标的 DOD 和 DOA 的估计，而且可实现对多普勒频率的估计，从而可实现对目标的交叉定位和速度估计。文献[150]给出了一种基于 ESPRIT 方法的双基地 MIMO 雷达角度和多普勒频率联合估计算法，该算法利用采样时延来获得旋转不变因子，所估计出的角度和多普勒频率能自动配对，并且不会产生阵列孔径的损失。文献[151]从多个脉冲发射信号出发，推导了动目标在 Sweiling Ⅱ 模型下双基地 MIMO 雷达接收信号表示式，发现其具有三面阵模型特性，由此给出了一种基于 PARAFAC 的联合估计算法。该算法避免了谱峰搜索、协方差矩阵的估计及其特征值分解,不需要额外的配对算法。文献[152]利用矩阵的双正交性构造合理的代价函数,通过迭代求解代价函数和系统化的多阶段分解依次估计每个目标的收发方位角和多普勒频率。仿真结果表明,该算法能消除雷达发射信号不满足理想正交对目标定位精度的影响,并且在发射和接收阵列不具备平移不变结构的条件下仍具适用性。文献[153-154]在建立双基地 MIMO 雷达的相干多目标信号模型的基础上,给出了适于相干多目标收发方位角和多普勒频率联合估计算法。该算法不涉及多维非线性搜索,且参数可自动配对。文献[155-156]针对空间色噪声环境,给出一种基于时空结构的联合估计方法。该方法在时域噪声为高斯白噪声的假设下,将不同时刻的匹配滤波器输出进行互相关以消除空间色噪声的影响,并采用 ESPRIT 算法来估计目标的 DOD、DOA 和多普勒频率。其所估计的参数能自动配对且无阵列孔径损失,并适用于收发阵列不满足平移不变结构的情况。该算法可看成是文献[150]算法的进一步扩展。文献[157]利用匹配滤波器输出的信号特点,采用最小二乘法从信号中分别提取出多目标的多普勒矢量、接收角矢量和发射角矢量,然后采用迭代算法对这 3 个矢量进行更新,以完成收发角和多普勒频率的联合估计。

然而,上述算法通过对目标收发方位角的估计,只能实现对目标的平面定位。对于三维的空中目标,除了需要获取目标相对于收发阵列的收发方位角,还需得到目标相对于发射阵或接收阵的高低角,才可以实现对目标的空间定位。与传统的双基地雷达目标定位方法不同,双基地 MIMO 雷达既不需要发射端和接收端之间的时间同步,也不需要在收发两端之间传输数据,从而简化了系统的配置。文献[158]针对发射阵列为 L 形阵列、接收阵列为均匀线阵的双基地 MIMO 雷达系统,给出了一种通过虚拟阵元技术进行目标高度测量的方法。该方法通过估计目标相对于接收阵列的二维接收角及目标相对于发射阵列的一维发射角,然后利用这些角度进行目标高度测量。文献[159]针对发射阵列为均匀线阵、接收阵列为 L 形阵列的双基地 MIMO 雷达系统,给出了一种三维多目标定位方法。该方法基于 ESPRIT 算法构造一个复矩阵,对其进行特征值分解后,根据特征值的虚部和实部估计出目标的接收角,根据特征向量进一步获得和接收角自动配对的目标发射角。

另外,一些文献还研究了目标角度和其他参数联合估计的算法。如文献[160-161]给出了目标 DOD、DOA 和极化参数联合估计算法;文献[162-163]分别针对收发阵列存在互耦和幅相误差情况下,给出了双基地 MIMO 雷达多目标定位的算法,并实现了互耦和幅相误差的自校正。但前一种算法需要二维谱峰搜索和迭代运算，后一种算法需要利用三次迭代最小二乘算法，所以都具有较大的运算量；文献[164]给出了双基地 MIMO 雷达基于多普勒频移测量的目标定位算法；文献[165]分析了双基地 MIMO 雷达目标速度和角度估计的 CRB。

综上所述，双基地 MIMO 雷达目标参数估计技术的理论研究取得了一些初步的成果，仍有许多理论问题需要深入研究。面对接收信息维数急剧增大，目标收发方位角联合估计、未知目标数的参数联合估计、非理想目标情况的目标定位、存在阵列误差情况下目标定位及误差自校正等问题都需要寻找新的方法和技术加以解决。

第2章　双基地 MIMO 雷达基本理论

MIMO 技术的实质是利用了信号的分集特性，双基地技术主要利用了收发分置特性，双基地 MIMO 雷达具有分集加分置的基本特性。除此之外，双基地 MIMO 雷达还具有 MIMO 技术和双基地雷达所没有的新的特性。本章主要阐述双基地 MIMO 雷达的基本概念、分类、信号模型和基本估计方法等，给出了基本理论框架。

2.1　MIMO 雷达的分类与双基地 MIMO 雷达的定义

2.1.1　MIMO 雷达分类

MIMO 雷达可以从多个方面进行分类，按照发射和接收阵的数目可将其分为单发单收(Single - Input Single - Output，SISO)、单发多收(Single - Input Multiple - Output，SIMO)、多发单收(Multiple - Input Single - Output，MISO)和多发多收(Multiple - Input Multiple - Output，MIMO)四大类；从信号处理方式上来分，MIMO 雷达可分为相参型、非相参型两类；按照基地的部署可分为单基地、双基地和多基地 MIMO 雷达。这些类型的交叉组合，称为混合型 MIMO 雷达。

1.相干 MIMO 雷达

相干 MIMO(Coherent MIMO，CMIMO)雷达主要指发射阵元间距或接收阵元间距较近，目标处于发射-接收阵的远场，各阵元发射信号相互正交，而用接收阵列可进行相干测向的一类 MIMO 雷达。

相干双基地 MIMO 雷达：发射阵元发射信号相互正交，接收阵列相参接收，发射和接收分置两地，接收端可以获得角度相参估计。

2.统计 MIMO 雷达(多基地雷达或组网雷达)

多发射源发射，多发射源接收，但发射源互不相关，接收机非相参处理。这种类型也称为统计双基地 MIMO(Statistical MIMO，SMIMO)雷达。发射源不相关是指发射源间距较大、满足空间分集条件，接收机间距较大，各接收信号统一进行统计处理。每一个发射-接收对能获得目标的独立散射响应，例如极化分集。

两类 MIMO 雷达均具有 MIMO 特征，但又各有特点，SMIMO 雷达主要利用了信号分集特性，具有较好的抗目标角闪烁和信道衰落的能力，而 CMIMO 雷达主要利用多组相干回波信号进行信号处理，具有空间信号密度低、旁瓣电平低、多目标测量、扩展阵面、角分辨力高、抗干扰能力强等潜在的优势。

2.1.2　双基地 MIMO 雷达的定义

双基地 MIMO 雷达指发射站与接收站间隔一定距离，发射站发射两个以上非相关信号，接收站采用两个以上接收阵元进行相干参数接收的雷达系统。

2.2　双基地 MIMO 雷达的结构与信号模型

2.2.1　双基地 MIMO 雷达的结构

本书主要研究相干双基地 MIMO 雷达，为了简略起见，后面叙述中省略“相干”二字，称为双基地 MIMO 雷达。

双基地 MIMO 雷达的结构如图 2.1 所示。假设其发射阵列和接收阵列均为线阵，有 M_{t} 个发射阵元、M_{r} 个接收阵元。发射和接收阵列各取其第一个阵元为参考阵元，记发射、接收阵元与参考阵元间的距离分别为 $d_{\mathrm{t},m}$ 、$d_{\mathrm{r},n}$（ $m=1,2,\cdots,M_{\mathrm{t}}$ ，$n=1,2,\cdots,M_{\mathrm{r}}$ ），则其满足 $d_{\mathrm{t},1}=0$，$d_{\mathrm{r},1}=0$，$d_{\mathrm{t},m}\leqslant\lambda/2$，$d_{\mathrm{r},n}\leqslant\lambda/2$，$\lambda$ 为载波波长，各发射阵元同时发射相互正交的信号。假设雷达远场有 P 个目标，均处在 MIMO 雷达等双基地距离分辨环内，对应目标的 DOD 为 φ_p ，DOA 为 θ_p 。发射阵列和接收阵列之间的基线距离为 D。

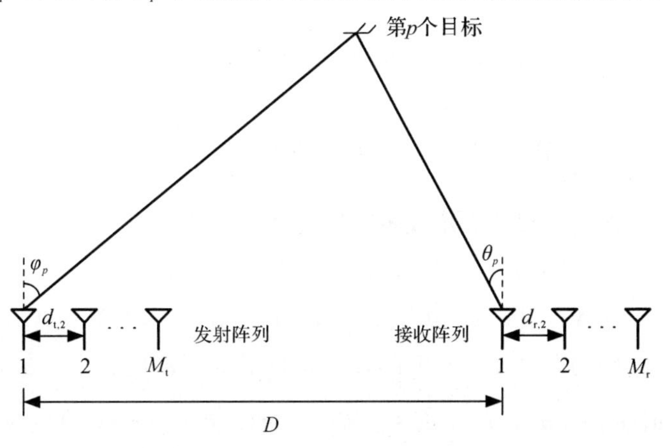

图 2.1　双基地 MIMO 雷达的结构

2.2.2 双基地 MIMO 雷达的信号模型

根据上述双基地 MIMO 雷达的结构,在目标为理想点目标情况下,双基地 MIMO 雷达接收的回波信号可表示成[141,160]

$$\boldsymbol{X}(t_l)=[\boldsymbol{x}_1,\boldsymbol{x}_2,\cdots,\boldsymbol{x}_{M_r}]^{\mathrm{T}}=\sum_{p=1}^{P}\xi_p\boldsymbol{a}_{\mathrm{r}}(\theta_p)\boldsymbol{a}_{\mathrm{t}}^{\mathrm{T}}(\varphi_p)\boldsymbol{S}\mathrm{e}^{\mathrm{j}2\pi f_{\mathrm{d}p}t_l}+\boldsymbol{W}(t_l),\quad l=1,2,\cdots,L \tag{2.1}$$

式中,$\boldsymbol{x}_n$ 为第 n 个接收阵元接收的回波信号;ξ_p 为第 p 个目标的反射系数;$f_{\mathrm{d}p}$ 为第 p 个目标的归一化多普勒频率;$\boldsymbol{a}_{\mathrm{r}}(\theta_p)=[1,\mathrm{e}^{-\mathrm{j}\frac{2\pi d_{\mathrm{r},2}}{\lambda}\sin\theta_p},\cdots,\mathrm{e}^{-\mathrm{j}\frac{2\pi d_{\mathrm{r},M_\mathrm{r}}}{\lambda}\sin\theta_p}]^{\mathrm{T}}$ 为接收阵列的对应于第 p 个目标的导向矢量;$\boldsymbol{a}_{\mathrm{t}}(\varphi_p)=[1,\mathrm{e}^{-\mathrm{j}\frac{2\pi d_{\mathrm{t},2}}{\lambda}\sin\varphi_p},\cdots,\mathrm{e}^{-\mathrm{j}\frac{2\pi d_{\mathrm{t},M_\mathrm{t}}}{\lambda}\sin\varphi_p}]^{\mathrm{T}}$ 为发射阵列的对应于第 p 个目标的导向矢量;$\boldsymbol{S}=[\boldsymbol{s}_1,\boldsymbol{s}_2,\cdots,\boldsymbol{s}_{M_\mathrm{t}}]^{\mathrm{T}}$,$\boldsymbol{s}_m=[s_m(1),s_m(2),\cdots,s_m(K)]^{\mathrm{T}}$ 表示第 m 个发射阵元发射的正交信号;$\boldsymbol{W}(t_l)\in\mathbf{C}^{M_\mathrm{r}\times K}$ 是均值为 0、方差为 $\sigma^2 I_{M_\mathrm{r}}$ 的高斯白噪声。K 为每个脉冲重复周期内的快拍数,L 表示脉冲数,上标 T 表示矩阵的转置。

$$\boldsymbol{S}\boldsymbol{S}^{\mathrm{H}}=K\boldsymbol{I}_{M_\mathrm{t}} \tag{2.2}$$

式中,$\boldsymbol{I}_{M_\mathrm{t}}$ 为 $M_\mathrm{t}\times M_\mathrm{t}$ 的单位矩阵,上标 H 表示矩阵的共轭转置。

接收端匹配滤波器的结构如图 2.2 所示,则接收的回波信号经过匹配滤波后,可得

$$\boldsymbol{Y}(t_l)=\frac{1}{\sqrt{K}}\boldsymbol{X}(t_l)\boldsymbol{S}^{\mathrm{H}}=\sqrt{K}\sum_{p=1}^{P}\xi_p\boldsymbol{a}_{\mathrm{r}}(\theta_p)\boldsymbol{a}_{\mathrm{t}}^{\mathrm{T}}(\varphi_p)\mathrm{e}^{\mathrm{j}2\pi f_{\mathrm{d}p}t_l}+\boldsymbol{N}(t_l) \tag{2.3}$$

其中,$\boldsymbol{N}(t_l)=\frac{1}{\sqrt{K}}\boldsymbol{W}(t_l)\boldsymbol{S}^{\mathrm{H}}$,为滤波后的噪声矩阵。

将 $\boldsymbol{Y}(t_l)$ 按列堆栈并表示成矩阵形式可得

$$\boldsymbol{y}(t_l)=\mathrm{vec}(\boldsymbol{Y}(t_l))=\boldsymbol{A}\boldsymbol{\alpha}(t_l)+\boldsymbol{n}(t_l) \tag{2.4}$$

式中,$\boldsymbol{A}=\boldsymbol{A}_\mathrm{r}*\boldsymbol{A}_\mathrm{t}=[\boldsymbol{a}(\varphi_1,\theta_1),\boldsymbol{a}(\varphi_2,\theta_2),\cdots,\boldsymbol{a}(\varphi_P,\theta_P)]$,$\boldsymbol{A}_\mathrm{r}=[\boldsymbol{a}_\mathrm{r}(\theta_1),\boldsymbol{a}_\mathrm{r}(\theta_2),\cdots,\boldsymbol{a}_\mathrm{r}(\theta_P)]$,$\boldsymbol{A}_\mathrm{t}=[\boldsymbol{a}_\mathrm{t}(\varphi_1),\boldsymbol{a}_\mathrm{t}(\varphi_2),\cdots,\boldsymbol{a}_\mathrm{t}(\varphi_P)]$,$\boldsymbol{a}(\varphi_p,\theta_p)=\boldsymbol{a}_\mathrm{r}(\theta_p)\otimes\boldsymbol{a}_\mathrm{t}(\varphi_p)$;$\boldsymbol{\alpha}(t_l)=\sqrt{K}\xi_p\mathrm{e}^{\mathrm{j}2\pi f_{\mathrm{d}p}t_l}$;$\boldsymbol{n}(t_l)=\mathrm{vec}(\boldsymbol{N}(t_l))$。vec(•) 表示将矩阵按列向量化,$*$ 表示 Khatri - Rao 积,$\otimes$ 表示 Kronecker 积。

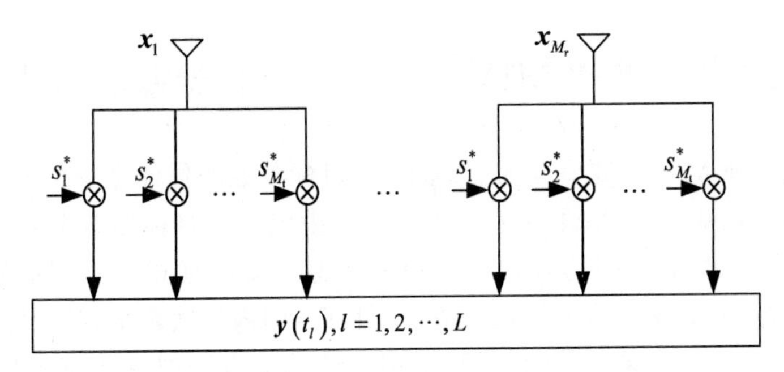

图 2.2　双基地 MIMO 雷达接收端匹配滤波器结构

考虑到目标回波信号与噪声是统计独立的，则 $\boldsymbol{y}(t_l)$ 的数据协方差矩阵为

$$\boldsymbol{R}=\mathrm{E}[\boldsymbol{y}(t_l)\boldsymbol{y}^{\mathrm{H}}(t_l)]=\boldsymbol{A}\boldsymbol{R}_\alpha\boldsymbol{A}^{\mathrm{H}}+\sigma^2\boldsymbol{I}_{M_t} \tag{2.5}$$

式中，$\boldsymbol{R}_\alpha=\mathrm{E}[\boldsymbol{\alpha}(t_l)\boldsymbol{\alpha}^{\mathrm{H}}(t_l)]$。

将阵列协方差矩阵 $\boldsymbol{R}$ 进行特征分解得

$$\boldsymbol{R}=\sum_{i=1}^{P}\lambda_i\boldsymbol{u}_i\boldsymbol{u}_i^{\mathrm{H}}+\sum_{i=P+1}^{M_tM_r}\lambda_i\boldsymbol{u}_i\boldsymbol{u}_i^{\mathrm{H}}=\boldsymbol{U}_s\boldsymbol{\Lambda}_s\boldsymbol{U}_s^{\mathrm{H}}+\boldsymbol{U}_n\boldsymbol{\Lambda}_n\boldsymbol{U}_n^{\mathrm{H}} \tag{2.6}$$

可以发现，阵列协方差矩阵 $\boldsymbol{R}$ 的特征值具有以下分布：

$$\lambda_1\geqslant\lambda_2\geqslant\cdots\geqslant\lambda_P\geqslant\lambda_{P+1}=\lambda_{P+2}=\cdots=\lambda_{M_tM_r}=\sigma^2 \tag{2.7}$$

对角矩阵 $\boldsymbol{\Lambda}_s=\mathrm{diag}[\lambda_1,\lambda_2,\cdots,\lambda_P]$，$\boldsymbol{\Lambda}_n=\mathrm{diag}[\lambda_{P+1},\lambda_{P+2},\cdots,\lambda_{M_tM_r}]$。由矩阵 $\boldsymbol{U}_s=[\boldsymbol{u}_1,\boldsymbol{u}_2,\cdots,\boldsymbol{u}_P]$ 张成的线性子空间 $\mathrm{span}(\boldsymbol{U}_s)$ 称为信号子空间，而由矩阵 $\boldsymbol{U}_n=[\boldsymbol{u}_{P+1},\boldsymbol{u}_{P+2},\cdots,\boldsymbol{u}_{M_tM_r}]$ 张成的线性子空间 $\mathrm{span}(\boldsymbol{U}_n)$ 称为噪声子空间。

阵列流形矩阵、信号子空间及噪声子空间满足式(2.8)和式(2.9)：

$$\mathrm{span}(\boldsymbol{A})=\mathrm{span}(\boldsymbol{U}_s) \tag{2.8}$$

$$\mathrm{span}(\boldsymbol{U}_s)\perp\mathrm{span}(\boldsymbol{U}_n) \tag{2.9}$$

实际中，由于脉冲数 L 有限，$\boldsymbol{y}(t_l)$ 的数据协方差矩阵可由式(2.10)估计得到：

$$\hat{\boldsymbol{R}}=\frac{1}{L}\sum_{l=1}^{L}\boldsymbol{y}(t_l)\boldsymbol{y}^{\mathrm{H}}(t_l) \tag{2.10}$$

以上给出了双基地 MIMO 雷达的基本信号模型，以后有关章节的论述将以此为基础，具体用到的模型和公式将在后续相应的章节给出。

2.3 双基地 MIMO 雷达参数估计基本算法

在双基地 MIMO 雷达信号处理中，对目标参数的估计是一个重要的研究内容。由于双基地 MIMO 雷达的回波信号中包含了目标相对发射阵列的方位角(DOD)和接收阵列的方位角(DOA)信息，因此，通过对回波信号的处理得到对目标 DOD 和 DOA 的联合估计。目前，国内外大量学者对其进行了研究，并取得了许多成果。文献[132]采用 ESPRIT 方法把双基地 MIMO 雷达的二维方位角参数同时估计问题转化为两个一维方位角参数估计问题，不需要二维谱峰搜索，具有较小的运算量，但其需要一个额外的二维方位角参数配对过程。文献[141]中利用 MIMO 雷达匹配滤波后得到的虚拟子阵列，采用 ESPRIT 方法获得了目标 DOA 和 DOD 的闭式解，并可实现参数的自动配对。文献[123]给出了一种降维 Capon 算法，该算法只需一维谱峰搜索，可避免二维 Capon 算法的二维搜索，从而达到降低计算量的目的，但是该算法不能实现对估计出的 DOA 和 DOD 的配对。文献[124]给出了一种多目标定位的方法，该方法首先通过 ESPRIT 算法来估计目标的 DOA，然后基于信号子空间通过一个一维角度搜索来得到目标的 DOD，因此所得的参数可自动配对。

本节主要介绍几种双基地 MIMO 雷达目标 DOD 和 DOA 联合估计的基本算法，主要包括二维 Capon 最小方差法、二维 MUSIC 算法、降维的 Capon 和 MUSIC 算法，以及 ESPRIT 算法。

2.3.1 二维 Capon 最小方差法

1.算法原理

当有多个信号入射传感器阵列时，阵列输出功率将包括期望信号的功率和干扰信号的功率。Capon 最小方差法使输出功率最小，从而也使干扰信号的贡献为最小，同时使增益在观测方向保持为常数(通常归一化为 1)。

由于在第 l 个脉冲重复周期内，阵列输出为

$$\boldsymbol{z}(q)=\boldsymbol{W}^{\mathrm{H}}\boldsymbol{y}(t_l),\quad l=1,\cdots,L \tag{2.11}$$

其总的输出功率为

$$P=\frac{1}{L}\sum_{q=1}^{L}\left|z(l)\right|^2=\frac{1}{L}\sum_{l=1}^{L}\boldsymbol{W}^{\mathrm{H}}\boldsymbol{y}(t_l)\boldsymbol{y}^{\mathrm{H}}(t_l)\boldsymbol{W}=\boldsymbol{W}^{\mathrm{H}}\boldsymbol{R}\boldsymbol{W} \tag{2.12}$$

故 Capon 最小方差法可表示为

$$\min_{W} P = \min_{W} \boldsymbol{W}^{\mathrm{H}} \boldsymbol{R} \boldsymbol{W}, \text{s.t.} \boldsymbol{W}^{\mathrm{H}} \boldsymbol{a}(\varphi,\theta) = 1 \tag{2.13}$$

式中，$\boldsymbol{a}(\varphi,\theta)=\boldsymbol{a}_{\mathrm{r}}(\theta)\otimes\boldsymbol{a}_{\mathrm{t}}(\varphi)$。上式是一个约束优化问题，利用拉格朗日乘子法求解可得

$$\boldsymbol{W}_{\mathrm{opt}} = \frac{\boldsymbol{R}_a^{-1}(\varphi,\theta)}{\boldsymbol{a}^{\mathrm{H}}(\varphi,\theta)\boldsymbol{R}_a^{-1}(\varphi,\theta)} \tag{2.14}$$

其中，权矢量 $\boldsymbol{W}_{\mathrm{opt}}$ 通常称为最小方差无畸变响应(Minimum Variance Distortionless Response，MVDR)波束形成器权值。因为对于某个观测方向，它使输出信号的方差最小，同时使来自观测方向的信号无畸变地通过。

根据Capon波束形成方法，可得二维Capon空间谱表达式

$$P_{\mathrm{Capon}}(\varphi,\theta) = \boldsymbol{W}_{\mathrm{opt}}{}^{\mathrm{H}} \boldsymbol{R} \boldsymbol{W}_{\mathrm{opt}} = \frac{1}{\boldsymbol{a}^{\mathrm{H}}(\varphi,\theta)\boldsymbol{R}_a^{-1}(\varphi,\theta)} \tag{2.15}$$

二维Capon空间谱的谱峰所对应的角度即为所求目标的DOD和DOA。

2.算法基本步骤

二维Capon最小方差法步骤总结如下：

(1)由匹配滤波后的阵列接收数据得到数据协方差矩阵 $\hat{\boldsymbol{R}}$，即式(2.10)。

(2)根据DOD和DOA的角度范围对式(2.15)进行二维角度搜索。

(3)找出极大值点对应的角度就是所求目标的DOD和DOA。

3.计算机仿真结果

为了验证算法的有效性，这里作如下计算机仿真。定义对第 n 个目标二维方位角估计的均方根误差(RMSE)为 $\mathrm{RMSE}(\varphi_l,\theta_l) = \sqrt{\frac{1}{I}\sum_{i=1}^{I}(\varphi_l-\hat{\varphi}_{li})^2+(\theta_l-\hat{\theta}_{li})^2}$，其中，$I$ 为Monte－Carlo实验的次数。

仿真1：二维Capon算法对目标的DOD和DOA的估计结果

假设双基地MIMO雷达发射阵元数 $M_{\mathrm{t}}=8$ 个，发射信号为满足正交性的一组相位编码信号，接收阵元数 $M_{\mathrm{r}}=6$ 个，空间同一距离单元处存在3个目标，分别位于 $(\varphi_1,\theta_1)=(10°,20°)$，$(\varphi_2,\theta_2)=(-20°,-30°)$，$(\varphi_3,\theta_3)=(0°,45°)$，各目标的反射系数互不相关。接收信号的信噪比SNR=5 dB，脉冲数 $L=100$。图2.3给出了发射和接收阵列均为均匀线阵且 $d_{\mathrm{t}}=d_{\mathrm{r}}=\lambda/2$ 时，该算法对目标DOD和DOA估计的结果；而图2.4则给出了发射和接收阵列均为非均匀线阵(发射阵列各阵元的位置为 $\frac{\lambda}{2}\times[0,1,4,10,16,18,21,23]$，接收阵列各阵元的位置为 $\frac{\lambda}{2}\times[0,1,2,6,10,13]$)时，该算法对目标

DOD 和 DOA 估计的结果。从图中可以看出，无论发射和接收阵列采用何种配置，二维 Capon 算法均能对目标的二维方位角度进行准确的估计，且发射和接收阵列均为非均匀线阵时，二维 Capon 算法空间谱的谱峰更为尖锐，估计精度更高。

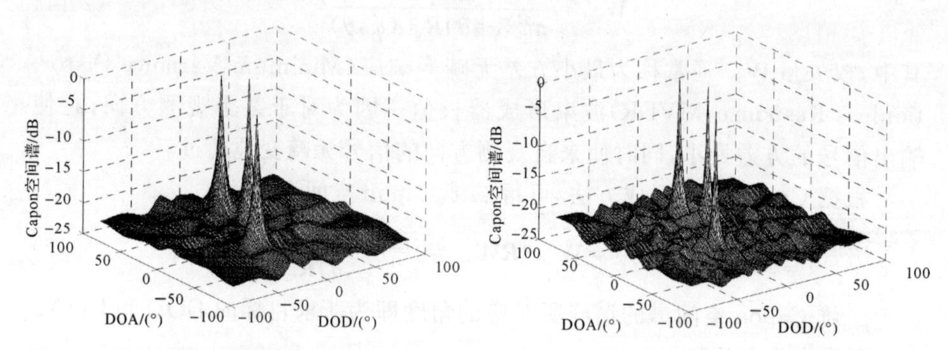

图 2.3　均匀线阵二维 Capon 算法的空间谱　图 2.4　非均匀线阵二维 Capon 算法的空间谱

仿真 2：二维 Capon 算法的估计性能与信噪比 SNR 的关系

图 2.5 为该算法对 3 个目标的二维方位角估计的 RMSE 随信噪比 SNR 变化的曲线。仿真中取 $I=200$ 次，发射和接收阵列均为均匀线阵，且发射阵元数 $M_t=8$ 个，接收阵元数 $M_r=6$ 个，脉冲数 $L=100$ 个。从图中可以看出：该算法在较低信噪比时估计性能较差，但随着 SNR 的增大估计性能逐渐变好。

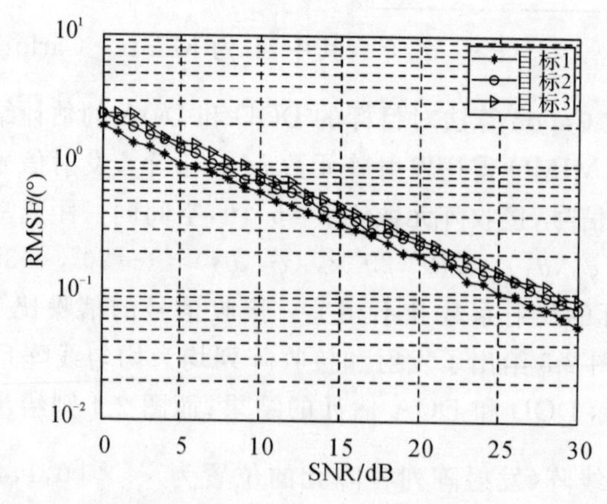

图 2.5　二维 Capon 算法对目标二维方位角估计的 RMSE 随 SNR 变化的曲线

仿真 3：二维 Capon 算法的估计性能与脉冲数 L 的关系

图 2.6 为该算法对 3 个目标的二维方位角估计的 RMSE 随脉冲数 L 变化的曲线。仿真中取 $I=200$ 次，发射和接收阵列均为均匀线阵，且发射阵元数 $M_t=8$ 个，接收阵元数 $M_r=6$ 个，信噪比 SNR=10 dB。从图中可以看出：随着 L 值的增大，RMSE 变化逐渐变小，估计性能不断变好。

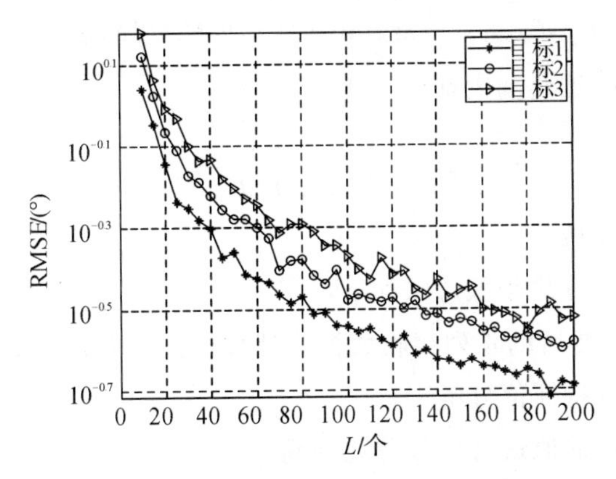

图 2.6　二维 Capon 算法对目标二维方位角估计的 RMSE 随 L 变化的曲线

2.3.2　二维 MUSIC 算法

1.算法原理

对式(2.10)的协方差矩阵 $\boldsymbol{R}$ 作特征值分解，则有

$$\boldsymbol{R}=\boldsymbol{U}_s\boldsymbol{\Lambda}_s\boldsymbol{U}_s^H+\boldsymbol{U}_n\boldsymbol{\Lambda}_n\boldsymbol{U}_n^H \tag{2.16}$$

式中，$\boldsymbol{\Lambda}_s=\begin{bmatrix}\lambda_1 & & & \\ & \lambda_2 & & \\ & & \ddots & \\ & & & \lambda_P\end{bmatrix}$ 为特征值分解得到的 P 个大特征值组成的对角阵，$\boldsymbol{U}_s$ 为大特征值对应的信号子空间，$\boldsymbol{\Lambda}_n=\begin{bmatrix}\lambda_{P+1} & & & \\ & \lambda_{P+2} & & \\ & & \ddots & \\ & & & \lambda_{M_tM_r}\end{bmatrix}$ 为特征值分解得到的 M_tM_r-P 个小特征值组成的对角阵，$\boldsymbol{U}_n$ 为小特征值对应的噪声子空间。

由子空间原理可知，理想条件下数据空间中的信号子空间与噪声子空间是相互正交的，即信号子空间中的导向矢量也与噪声子空间正交：

$$\boldsymbol{a}^{\mathrm{H}}(\varphi,\theta)\boldsymbol{U}_{\mathrm{n}}=0 \tag{2.17}$$

由于噪声的存在，$\boldsymbol{a}(\varphi,\theta)$ 与 $\boldsymbol{U}_{\mathrm{n}}$ 并不能完全正交，也就是说，式(2.17)并不成立。因此实际中求 DOD 和 DOA 是以最小优化搜索实现的，即

$$(\varphi,\theta)_{\mathrm{MUSIC}}=\underset{\varphi,\theta}{\arg\min}\,\boldsymbol{a}^{\mathrm{H}}(\varphi,\theta)\boldsymbol{U}_{\mathrm{n}}\boldsymbol{U}_{\mathrm{n}}^{\mathrm{H}}\boldsymbol{a}(\varphi,\theta) \tag{2.18}$$

所以二维 MUSIC 算法的谱估计公式为

$$P_{\mathrm{MUSIC}}=\frac{1}{\boldsymbol{a}^{\mathrm{H}}(\varphi,\theta)\boldsymbol{U}_{\mathrm{n}}\boldsymbol{U}_{\mathrm{n}}^{\mathrm{H}}\boldsymbol{a}(\varphi,\theta)} \tag{2.19}$$

2.算法基本步骤

二维 MUSIC 算法步骤总结如下：

(1)由匹配滤波后的阵列接收数据得到数据协方差矩阵 $\boldsymbol{R}$，即式(2.10)。

(2)对 $\boldsymbol{R}$ 进行特征值分解。

(3)由 $\boldsymbol{R}$ 的特征值进行信号源数判断。

(4)确定信号子空间 $\boldsymbol{U}_{\mathrm{s}}$ 与噪声子空间 $\boldsymbol{U}_{\mathrm{n}}$ 。

(5)根据 DOD 和 DOA 的角度范围对式(2.19)进行二维角度搜索。

(6)找出极大值点对应的角度就是所求目标的 DOD 和 DOA。

3.计算机仿真结果

为了验证算法的有效性，这里作如下计算机仿真。

仿真 1：二维 MUSIC 算法对目标的 DOD 和 DOA 的估计结果

假设双基地 MIMO 雷达发射阵元数 $M_{\mathrm{t}}=8$ 个，接收阵元数 $M_{\mathrm{r}}=6$ 个，空间同一距离单元处存在 3 个目标，分别位于 $(\varphi_1,\theta_1)=(10°,20°)$，$(\varphi_2,\theta_2)=(-20°,-30°)$，$(\varphi_3,\theta_3)=(0°,45°)$。信噪比 SNR=5 dB，脉冲数 $L=100$。图 2.7 给出了发射和接收阵列均为均匀线阵且 $d_{\mathrm{t}}=d_{\mathrm{r}}=\lambda/2$ 时，该算法对目标 DOD 和 DOA 估计的结果；而图 2.8 则给出了发射和接收阵列均为非均匀线阵(发射阵列各阵元的位置为 $\frac{\lambda}{2}\times[0,1,4,10,16,18,21,23]$，接收阵列各阵元的位置为 $\frac{\lambda}{2}\times[0,1,2,6,10,13]$)时，该算法对目标 DOD 和 DOA 估计的结果。从图中可以看出，无论发射和接收阵列采用何种配置，二维 MUSIC 算法均能对目标的二维方位角度进行准确的估计，且发射和接收阵列均为非

均匀线阵时，二维 MUSIC 算法空间谱的谱峰更为尖锐，估计精度更高。

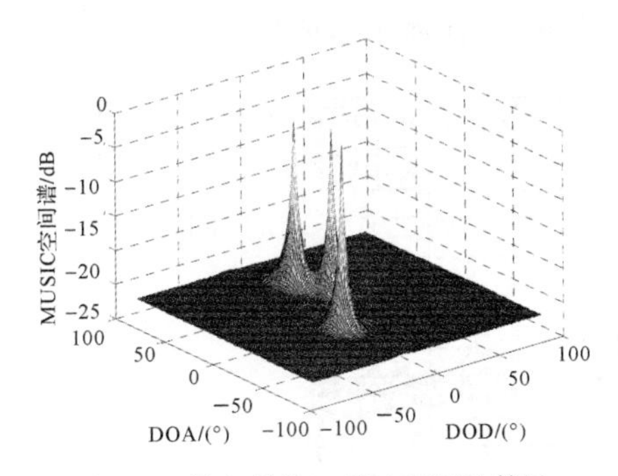

图 2.7　均匀线阵二维 MUSIC 算法的空间谱

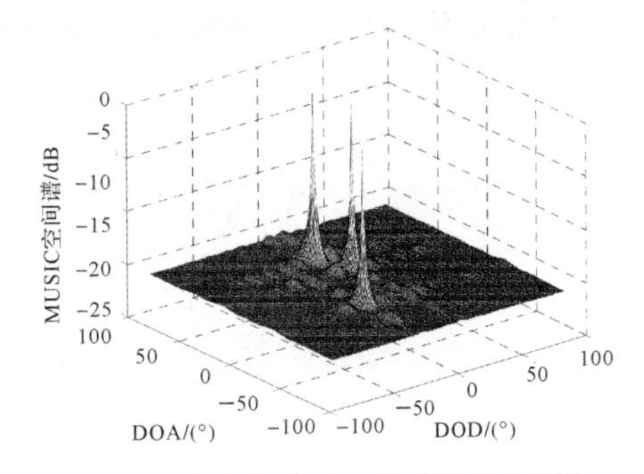

图 2.8　非均匀线阵二维 MUSIC 算法的空间谱

仿真 2：二维 MUSIC 算法的估计性能与信噪比 SNR 的关系

图 2.9 所示为该算法对 3 个目标的二维方位角估计的 RMSE 随信噪比 SNR 变化的曲线。仿真中取 $I=200$ 次，发射和接收阵列均为均匀线阵，且发射阵元数 $M_t=8$ 个，接收阵元数 $M_r=6$ 个，脉冲数 $L=100$ 个。从图中可以看出：该算法在较低信噪比时就具有较好的估计性能，且随着 SNR 的增大估计性能不断变好。

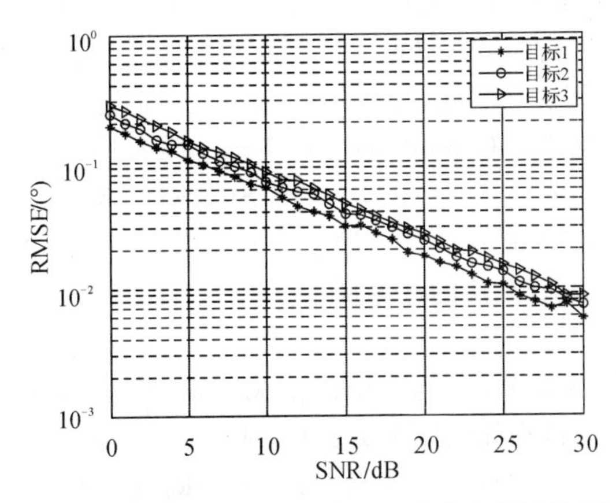

图 2.9　二维 MUSIC 算法对目标二维方位角估计的 RMSE 随 SNR 变化的曲线

仿真 3：二维 MUSIC 算法的估计性能与脉冲数 L 的关系

图 2.10 所示为该算法对 3 个目标的二维方位角估计的 RMSE 随脉冲数 L 变化的曲线。仿真中取 $I=200$ 次，发射和接收阵列均为均匀线阵，且发射

阵元数 $M_t=8$ 个，接收阵元数 $M_r=6$ 个，信噪比 SNR＝10 dB。从图中可以看出：随着 L 值的增大，RMSE 变化逐渐变小，估计性能不断变好。

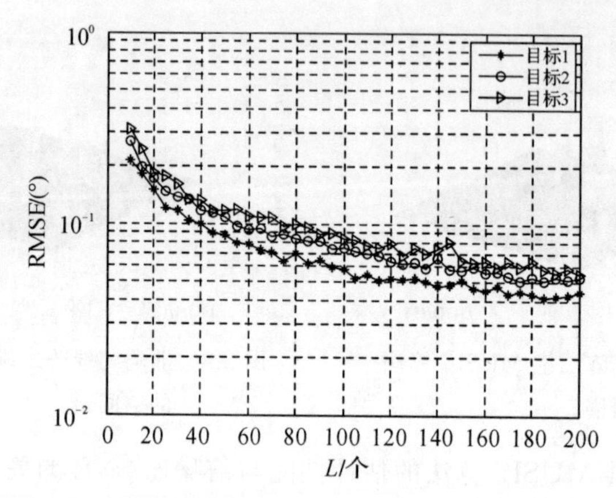

图 2.10　二维 MUSIC 算法对目标二维方位角估计的 RMSE 随 L 变化的曲线

2.3.3　降维的 Capon 和 MUSIC 算法

上述 Capon 和 MUSIC 算法在估计目标的 DOD 和 DOA 过程中，均需要一个二维谱峰搜索，而二维谱峰搜索所需要的计算量是非常大的，这也限制了 Capon 和 MUSIC 算法在实际中的应用。针对这个问题，这里利用 Kronecker 积的性质，研究了降维的 Capon(Reduced Dimensional Capon，RD－Capon)和降维的 MUSIC(Reduced Dimensional MUSIC，RD－MUSIC)算法。该降维算法将 Capon 和 MUSIC 算法的二维谱峰搜索降为一个一维的谱峰搜索，降低了 Capon 和 MUSIC 算法的计算量。

1.算法原理

由 2.3.1 和 2.3.2 节可知，Capon 和 MUSIC 算法估计目标的 DOD 和 DOA 是通过如下的最小优化搜索实现的，即

$$(\varphi,\theta)_{\text{Capon}}=\underset{\varphi,\theta}{\operatorname{argmin}}\boldsymbol{a}^{\text{H}}(\varphi,\theta)\boldsymbol{R}_a^{-1}(\varphi,\theta) \tag{2.20}$$

$$(\varphi,\theta)_{\text{MUSIC}}=\underset{\varphi,\theta}{\operatorname{argmin}}\boldsymbol{a}^{\text{H}}(\varphi,\theta)\boldsymbol{U}_{\text{n}}\boldsymbol{U}_{\text{n}}^{\text{H}}\boldsymbol{a}(\varphi,\theta) \tag{2.21}$$

注意到 $\boldsymbol{a}(\varphi,\theta)=\boldsymbol{a}_{\text{r}}(\theta)\otimes\boldsymbol{a}_{\text{t}}(\varphi)$，由 Kronecker 积的性质可知：$\boldsymbol{AB}\otimes\boldsymbol{CD}=(\boldsymbol{A}\otimes\boldsymbol{C})(\boldsymbol{B}\otimes\boldsymbol{D})$，则有

$$\boldsymbol{a}(\varphi,\theta)=\boldsymbol{a}_{\text{r}}(\theta)\otimes\boldsymbol{a}_{\text{t}}(\varphi)=(\boldsymbol{a}_{\text{r}}(\theta)\otimes\boldsymbol{I}_{M_{\text{t}}})\boldsymbol{a}_{\text{t}}(\varphi) \tag{2.22}$$

将式(2.22)代入式(2.20)和式(2.21)，同时注意到 $\boldsymbol{a}(\varphi,\theta)$ 的第一个元素

为 1,则上述的优化问题可转化成如下的约束优化问题:

$$(\varphi,\theta)_{\text{RD-Capon}}=\underset{\varphi,\theta}{\operatorname{argmin}}\boldsymbol{a}_{\text{t}}^{\text{H}}(\varphi)[(\boldsymbol{a}_{\text{t}}(\theta)\otimes\boldsymbol{I}_{M_{\text{t}}})^{\text{H}}\boldsymbol{R}^{-1}(\boldsymbol{a}_{\text{r}}(\theta)\otimes\boldsymbol{I}_{M_{\text{t}}})]\boldsymbol{a}_{\text{t}}(\varphi)$$
$$\text{s.t.}\boldsymbol{e}_1^{\text{T}}\boldsymbol{a}_{\text{t}}(\varphi)=1 \tag{2.23}$$

$$(\varphi,\theta)_{\text{RD-MUSIC}}=\underset{\varphi,\theta}{\operatorname{argmin}}\boldsymbol{a}_{\text{t}}^{\text{H}}(\varphi)[(\boldsymbol{a}_{\text{r}}(\theta)\otimes\boldsymbol{I}_{M_{\text{t}}})^{\text{H}}\boldsymbol{U}_{\text{n}}\boldsymbol{U}_{\text{n}}^{\text{H}}(\boldsymbol{a}_{\text{r}}(\theta)\otimes\boldsymbol{I}_{M_{\text{t}}})]\boldsymbol{a}_{\text{t}}(\varphi)$$
$$\text{s.t.}\boldsymbol{e}_1^{\text{T}}\boldsymbol{a}_{\text{t}}(\varphi)=1 \tag{2.24}$$

式中,$\boldsymbol{e}_1$ 是第一个元素为 1、其他元素为 0 的矢量。

采用拉格朗日乘子法对式(2.23)和式(2.24)进行求解可得

$$(\theta)_{\text{RD-Capon}}=\underset{\theta}{\operatorname{argmin}}\frac{1}{\boldsymbol{e}_1^{\text{T}}[(\boldsymbol{a}_{\text{r}}(\theta)\otimes\boldsymbol{I}_{M_{\text{t}}})^{\text{H}}\boldsymbol{R}^{-1}(\boldsymbol{a}_{\text{r}}(\theta)\otimes\boldsymbol{I}_{M_{\text{t}}})]^{-1}\boldsymbol{e}_1} \tag{2.25}$$

$$[\boldsymbol{a}_{\text{t}}(\varphi)]_{\text{RD-Capon}}=\frac{[(\boldsymbol{a}_{\text{r}}(\theta)\otimes\boldsymbol{I}_{M_{\text{t}}})^{\text{H}}\boldsymbol{R}^{-1}(\boldsymbol{a}_{\text{r}}(\theta)\otimes\boldsymbol{I}_{M_{\text{t}}})]^{-1}\boldsymbol{e}_1}{\boldsymbol{e}_1^{\text{T}}[(\boldsymbol{a}_{\text{r}}(\theta)\otimes\boldsymbol{I}_{M_{\text{t}}})^{\text{H}}\boldsymbol{R}^{-1}(\boldsymbol{a}_{\text{r}}(\theta)\otimes\boldsymbol{I}_{M_{\text{t}}})]^{-1}\boldsymbol{e}_1} \tag{2.26}$$

$$(\theta)_{\text{RD-MUSIC}}=\underset{\theta}{\operatorname{argmin}}\frac{1}{\boldsymbol{e}_1^{\text{T}}[(\boldsymbol{a}_{\text{r}}(\theta)\otimes\boldsymbol{I}_{M_{\text{t}}})^{\text{H}}\boldsymbol{U}_{\text{n}}\boldsymbol{U}_{\text{n}}^{\text{H}}(\boldsymbol{a}_{\text{r}}(\theta)\otimes\boldsymbol{I}_{M_{\text{t}}})]^{-1}\boldsymbol{e}_1} \tag{2.27}$$

$$[\boldsymbol{a}_{\text{t}}(\varphi)]_{\text{RD-MUSIC}}=\frac{[(\boldsymbol{a}_{\text{r}}(\theta)\otimes\boldsymbol{I}_{M_{\text{t}}})^{\text{H}}\boldsymbol{U}_{\text{n}}\boldsymbol{U}_{\text{n}}^{\text{H}}(\boldsymbol{a}_{\text{r}}(\theta)\otimes\boldsymbol{I}_{M_{\text{t}}})]^{-1}\boldsymbol{e}_1}{\boldsymbol{e}_1^{\text{T}}[(\boldsymbol{a}_{\text{r}}(\theta)\otimes\boldsymbol{I}_{M_{\text{t}}})^{\text{H}}\boldsymbol{U}_{\text{n}}\boldsymbol{U}_{\text{n}}^{\text{H}}(\boldsymbol{a}_{\text{r}}(\theta)\otimes\boldsymbol{I}_{M_{\text{t}}})]^{-1}\boldsymbol{e}_1} \tag{2.28}$$

在 $\theta\in(-90^\circ,90^\circ)$ 角度范围内,通过对式(2.25)和式(2.27)进行谱峰搜索即可得到对目标 DOA 的估计值,并将该估计值代入式(2.26)和式(2.28),并结合 $\boldsymbol{a}_{\text{t}}(\varphi)$ 的表达式即可同时得到对目标 DOD 的估计值。从而将 Capon 和 MUSIC 算法由原来的二维谱峰搜索降为两个一维谱峰搜索,降低了算法的计算量。

2.算法基本步骤

RD－Capon 和 RD－MUSIC 算法步骤总结如下:

(1)由匹配滤波后的阵列接收数据得到数据协方差矩阵 $\boldsymbol{R}$,即式(2.10)。

(2)对于 RD－MUSIC 算法,对 $\boldsymbol{R}$ 进行特征值分解得到噪声子空间 $\boldsymbol{U}_{\text{n}}$ 。

(3)根据式(2.25)和式(2.27)进行谱峰搜索即可得到对目标 DOA 的估计值。

(4)根据式(2.26)和式(2.28),并结合 $\boldsymbol{a}_{\text{t}}(\varphi)$ 的具体表达式可得到对目标 DOD 的估计值。

3.计算机仿真结果

为了验证算法的有效性,这里作以下计算机仿真。

仿真 1:RD－Capon 和 RD－MUSIC 算法对目标的 DOD 和 DOA 的估计结果

假设双基地 MIMO 雷达的发射和接收阵列均为阵元间距为半波长的均

匀线阵，其中发射阵元数 $M_t=8$ 个，接收阵元数 $M_r=6$ 个，空间同一距离单元处存在 3 个目标，分别位于 $(\varphi_1,\theta_1)=(10°,20°)$，$(\varphi_2,\theta_2)=(-20°,-30°)$，$(\varphi_3,\theta_3)=(0°,45°)$。信噪比 SNR=5 dB，脉冲数 $L=100$ 个。图 2.11 为 RD-Capon 算法对目标 DOD 和 DOA 估计的结果；图 2.12 为 RD-MUSIC 算法对目标 DOD 和 DOA 估计的结果，仿真采用 20 次 Monte-Carlo 实验。从图中可以看出：RD-Capon 和 RD-MUSIC 算法能对目标的二维方位角度进行准确的估计，且估计出的 DOD 和 DOA 可自动配对。限于篇幅，这里只给出了发射和接收阵列为均匀线阵的情况，对于其他的阵列配置，RD-Capon 和 RD-MUSIC 算法也都适用。

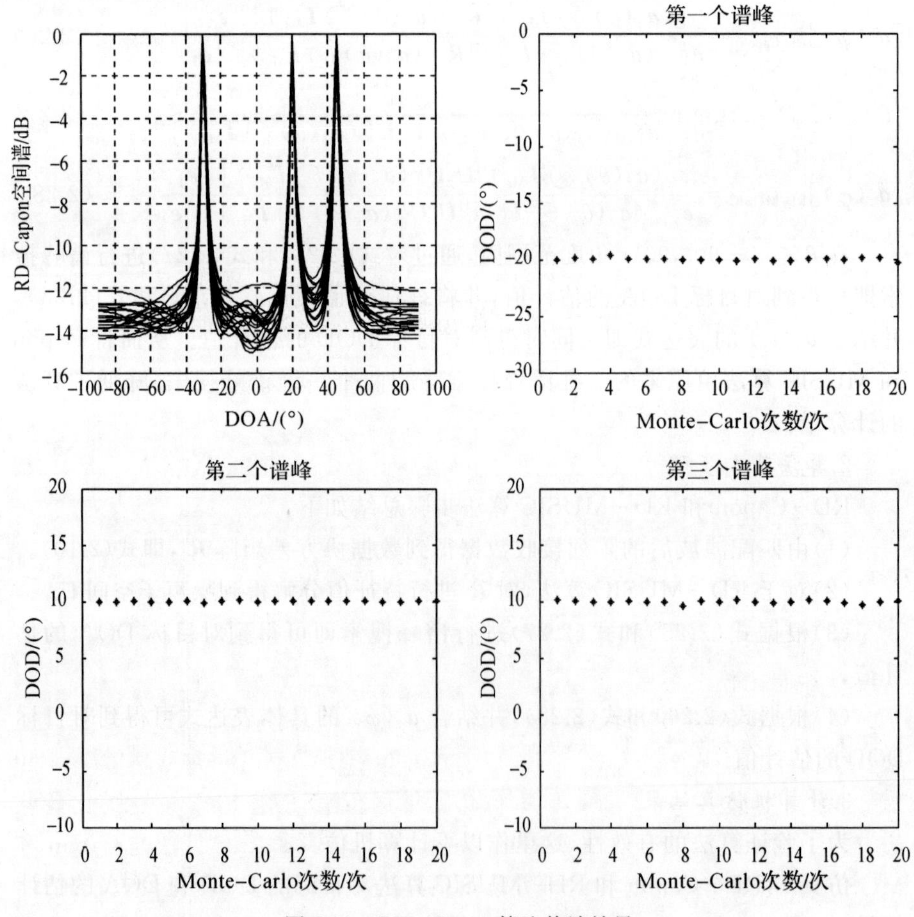

图 2.11　RD-Capon 算法估计结果

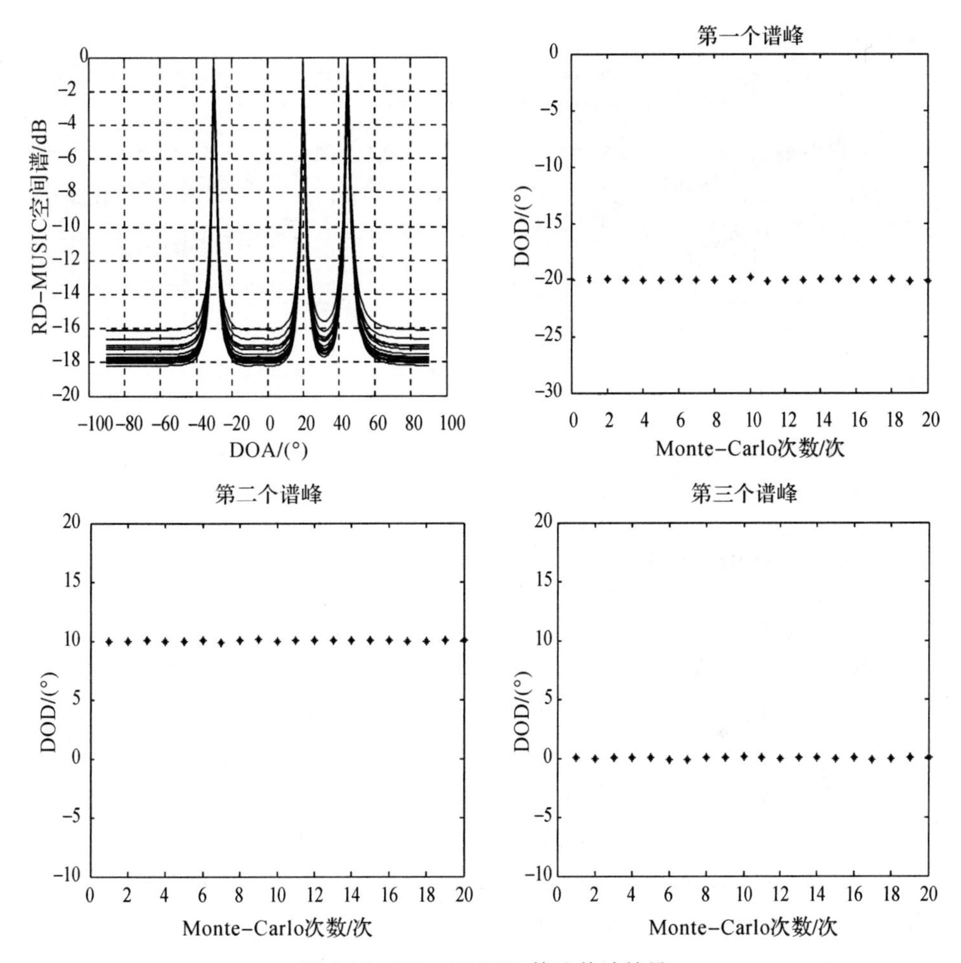

图 2.12　RD - MUSIC 算法估计结果

仿真 2：RD - Capon 和 RD - MUSIC 算法与二维 Capon 和 MUSIC 算法的统计性能比较

仿真中取 $I=200$ 次，发射阵元数 $M_t=8$ 个，接收阵元数 $M_r=6$ 个，目标参数同仿真 1。图 2.13 给出了 RD - Capon 和 RD - MUSIC 算法与 Capon 和 MUSIC 算法对第一个目标二维方位角估计的 RMSE 随 SNR 变化的比较曲线，$L=100$ 个；图 2.14 给出了 RD - Capon 和 RD - MUSIC 算法与 Capon 和 MUSIC 算法对第一个目标二维方位角估计的 RMSE 随 L 变化的比较曲线，SNR=10 dB。从图中可以看出：降维算法与二维算法的统计估计性能基本相当，但是降维算法只需要一个一维谱峰搜索，相比二维算法具有较小的计算量。

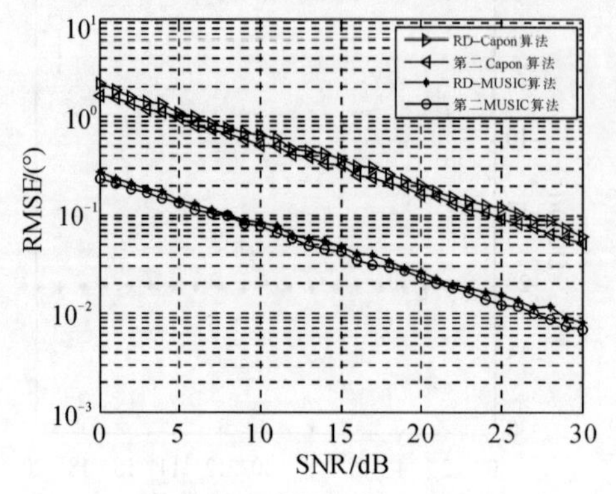

图 2.13 四种算法性能随 SNR 变化的曲线

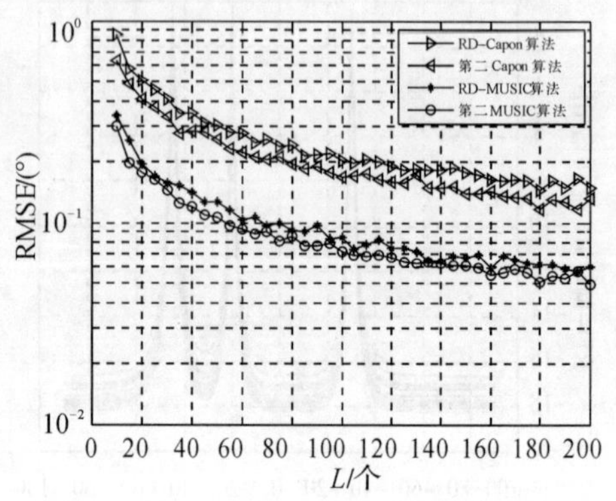

图 2.14 四种算法性能随 L 变化的曲线

2.3.4 ESPRIT 算法

1.算法原理

首先做如下定义：

$$\left.\begin{aligned} \boldsymbol{A}_{\mathrm{t1}} &= [\boldsymbol{a}_{\mathrm{r}}(\theta_1)\otimes\boldsymbol{a}_{\mathrm{t1}}(\varphi_1),\cdots,\boldsymbol{a}_{\mathrm{r}}(\theta_P)\otimes\boldsymbol{a}_{\mathrm{t1}}(\varphi_P)] \\ \boldsymbol{A}_{\mathrm{t2}} &= [\boldsymbol{a}_{\mathrm{r}}(\theta_1)\otimes\boldsymbol{a}_{\mathrm{t2}}(\varphi_1),\cdots,\boldsymbol{a}_{\mathrm{r}}(\theta_P)\otimes\boldsymbol{a}_{\mathrm{t2}}(\varphi_P)] \end{aligned}\right\} \tag{2.29}$$

$$\left.\begin{aligned} \boldsymbol{A}_{\mathrm{r1}} &= [\boldsymbol{a}_{\mathrm{r1}}(\theta_1)\otimes\boldsymbol{a}_{\mathrm{t}}(\varphi_1),\cdots,\boldsymbol{a}_{\mathrm{r1}}(\theta_P)\otimes\boldsymbol{a}_{\mathrm{t}}(\varphi_P)] \\ \boldsymbol{A}_{\mathrm{r2}} &= [\boldsymbol{a}_{\mathrm{r2}}(\theta_1)\otimes\boldsymbol{a}_{\mathrm{t}}(\varphi_1),\cdots,\boldsymbol{a}_{\mathrm{r2}}(\theta_P)\otimes\boldsymbol{a}_{\mathrm{t}}(\varphi_P)] \end{aligned}\right\} \tag{2.30}$$

式中，$\boldsymbol{a}_{\mathrm{t1}}(\varphi_p)$ 和 $\boldsymbol{a}_{\mathrm{t2}}(\varphi_p)$ 分别表示取 $\boldsymbol{a}_{\mathrm{t}}(\varphi_p)$ 的前 $M_{\mathrm{t}}-1$ 和后 $M_{\mathrm{t}}-1$ 个元素；$\boldsymbol{a}_{\mathrm{r1}}(\theta_p)$ 和 $\boldsymbol{a}_{\mathrm{r2}}(\theta_p)$ 分别表示取 $\boldsymbol{a}_{\mathrm{r}}(\theta_p)$ 的前 $M_{\mathrm{r}}-1$ 和后 $M_{\mathrm{r}}-1$ 个元素。

由 $\boldsymbol{a}_{\mathrm{t}}(\varphi_p)$ 和 $\boldsymbol{a}_{\mathrm{r}}(\theta_p)$ 的表达式可知，$\boldsymbol{a}_{\mathrm{t1}}(\varphi_p)$，$\boldsymbol{a}_{\mathrm{t2}}(\varphi_p)$ 及 $\boldsymbol{a}_{\mathrm{r1}}(\theta_p)$，$\boldsymbol{a}_{\mathrm{r2}}(\theta_p)$ 之间满足关系式

$$\boldsymbol{a}_{\mathrm{t2}}(\varphi_p)=\exp(-\mathrm{j}\,\frac{2\pi d_{\mathrm{t}}}{\lambda}\sin\varphi_p)\boldsymbol{a}_{\mathrm{t1}}(\varphi_p) \tag{2.31}$$

$$\boldsymbol{a}_{\mathrm{r2}}(\theta_p)=\exp(-\mathrm{j}\,\frac{2\pi d_{\mathrm{r}}}{\lambda}\sin\theta_p)\boldsymbol{a}_{\mathrm{r1}}(\theta_p) \tag{2.32}$$

将式(2.31)和式(2.32)分别代入式(2.29)和式(2.30)，可得

$$\boldsymbol{A}_{\mathrm{t2}}=\boldsymbol{A}_{\mathrm{t1}}\boldsymbol{\Phi}_{\mathrm{t}} \tag{2.33}$$

$$\boldsymbol{A}_{\mathrm{r2}}=\boldsymbol{A}_{\mathrm{r1}}\boldsymbol{\Phi}_{\mathrm{r}} \tag{2.34}$$

式中，$\boldsymbol{\Phi}_{\mathrm{t}}$ 为第 p 个对角元素为 $\exp(-\mathrm{j}\,\frac{2\pi d_{\mathrm{t}}}{\lambda}\sin\varphi_p)$ 的 $P\times P$ 维的对角阵，$\boldsymbol{\Phi}_{\mathrm{r}}$

为第 p 个对角元素为 $\exp(-\mathrm{j}\,\frac{2\pi d_{\mathrm{r}}}{\lambda}\sin\theta_{p})$ 的 $P\times P$ 维的对角阵。

根据信号子空间的性质，可知信号子空间 $\boldsymbol{U}_{\mathrm{s}}$ 和阵列流形矩阵 $\boldsymbol{A}$ 之间满足关系式

$$\boldsymbol{U}_{\mathrm{s}}=\boldsymbol{A}\boldsymbol{T} \tag{2.35}$$

其中，$\boldsymbol{T}$ 是一个特定的 $P\times P$ 维的非奇异矩阵。

假设由 $\boldsymbol{U}_{\mathrm{s}}$ 形成的 $M_{\mathrm{r}}(M_{\mathrm{t}}-1)\times P$ 维矩阵 $\boldsymbol{U}_{\mathrm{t1}}$，$\boldsymbol{U}_{\mathrm{t2}}$ 的构造方式与由 $\boldsymbol{A}$ 形成的 $M_{\mathrm{r}}(M_{\mathrm{t}}-1)\times P$ 维矩阵 $\boldsymbol{A}_{\mathrm{t1}}$，$\boldsymbol{A}_{\mathrm{t2}}$ 的构造方式相同；而由 $\boldsymbol{U}_{\mathrm{s}}$ 形成的 $M_{\mathrm{t}}(M_{\mathrm{r}}-1)\times P$ 维矩阵 $\boldsymbol{U}_{\mathrm{r1}}$，$\boldsymbol{U}_{\mathrm{r2}}$ 的构造方式与由 $\boldsymbol{A}$ 形成的 $M_{\mathrm{t}}(M_{\mathrm{r}}-1)\times P$ 维矩阵 $\boldsymbol{A}_{\mathrm{r1}}$，$\boldsymbol{A}_{\mathrm{r2}}$ 的构造方式相同，则有

$$\left.\begin{aligned}\boldsymbol{U}_{\mathrm{t1}}&=\boldsymbol{A}_{\mathrm{t1}}\boldsymbol{T}\\ \boldsymbol{U}_{\mathrm{t2}}&=\boldsymbol{A}_{\mathrm{t2}}\boldsymbol{T}\end{aligned}\right\} \tag{2.36}$$

$$\left.\begin{aligned}\boldsymbol{U}_{\mathrm{r1}}&=\boldsymbol{A}_{\mathrm{r1}}\boldsymbol{T}\\ \boldsymbol{U}_{\mathrm{r2}}&=\boldsymbol{A}_{\mathrm{r2}}\boldsymbol{T}\end{aligned}\right\} \tag{2.37}$$

将式(2.36)和式(2.37)分别代入式(2.33)和式(2.34)可得

$$\boldsymbol{U}_{\mathrm{t2}}=\boldsymbol{U}_{\mathrm{t1}}\boldsymbol{T}^{-1}\boldsymbol{\Phi}_{\mathrm{t}}\boldsymbol{T} \tag{2.38}$$

$$\boldsymbol{U}_{\mathrm{r2}}=\boldsymbol{U}_{\mathrm{r1}}\boldsymbol{T}^{-1}\boldsymbol{\Phi}_{\mathrm{r}}\boldsymbol{T} \tag{2.39}$$

令 $\boldsymbol{\Psi}_{\mathrm{t}}=\boldsymbol{U}_{\mathrm{t2}}\boldsymbol{U}_{\mathrm{t1}}^{\#}$，$\boldsymbol{\Psi}_{\mathrm{r}}=\boldsymbol{U}_{\mathrm{r2}}\boldsymbol{U}_{\mathrm{r1}}^{\#}$，其中上标 # 表示求矩阵的 Moore - Penrose 逆矩阵，则式(2.38)和式(2.39)可写成

$$\boldsymbol{\Psi}_{\mathrm{t}}=\boldsymbol{T}^{-1}\boldsymbol{\Phi}_{\mathrm{t}}\boldsymbol{T} \tag{2.40}$$

$$\boldsymbol{\Psi}_{\mathrm{r}}=\boldsymbol{T}^{-1}\boldsymbol{\Phi}_{\mathrm{r}}\boldsymbol{T} \tag{2.41}$$

式(2.40)和式(2.41)说明：$\boldsymbol{\Phi}_{\mathrm{t}}$ 和 $\boldsymbol{\Phi}_{\mathrm{r}}$ 分别为 $\boldsymbol{\Psi}_{\mathrm{t}}$ 和 $\boldsymbol{\Psi}_{\mathrm{r}}$ 的特征值矩阵。因此，对 $\boldsymbol{\Psi}_{\mathrm{t}}$ 和 $\boldsymbol{\Psi}_{\mathrm{r}}$ 进行特征值分解，可得其特征值分别为 $\gamma_{\mathrm{t}p_1}(p_1=1,2,\cdots,P)$ 及 $\gamma_{\mathrm{r}p_2}(p_2=1,2,\cdots,P)$。结合 $\boldsymbol{\Phi}_{\mathrm{t}}$ 和 $\boldsymbol{\Phi}_{\mathrm{r}}$ 的表达式，可得对目标 DOD 和 DOA 的估计值为

$$\hat{\varphi}_{p_1}=\arcsin\left[\frac{-\arg(\gamma_{\mathrm{t}p_1})}{2\pi d_{\mathrm{t}}}\lambda\right],\quad p_1=1,2,\cdots,P \tag{2.42}$$

$$\hat{\theta}_{p_2}=\arcsin\left[\frac{-\arg(\gamma_{\mathrm{r}p_2})}{2\pi d_{\mathrm{r}}}\lambda\right],\quad p_2=1,2,\cdots,P \tag{2.43}$$

式中，arcsin(·)表示求反正弦，arg(·)表示取相角。

然而，上述过程是通过两个不同的特征值分解得到的，当目标数大于 1 时，所求得的 $\hat{\varphi}_{p_1}$ 和 $\hat{\theta}_{p_2}$ 不一定对应于同一个目标。因此，需要对求得的 $\hat{\varphi}_{p_1}$

和 $\hat{\theta}_{p_2}$ 进行正确的配对。

令 $\boldsymbol{\Psi}_{\mathrm{tr}}=\boldsymbol{\Psi}_{\mathrm{t}}\boldsymbol{\Psi}_{\mathrm{r}}$，则根据式(2.40)、式(2.41)有

$$\boldsymbol{\Psi}_{\mathrm{tr}}=\boldsymbol{T}^{-1}\boldsymbol{\Phi}_{\mathrm{t}}\boldsymbol{\Phi}_{\mathrm{r}}\boldsymbol{T} \tag{2.44}$$

记 $\boldsymbol{\Psi}_{\mathrm{tr}}$ 的特征值为 $\gamma_{\mathrm{tr}p_3}(p_3=1,2,\cdots,P)$，对于给定的 $\gamma_{\mathrm{t}p_1}(p_1=1,2,\cdots,P)$，使得式(2.45)中最小的 $\gamma_{\mathrm{r}p_2}$ 和 $\gamma_{\mathrm{tr}p_3}$ 就对应着同一目标，从而可实现参数的配对。

$$\{|\gamma_{\mathrm{t}p_1}\gamma_{\mathrm{r}p_2}-\gamma_{\mathrm{tr}p_3}|,p_1,p_2,p_3=1,2,\cdots,P\} \tag{2.45}$$

此外，在参数配对过程中，还可定义 $\boldsymbol{\Psi}_{\mathrm{tr}}=\boldsymbol{\Psi}_{\mathrm{t}}+\boldsymbol{\Psi}_{\mathrm{r}}$ 或 $\boldsymbol{\Psi}_{\mathrm{tr}}=\boldsymbol{\Psi}_{\mathrm{t}}\boldsymbol{\Psi}_{\mathrm{r}}^{-1}$，只是式(2.45)需要做相应的改变。

2.算法基本步骤

ESPRIT 算法步骤总结如下：

(1)由匹配滤波后的阵列接收数据得到数据协方差矩阵 $\boldsymbol{R}$，即式(2.10)。

(2)对 $\boldsymbol{R}$ 进行特征值分解。

(3)由 $\boldsymbol{R}$ 的特征值进行信号源数判断。

(4)确定信号子空间 $\boldsymbol{U}_{\mathrm{s}}$ 与噪声子空间 $\boldsymbol{U}_{\mathrm{n}}$。

(5)由 $\boldsymbol{U}_s$ 分别构造 $\boldsymbol{U}_{\mathrm{t1}}$，$\boldsymbol{U}_{\mathrm{t2}}$ 和 $\boldsymbol{U}_{\mathrm{r1}}$，$\boldsymbol{U}_{\mathrm{r2}}$，并计算 $\boldsymbol{\Psi}_{\mathrm{t}}$ 和 $\boldsymbol{\Psi}_{\mathrm{r}}$。

(6)对 $\boldsymbol{\Psi}_{\mathrm{t}}$ 和 $\boldsymbol{\Psi}_{\mathrm{r}}$ 进行特征值分解，根据式(2.42)和式(2.45)得到对目标 DOD 和 DOA 的估计值 $\hat{\varphi}_{p_1}$ 和 $\hat{\theta}_{p_2}$。

(7)由 $\boldsymbol{\Psi}_{\mathrm{t}}$ 和 $\boldsymbol{\Psi}_{\mathrm{r}}$ 根据式(2.44)构造 $\boldsymbol{\Psi}_{\mathrm{tr}}$，并根据式(2.45)对参数进行配对。

3.计算机仿真结果

为了验证算法的有效性，这里作如下计算机仿真。

仿真 1：ESPRIT 算法对目标的 DOD 和 DOA 的估计结果

假设双基地 MIMO 雷达的发射和接收阵列均为阵元间距为半波长的均匀线阵，其中发射阵元数 $M_{\mathrm{t}}=8$，接收阵元数 $M_{\mathrm{r}}=6$，空间同一距离单元处存在 3 个目标，分别位于 $(\varphi_1,\theta_1)=(10°,20°)$，$(\varphi_2,\theta_2)=(-20°,-30°)$，$(\varphi_3,\theta_3)=(0°,45°)$。信噪比 SNR=5 dB，脉冲数 $L=100$。图 2.15(a)(b)所示分别为该算法对目标 DOD 和 DOA 估计的结果；图 2.15(c)所示为该算法对目标二维方位角度进行配对后所得的星座图，仿真采用 50 次 Monte - Carlo 实验。从图中可以看出：该算法能对目标的二维方位角度进行准确的估计和配对，即可实现对多目标的有效定位。

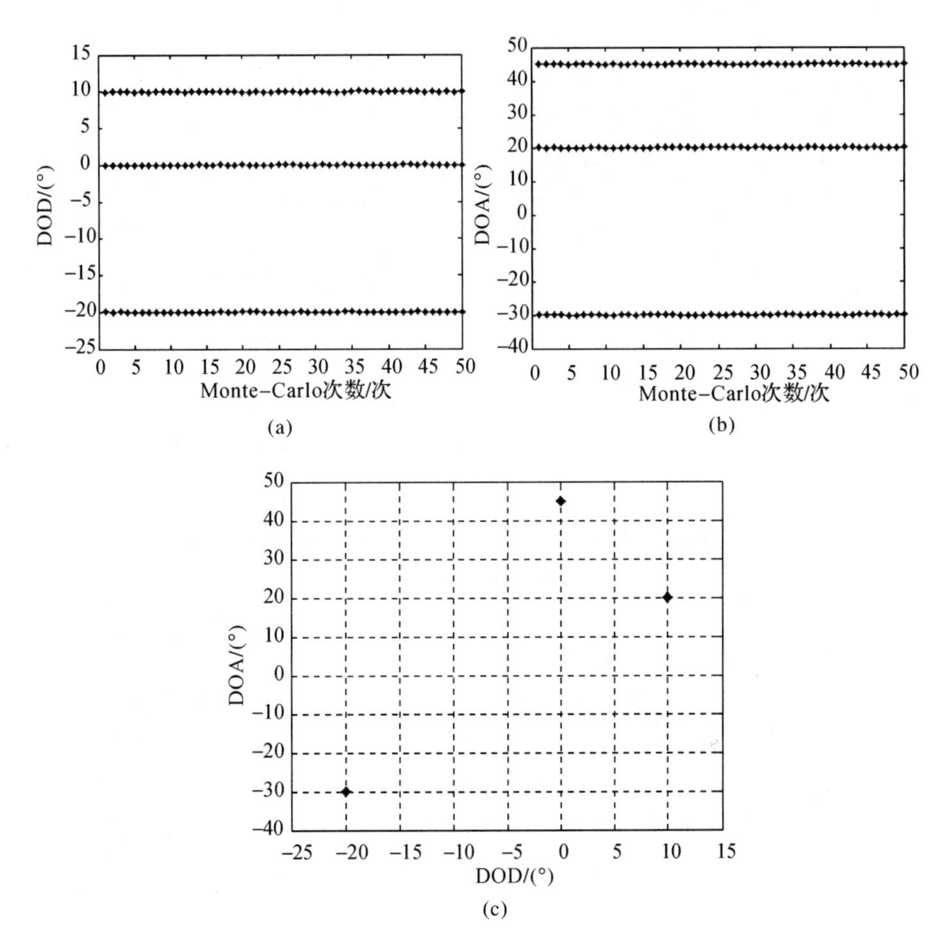

图 2.15　ESPRIT 算法对目标 DOD 和 DOA 的估计结果

(a)ESPRIT 算法对目标 DOD 估计的结果；(b)ESPRIT 算法对目标 DOA 估计的结果；(c)ESPRIT 算法对目标二维方位角度进行配对后所得的星座图

仿真 2:ESPRIT 算法的估计性能与信噪比 SNR 的关系

图 2.16 所示为该算法对 3 个目标的二维方位角估计的 RMSE 随信噪比 SNR 变化的曲线。仿真中取 $I=200$ 次，发射阵元数 $M_{t}=8$ 个，接收阵元数 $M_{r}=6$ 个，脉冲数 $L=100$ 个。从图中可以看出:该算法在较低信噪比时仍具有较好的估计性能，且随着 SNR 的增大估计性能不断变好。

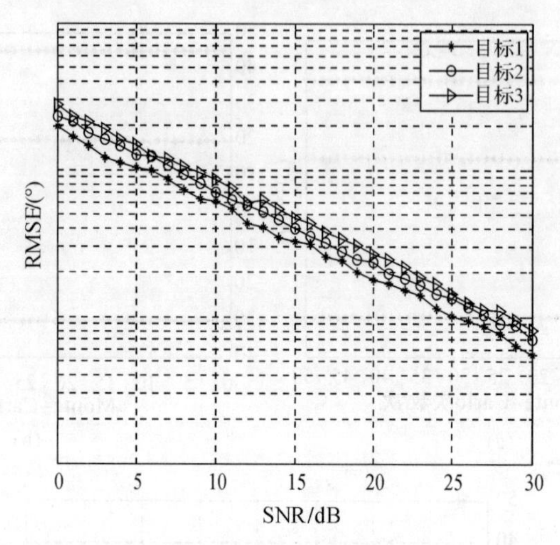

图 2.16　ESPRIT 算法对目标二维方位角估计的 RMSE 随 SNR 变化的曲线

仿真 3:ESPRIT 算法的估计性能与脉冲数 L 的关系

图 2.17 所示为该算法对 3 个目标的二维方位角估计的 RMSE 随脉冲数 L 变化的曲线。仿真中取 $I=200$ 次,发射阵元数 $M_t=8$ 个,接收阵元数 $M_r=6$ 个,信噪比 SNR=10 dB。从图中可以看出:当 $L=80$ 个时,该算法已具有较好的估计性能,随着 L 值的增大,RMSE 变化不大。

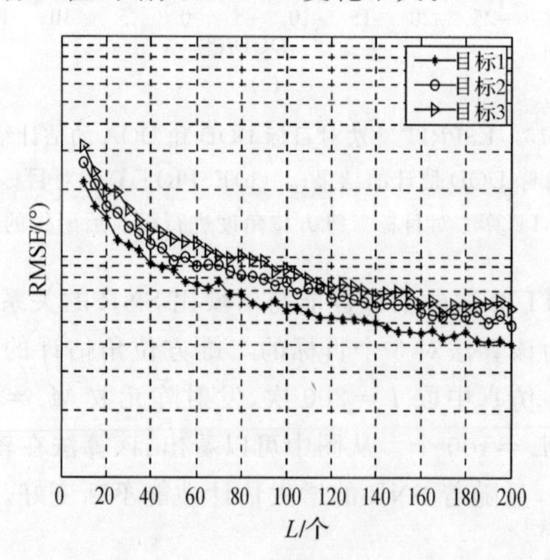

图 2.17　ESPRIT 算法对目标二维方位角估计的 RMSE 随 L 变化的曲线

2.3.5　不同算法的比较

以上针对双基地 MIMO 雷达目标 DOD 和 DOA 联合估计算法，给出了 5 种基本算法，这里将通过是否需要预判目标数、特征值分解、谱峰搜索及对发射和接收阵列的配置的要求等方面对这 5 种算法进行分析比较，具体见表 2.1。

表 2.1　5 种算法的比较

算法类型	预判目标数	特征值分解	谱峰搜索	发射、接收阵列配置	估计精度
Capon	无需	无需	二维谱峰搜索	任意	较低
MUSIC	需要	需要	二维谱峰搜索	任意	较高
RD - Capon	无需	无需	一维谱峰搜索	任意	较低
RD - MUSIC	需要	需要	一维谱峰搜索	任意	较高
ESPRIT	需要	需要	无需	均为均匀线阵	较高

从表 2.1 可以看出：不同的算法具有不同的估计性能，实际应用中可根据不同的需要选用不同的算法。

2.4　小　　结

本章从定义和分类、结构和信号模型、基本算法等方面对双基地 MIMO 雷达基本理论进行了研究。在基本算法中，重点研究了二维 Capon 最小方差法、二维 MUSIC 算法、降维 Capon 和 MUSIC 算法、ESPRIT 算法，并对这些基本方法进行了仿真验证工作，表明了基本算法的有效性，为后续深入研究奠定了基础。

第3章 双基地MIMO雷达收发方位角估计的波束空间ESPRIT算法

3.1 引 言

目标参数估计是雷达信号处理的一个重要内容，MIMO雷达在对目标参数进行估计时，其克拉美-罗界明显低于传统的相控阵雷达，具有很高的估计精度和很好的估计性能[21-23]。利用双基地MIMO雷达进行目标收发方位角估计时，由于增加了自适应处理的自由度，其分辨率明显比传统的相控阵雷达高。

ESPRIT算法不需要进行谱峰搜索，计算量小，是空间谱估计中一种实时性较好的算法。由于双基地MIMO雷达的发射和接收天线阵元间距较小，与传统相控阵雷达类似，在接收端经过匹配滤波器分离后，其信号模型与传统阵列信号模型具有相似之处，所以可以将ESPRIT算法应用于双基地MIMO雷达收发方位角的估计。文献[132]采用ESPRIT算法把双基地MIMO雷达的二维方位角参数联合估计同时转化为两个一维方位角参数估计问题，分别采用两次ESPRIT算法同时估计出目标相对于发射和接收阵列的方位角，但需要额外的角度配对，在一定程度上增加了算法的复杂度。文献[133]在文献[132]的基础上，给出了一种无需参数配对的ESPRIT算法。这两种算法均需要估计虚拟阵列数据的协方差矩阵，并对其进行特征值分解。由于双基地MIMO雷达虚拟阵列接收数据的全维自由度与其发射阵元数和接收阵元数的乘积成正比，若发射和接收阵元数增大，则虚拟阵列数据矢量的维数将急剧增加，对其协方差矩阵的估计和特征值分解的计算量将是相当巨大的。因此，研究小运算量、低复杂度的双基地MIMO雷达收发方位角估计算法将具有非常重要的实际应用价值。

基于波束空间的算法[131]是指先将空间阵元通过变换合成一个或几个波束，再利用合成的波束数据进行DOA估计，该类算法可提高算法的稳健性，降低运算量和复杂度。对于双基地MIMO雷达来说，波束空间变换将破坏其发射和接收阵列原有的旋转不变特性，从而使文献[132－133]中的算法无法用于目标收发方位角的估计。

针对上述问题，本章给出了一种双基地 MIMO 雷达收发方位角估计的波束空间 ESPRIT(Beamspace - ESPRIT，B - ESPRIT)算法。该算法可重构受波束空间变换破坏的发射和接收阵列旋转不变特性，从而可利用 ESPRIT 方法得到对目标 DOD 和 DOA 的估计值。相比常规的阵元空间 ESPRIT (Element - ESPRIT，E - ESPRIT)算法，B - ESPRIT 算法具有更小的计算量。此外，为避免对波束空间变换后的数据进行协方差矩阵估计和特征值分解，本章还给出了一种基于多级维纳滤波器的 B - ESPRIT 算法，该算法可进一步降低收发方位角估计的计算量。

3.2　波束空间变换数据模型

波束空间处理需要通过阵元合成一定数量波束通道作为数据接收通道，这和阵元空间处理中每个阵元对应于一个接收通道完全不同。首先，定义 $M_t M_r \times L_t L_r$ 维的波束空间变换矩阵为

$$\boldsymbol{B} = \boldsymbol{B}_r \otimes \boldsymbol{B}_t \tag{3.1}$$

式中，$\boldsymbol{B}_t$ 为 $M_t \times L_t (L_t < M_t)$ 维的发射波束空间变换矩阵，L_t 为合成发射波束的维数；$\boldsymbol{B}_r$ 为 $M_r \times L_r (L_r < M_r)$ 维的接收波束空间变换矩阵，L_r 为合成接收波束的维数。为了不影响阵列噪声，$\boldsymbol{B}$ 应满足 $\boldsymbol{B}^{\mathrm{H}}\boldsymbol{B} = \boldsymbol{B}_r^{\mathrm{H}}\boldsymbol{B}_r \otimes \boldsymbol{B}_t^{\mathrm{H}}\boldsymbol{B}_t = \boldsymbol{I}_{L_t L_r}$。则式(2.4)的虚拟阵列数据通过波束空间变换后的输出为

$$\boldsymbol{z}(t_l) = \boldsymbol{B}^{\mathrm{H}}\boldsymbol{y}(t_l) = \boldsymbol{C}\boldsymbol{\alpha}(t_l) + \boldsymbol{B}^{\mathrm{H}}\boldsymbol{n}(t_l) \tag{3.2}$$

式中，$\boldsymbol{C} = (\boldsymbol{B}_r^{\mathrm{H}}\boldsymbol{A}_r * \boldsymbol{B}_t^{\mathrm{H}}\boldsymbol{A}_t)$。

因此，其数据协方差矩阵可表示为

$$\boldsymbol{R}_b = \mathrm{E}[\boldsymbol{z}(t_l)\boldsymbol{z}^{\mathrm{H}}(t_l)] = \boldsymbol{C}\boldsymbol{R}_\alpha\boldsymbol{C}^{\mathrm{H}} + \sigma^2\boldsymbol{I}_{L_t L_r} \tag{3.3}$$

将阵列协方差矩阵 $\boldsymbol{R}_b$ 进行特征值分解得

$$\boldsymbol{R}_b = \sum_{i=1}^{P}\lambda_{bi}\boldsymbol{u}_{bi}\boldsymbol{u}_{bi}^{\mathrm{H}} + \sum_{i=P+1}^{L_t L_r}\lambda_{bi}\boldsymbol{u}_{bi}\boldsymbol{u}_{bi}^{\mathrm{H}} = \boldsymbol{U}_{bs}\boldsymbol{\Lambda}_{bs}\boldsymbol{U}_{bs}^{\mathrm{H}} + \boldsymbol{U}_{bn}\boldsymbol{\Lambda}_{bn}\boldsymbol{U}_{bn}^{\mathrm{H}} \tag{3.4}$$

式中，$\boldsymbol{U}_{bs} = [\boldsymbol{u}_{b1}, \boldsymbol{u}_{b2}, \cdots, \boldsymbol{u}_{bP}]$ 为信号子空间，$\boldsymbol{\Lambda}_{bs} = \mathrm{diag}[\lambda_{b1}, \lambda_{b2}, \cdots, \lambda_{bP}]$，$\boldsymbol{U}_{bn} = [\boldsymbol{u}_{b(P+1)}, \boldsymbol{u}_{b(P+2)}, \cdots, \boldsymbol{u}_{bL_t L_r}]$ 为噪声子空间，$\boldsymbol{\Lambda}_{bn} = \mathrm{diag}[\lambda_{b(P+1)}, \lambda_{b(P+2)}, \cdots, \lambda_{bL_t L_r}]$。

根据式(2.8)可知，$\boldsymbol{U}_{bs}$ 与 $\boldsymbol{C}$ 具有以下关系：

$$\boldsymbol{U}_{bs} = \boldsymbol{C}\boldsymbol{T} = (\boldsymbol{B}_r^{\mathrm{H}}\boldsymbol{A}_r * \boldsymbol{B}_t^{\mathrm{H}}\boldsymbol{A}_t)\boldsymbol{T} \tag{3.5}$$

式中，$\boldsymbol{T}$ 为一个唯一的非奇异矩阵。

在有限次脉冲数情况下,只能得到协方差矩阵的估计值为

$$\hat{\boldsymbol{R}}_{\mathrm{b}}=\frac{1}{L}\sum_{l=1}^{L}\boldsymbol{z}(t_l)\boldsymbol{z}^{\mathrm{H}}(t_l) \tag{3.6}$$

3.3 B-ESPRIT 算法

3.3.1 算法基本原理

在上述的波束空间变换过程中,发射和接收阵列受到 $\boldsymbol{B}_{\mathrm{t}}$ 和 $\boldsymbol{B}_{\mathrm{r}}$ 的影响可能不再具有旋转不变特性,所以 ESPRIT 类算法在这种情况下的应用受到限制。为了使变换后的收发阵列仍具有旋转不变性,$\boldsymbol{B}_{\mathrm{t}}$ 和 $\boldsymbol{B}_{\mathrm{r}}$ 应满足

$$\left.\begin{aligned}\boldsymbol{I}_{\mathrm{t1}}\boldsymbol{B}_{\mathrm{t}}=\boldsymbol{I}_{\mathrm{t2}}\boldsymbol{B}_{\mathrm{t}}\boldsymbol{F}_{\mathrm{t}}\\ \boldsymbol{I}_{\mathrm{r1}}\boldsymbol{B}_{\mathrm{r}}=\boldsymbol{I}_{\mathrm{r2}}\boldsymbol{B}_{\mathrm{r}}\boldsymbol{F}_{\mathrm{r}}\end{aligned}\right\} \tag{3.7}$$

式中,$\boldsymbol{I}_{\mathrm{t1}}$ 和 $\boldsymbol{I}_{\mathrm{t2}}$ 分别为 M_{t} 维单位矩阵的前 $M_{\mathrm{t}}-1$ 行和后 $M_{\mathrm{t}}-1$ 行,$\boldsymbol{I}_{\mathrm{r1}}$ 和 $\boldsymbol{I}_{\mathrm{r2}}$ 分别为 M_{r} 维单位矩阵的前 $M_{\mathrm{r}}-1$ 行和后 $M_{\mathrm{r}}-1$ 行,$\boldsymbol{F}_{\mathrm{t}}$ 和 $\boldsymbol{F}_{\mathrm{r}}$ 分别为非奇异的 $L_{\mathrm{t}}\times L_{\mathrm{t}}$ 和 $L_{\mathrm{r}}\times L_{\mathrm{r}}$ 维矩阵。

命题 3.1:令 $\boldsymbol{B}_{\mathrm{t}}^{\mathrm{H}}=[\boldsymbol{b}_{\mathrm{t1}},\boldsymbol{b}_{\mathrm{t2}},\cdots,\boldsymbol{b}_{\mathrm{t}M_{\mathrm{t}}}]$,$\boldsymbol{B}_{\mathrm{r}}^{\mathrm{H}}=[\boldsymbol{b}_{\mathrm{r1}},\boldsymbol{b}_{\mathrm{r2}},\cdots,\boldsymbol{b}_{\mathrm{r}M_{\mathrm{r}}}]$。如果存在 $L_{\mathrm{t}}\times L_{\mathrm{t}}$ 和 $L_{\mathrm{r}}\times L_{\mathrm{r}}$ 维矩阵 $\boldsymbol{Q}_{\mathrm{t}}$ 和 $\boldsymbol{Q}_{\mathrm{r}}$ 满足[131]

$$\left.\begin{aligned}\boldsymbol{Q}_{\mathrm{t}}\boldsymbol{b}_{\mathrm{t}M_{\mathrm{t}}}=\boldsymbol{0}_{L_{\mathrm{t}}\times 1},\boldsymbol{Q}_{\mathrm{t}}\boldsymbol{F}_{\mathrm{t}}^{\mathrm{H}}\boldsymbol{b}_{\mathrm{t1}}=\boldsymbol{0}_{L_{\mathrm{t}}\times 1}\\ \boldsymbol{Q}_{\mathrm{r}}\boldsymbol{b}_{\mathrm{r}M_{\mathrm{r}}}=\boldsymbol{0}_{L_{\mathrm{r}}\times 1},\boldsymbol{Q}_{\mathrm{r}}\boldsymbol{F}_{\mathrm{r}}^{\mathrm{H}}\boldsymbol{b}_{\mathrm{r1}}=\boldsymbol{0}_{L_{\mathrm{r}}\times 1}\end{aligned}\right\} \tag{3.8}$$

则可得发射和接收阵列波束空间旋转不变性,即

$$\left.\begin{aligned}\boldsymbol{Q}_{\mathrm{t}}\boldsymbol{B}_{\mathrm{t}}^{\mathrm{H}}\boldsymbol{A}_{\mathrm{t}}=\boldsymbol{Q}_{\mathrm{t}}\boldsymbol{F}_{\mathrm{t}}^{\mathrm{H}}\boldsymbol{B}_{\mathrm{t}}^{\mathrm{H}}\boldsymbol{A}_{\mathrm{t}}\boldsymbol{\Phi}_{\mathrm{t}}\\ \boldsymbol{Q}_{\mathrm{r}}\boldsymbol{B}_{\mathrm{r}}^{\mathrm{H}}\boldsymbol{A}_{\mathrm{r}}=\boldsymbol{Q}_{\mathrm{r}}\boldsymbol{F}_{\mathrm{r}}^{\mathrm{H}}\boldsymbol{B}_{\mathrm{r}}^{\mathrm{H}}\boldsymbol{A}_{\mathrm{r}}\boldsymbol{\Phi}_{\mathrm{r}}\end{aligned}\right\} \tag{3.9}$$

式中,$\boldsymbol{\Phi}_{\mathrm{t}}=\mathrm{diag}[\mathrm{e}^{\mathrm{j}\pi\sin\varphi_1},\cdots,\mathrm{e}^{\mathrm{j}\pi\sin\varphi_P}]$,$\boldsymbol{\Phi}_{\mathrm{r}}=\mathrm{diag}[\mathrm{e}^{\mathrm{j}\pi\sin\theta_1},\cdots,\mathrm{e}^{\mathrm{j}\pi\sin\theta_P}]$。

证明:由式(3.8)有

$$\boldsymbol{Q}_{\mathrm{t}}\boldsymbol{B}_{\mathrm{t}}^{\mathrm{H}}=[\boldsymbol{Q}_{\mathrm{t}}\boldsymbol{b}_{\mathrm{t1}},\boldsymbol{Q}_{\mathrm{t}}\boldsymbol{b}_{\mathrm{t2}},\cdots,\boldsymbol{Q}_{\mathrm{t}}\boldsymbol{b}_{\mathrm{t}(M_{\mathrm{t}}-1)},\boldsymbol{0}_{L_{\mathrm{t}}\times 1}]=\boldsymbol{Q}_{\mathrm{t}}\boldsymbol{B}_{\mathrm{t}}^{\mathrm{H}}\boldsymbol{I}_{\mathrm{t1}}^{\mathrm{T}}\boldsymbol{I}_{\mathrm{t1}} \tag{3.10}$$

$$\boldsymbol{Q}_{\mathrm{t}}\boldsymbol{F}_{t}^{\mathrm{H}}\boldsymbol{B}_{\mathrm{t}}^{\mathrm{H}}=[\boldsymbol{0}_{L_{\mathrm{t}}\times 1},\boldsymbol{Q}_{\mathrm{t}}\boldsymbol{F}_{\mathrm{t}}^{\mathrm{H}}\boldsymbol{b}_{\mathrm{t2}},\cdots,\boldsymbol{Q}_{\mathrm{t}}\boldsymbol{F}_{\mathrm{t}}^{\mathrm{H}}\boldsymbol{b}_{\mathrm{t}M_{\mathrm{t}}}]=\boldsymbol{Q}_{\mathrm{t}}\boldsymbol{F}_{\mathrm{t}}^{\mathrm{H}}\boldsymbol{B}_{\mathrm{t}}^{\mathrm{H}}\boldsymbol{I}_{\mathrm{t2}}^{\mathrm{T}}\boldsymbol{I}_{\mathrm{t2}} \tag{3.11}$$

可得

$$\boldsymbol{Q}_{\mathrm{t}}\boldsymbol{B}_{\mathrm{t}}^{\mathrm{H}}\boldsymbol{A}_{\mathrm{t}}=\boldsymbol{Q}_{\mathrm{t}}\boldsymbol{B}_{\mathrm{t}}^{\mathrm{H}}\boldsymbol{I}_{\mathrm{t1}}^{\mathrm{T}}\boldsymbol{I}_{\mathrm{t1}}\boldsymbol{A}_{\mathrm{t}} \tag{3.12}$$

又因为

$$\boldsymbol{I}_{\mathrm{t1}}\boldsymbol{A}_{\mathrm{t}}=\boldsymbol{I}_{\mathrm{t2}}\boldsymbol{A}_{\mathrm{t}}\boldsymbol{\Phi}_{\mathrm{t}} \tag{3.13}$$

将式(3.13)代入式(3.12),并由式(3.7)有

$$\boldsymbol{Q}_{\mathrm{t}}\boldsymbol{B}_{\mathrm{t}}^{\mathrm{H}}\boldsymbol{A}_{\mathrm{t}}=\boldsymbol{Q}_{\mathrm{t}}\boldsymbol{B}_{\mathrm{t}}^{\mathrm{H}}\boldsymbol{I}_{\mathrm{t1}}^{\mathrm{T}}\boldsymbol{I}_{\mathrm{t2}}\boldsymbol{A}_{\mathrm{t}}\boldsymbol{\Phi}_{\mathrm{t}}=\boldsymbol{Q}_{\mathrm{t}}\boldsymbol{F}_{\mathrm{t}}^{\mathrm{H}}\boldsymbol{B}_{\mathrm{t}}^{\mathrm{H}}\boldsymbol{I}_{\mathrm{t2}}^{\mathrm{T}}\boldsymbol{I}_{\mathrm{t2}}\boldsymbol{A}_{\mathrm{t}}\boldsymbol{\Phi}_{\mathrm{t}}=\boldsymbol{Q}_{\mathrm{t}}\boldsymbol{F}_{\mathrm{t}}^{\mathrm{H}}\boldsymbol{B}_{\mathrm{t}}^{\mathrm{H}}\boldsymbol{A}_{\mathrm{t}}\boldsymbol{\Phi}_{\mathrm{t}} \tag{3.14}$$

同理可得

$$\boldsymbol{Q}_{\mathrm{r}}\boldsymbol{B}_{\mathrm{r}}^{\mathrm{H}}\boldsymbol{A}_{\mathrm{r}}=\boldsymbol{Q}_{\mathrm{r}}\boldsymbol{F}_{\mathrm{r}}^{\mathrm{H}}\boldsymbol{B}_{\mathrm{r}}^{\mathrm{H}}\boldsymbol{A}_{\mathrm{r}}\boldsymbol{\Phi}_{\mathrm{r}} \tag{3.15}$$

因此，命题 3.1 成立。

定义三个选择矩阵：

$$\left.\begin{aligned}\boldsymbol{W}_1&\stackrel{\text{def}}{=}\boldsymbol{Q}_{\mathrm{r}}\otimes\boldsymbol{Q}_{\mathrm{t}}\\\boldsymbol{W}_2&\stackrel{\text{def}}{=}\boldsymbol{Q}_{\mathrm{r}}\boldsymbol{F}_{\mathrm{r}}^{\mathrm{H}}\otimes\boldsymbol{Q}_{\mathrm{t}}\\\boldsymbol{W}_3&\stackrel{\text{def}}{=}\boldsymbol{Q}_{\mathrm{r}}\otimes\boldsymbol{Q}_{\mathrm{t}}\boldsymbol{F}_{\mathrm{t}}^{\mathrm{H}}\end{aligned}\right\} \tag{3.16}$$

根据式(3.5)和式(3.9)，可以得到以下矩阵：

$$\left.\begin{aligned}\boldsymbol{G}_1&\stackrel{\text{def}}{=}\boldsymbol{W}_1\boldsymbol{U}_{\mathrm{bs}}=(\boldsymbol{Q}_{\mathrm{r}}\boldsymbol{B}_{\mathrm{r}}^{\mathrm{H}}\boldsymbol{A}_{\mathrm{r}}*\boldsymbol{Q}_{\mathrm{t}}\boldsymbol{B}_{\mathrm{t}}^{\mathrm{H}}\boldsymbol{A}_{\mathrm{t}})\boldsymbol{T}\\\boldsymbol{G}_2&\stackrel{\text{def}}{=}\boldsymbol{W}_2\boldsymbol{U}_{\mathrm{bs}}=(\boldsymbol{Q}_{\mathrm{r}}\boldsymbol{F}_{\mathrm{r}}^{\mathrm{H}}\boldsymbol{B}_{\mathrm{r}}^{\mathrm{H}}\boldsymbol{A}_{\mathrm{r}}*\boldsymbol{Q}_{\mathrm{t}}\boldsymbol{B}_{\mathrm{t}}^{\mathrm{H}}\boldsymbol{A}_{\mathrm{t}})\boldsymbol{T}=(\boldsymbol{Q}_{\mathrm{r}}\boldsymbol{B}_{\mathrm{r}}^{\mathrm{H}}\boldsymbol{A}_{\mathrm{r}}*\boldsymbol{Q}_{\mathrm{t}}\boldsymbol{B}_{\mathrm{t}}^{\mathrm{H}}\boldsymbol{A}_{\mathrm{t}})\boldsymbol{\Phi}_{\mathrm{r}}\boldsymbol{T}\\\boldsymbol{G}_3&\stackrel{\text{def}}{=}\boldsymbol{W}_3\boldsymbol{U}_{\mathrm{bs}}=(\boldsymbol{Q}_{\mathrm{r}}\boldsymbol{B}_{\mathrm{r}}^{\mathrm{H}}\boldsymbol{A}_{\mathrm{r}}*\boldsymbol{Q}_{\mathrm{t}}\boldsymbol{F}_{\mathrm{t}}^{\mathrm{H}}\boldsymbol{B}_{\mathrm{t}}^{\mathrm{H}}\boldsymbol{A}_{\mathrm{t}})\boldsymbol{T}=(\boldsymbol{Q}_{\mathrm{r}}\boldsymbol{B}_{\mathrm{r}}^{\mathrm{H}}\boldsymbol{A}_{\mathrm{r}}*\boldsymbol{Q}_{\mathrm{t}}\boldsymbol{B}_{\mathrm{t}}^{\mathrm{H}}\boldsymbol{A}_{\mathrm{t}})\boldsymbol{\Phi}_{\mathrm{t}}\boldsymbol{T}\end{aligned}\right\} \tag{3.17}$$

由式(3.17)可得

$$\left.\begin{aligned}\boldsymbol{\Psi}_{\mathrm{r}}&=\boldsymbol{G}_1^{\#}\boldsymbol{G}_2=\boldsymbol{T}^{-1}\boldsymbol{\Phi}_{\mathrm{r}}\boldsymbol{T}\\\boldsymbol{\Psi}_{\mathrm{t}}&=\boldsymbol{G}_1^{\#}\boldsymbol{G}_3=\boldsymbol{T}^{-1}\boldsymbol{\Phi}_{\mathrm{t}}\boldsymbol{T}\end{aligned}\right\} \tag{3.18}$$

式中，上标 # 表示求矩阵的 Moore - Penrose 逆。

对 $\boldsymbol{\Psi}_{\mathrm{r}}$ 进行特征值分解可得其特征值和特征向量分别为 $\hat{\lambda}_{\mathrm{r}1},\hat{\lambda}_{\mathrm{r}2},\cdots,\hat{\lambda}_{\mathrm{r}P}$ 和 $\hat{\gamma}_1,\hat{\gamma}_2,\cdots,\hat{\gamma}_P$，所以可得对目标 DOA 的估计值为

$$\hat{\theta}_p=\arcsin[\mathrm{angle}(\hat{\lambda}_{\mathrm{r}p})/\pi],\quad p=1,2,\cdots,P \tag{3.19}$$

式中，arcsin(・)表示求反正弦，angle(・)表示取复数的幅角。

由 $\boldsymbol{\Psi}_{\mathrm{r}}$ 和 $\boldsymbol{\Psi}_{\mathrm{t}}$ 的表达式可以看出：对于同一个目标，$\boldsymbol{\Psi}_{\mathrm{r}}$ 和 $\boldsymbol{\Psi}_{\mathrm{t}}$ 具有相同的特征向量。因此，$\boldsymbol{\Psi}_{\mathrm{t}}$ 特征值可通过式(3.20)求得：

$$\hat{\lambda}_{\mathrm{t}p}=\hat{\gamma}_p^{\mathrm{H}}\boldsymbol{\Psi}_{\mathrm{t}}\hat{\gamma}_p,\quad p=1,2,\cdots,P \tag{3.20}$$

从而可得对目标 DOD 的估计值为

$$\hat{\varphi}_p=\arcsin[\mathrm{angle}(\hat{\lambda}_{\mathrm{t}p})/\pi],\quad p=1,2,\cdots,P \tag{3.21}$$

3.3.2　波束空间变换矩阵的选择

由前面的分析可知，波束空间变换矩阵需满足式(3.2)和式(3.7)，这里给出一种简单可行的波束空间变换矩阵，即

$$\boldsymbol{B}_{\mathrm{t}}=\frac{1}{\sqrt{M_{\mathrm{t}}}}\begin{bmatrix}1 & 1 & \cdots & 1\\ \mathrm{e}^{\mathrm{j}2\pi\alpha_1/M_{\mathrm{t}}} & \mathrm{e}^{\mathrm{j}2\pi\alpha_2/M_{\mathrm{t}}} & \cdots & \mathrm{e}^{\mathrm{j}2\pi\alpha_{L_{\mathrm{t}}}/M_{\mathrm{t}}}\\ \vdots & \vdots & & \vdots\\ \mathrm{e}^{\mathrm{j}2\pi(M_{\mathrm{t}}-1)\alpha_1/M_{\mathrm{t}}} & \mathrm{e}^{\mathrm{j}2\pi(M_{\mathrm{t}}-1)\alpha_2/M_{\mathrm{t}}} & \cdots & \mathrm{e}^{\mathrm{j}2\pi(M_{\mathrm{t}}-1)\alpha_{L_{\mathrm{t}}}/M_{\mathrm{t}}}\end{bmatrix} \tag{3.22}$$

$$\boldsymbol{B}_{\mathrm{r}}=\frac{1}{\sqrt{M_{\mathrm{r}}}}\begin{bmatrix}1 & 1 & \cdots & 1\\ \mathrm{e}^{\mathrm{j}2\pi\beta_1/M_{\mathrm{r}}} & \mathrm{e}^{\mathrm{j}2\pi\beta_2/M_{\mathrm{r}}} & \cdots & \mathrm{e}^{\mathrm{j}2\pi\beta_{L_{\mathrm{r}}}/M_{\mathrm{r}}}\\ \vdots & \vdots & & \vdots\\ \mathrm{e}^{\mathrm{j}2\pi(M_{\mathrm{r}}-1)\beta_1/M_{\mathrm{r}}} & \mathrm{e}^{\mathrm{j}2\pi(M_{\mathrm{r}}-1)\beta_2/M_{\mathrm{r}}} & \cdots & \mathrm{e}^{\mathrm{j}2\pi(M_{\mathrm{r}}-1)\beta_{L_{\mathrm{r}}}/M_{\mathrm{r}}}\end{bmatrix} \tag{3.23}$$

其中

$$\left.\begin{aligned}\alpha_i&=-\eta+L_{\mathrm{t}}-1,i=1,2,\cdots,L_{\mathrm{t}}\\ \beta_j&=-\zeta+L_{\mathrm{r}}-1,j=1,2,\cdots,L_{\mathrm{r}}\end{aligned}\right\} \tag{3.24}$$

式中，$\eta=\mathrm{floor}[(L_{\mathrm{t}}-1)/2]$，$\zeta=\mathrm{floor}[(L_{\mathrm{r}}-1)/2]$，$\mathrm{floor}[\cdot]$ 表示向下取整。

由式(3.7)可得对应的 $\boldsymbol{F}_{\mathrm{t}}$ 和 $\boldsymbol{F}_{\mathrm{r}}$ 分别为

$$\boldsymbol{F}_{\mathrm{t}}=\mathrm{diag}\{[\mathrm{e}^{-\mathrm{j}2\pi\alpha_1/M_{\mathrm{t}}},\cdots,\mathrm{e}^{-\mathrm{j}2\pi\alpha_{L\mathrm{t}}/M_{\mathrm{t}}}]\} \tag{3.25}$$

$$\boldsymbol{F}_{\mathrm{r}}=\mathrm{diag}\{[\mathrm{e}^{-\mathrm{j}2\pi\beta_1/M_{\mathrm{r}}},\cdots,\mathrm{e}^{-\mathrm{j}2\pi\beta_{L_{\mathrm{r}}}/M_{\mathrm{r}}}]\} \tag{3.26}$$

而根据式(3.8) $\boldsymbol{Q}_{\mathrm{t}}$ 和 $\boldsymbol{Q}_{\mathrm{r}}$ 分别为

$$\boldsymbol{Q}_{\mathrm{t}}=\boldsymbol{I}_{L_{\mathrm{t}}}-\boldsymbol{b}_{\mathrm{t}M_{\mathrm{t}}}\boldsymbol{b}_{\mathrm{t}M_{\mathrm{t}}}^{\mathrm{H}}/|\boldsymbol{b}_{\mathrm{t}M_{\mathrm{t}}}^{\mathrm{H}}\boldsymbol{b}_{\mathrm{t}M_{\mathrm{t}}}| \tag{3.27}$$

$$\boldsymbol{Q}_{\mathrm{r}}=\boldsymbol{I}_{L_{\mathrm{r}}}-\boldsymbol{b}_{\mathrm{r}M_{\mathrm{r}}}\boldsymbol{b}_{\mathrm{r}M_{\mathrm{r}}}^{\mathrm{H}}/|\boldsymbol{b}_{\mathrm{r}M_{\mathrm{r}}}^{\mathrm{H}}\boldsymbol{b}_{\mathrm{r}M_{\mathrm{r}}}| \tag{3.28}$$

3.3.3 算法基本步骤

根据以上分析过程，将本节的 B-ESPRIT 算法总结如下：

(1)根据式(3.22)和式(3.23)设置波束空间变换矩阵，同时由式(3.24)～式(3.28)得到对应的 $\boldsymbol{F}_{\mathrm{t}}$、$\boldsymbol{F}_{\mathrm{r}}$、$\boldsymbol{Q}_{\mathrm{t}}$ 和 $\boldsymbol{Q}_{\mathrm{r}}$。

(2)根据式(3.3)对匹配滤波后的虚拟阵列数据进行波束空间变换，并由式(3.6)计算该数据的协方差矩阵 $\hat{\boldsymbol{R}}_{\mathrm{b}}$，并对其进行特征值分解得信号子空间 $\hat{\boldsymbol{U}}_{\mathrm{bs}}$。

(3)由 $\hat{\boldsymbol{U}}_{\mathrm{bs}}$ 根据式(3.17)构造 $\boldsymbol{G}_1$、$\boldsymbol{G}_2$ 和 $\boldsymbol{G}_3$，并根据式(3.18)构造 $\boldsymbol{\Psi}_{\mathrm{r}}$ 和 $\boldsymbol{\Psi}_{\mathrm{t}}$。

(4)对 $\boldsymbol{\Psi}_{\mathrm{r}}$ 进行特征值分解，根据式(3.19)～式(3.21)可分别得对目标 DOA 估计值 $\hat{\theta}_p(p=1,2,\cdots,P)$ 和 DOD 的估计值 $\hat{\varphi}_p(p=1,2,\cdots,P)$。

3.4　基于多级维纳滤波器的B-ESPRIT算法

多级维纳滤波器(Multi-Stage Wiener Filter,MSWF)[166]是Goldstein等人给出的一种有效的降维滤波技术,其可在最小均方误差下得到Wiener-Hopf方程的渐进最优解。与主分量法[167]和互谱法[168]等降维滤波技术相比,MSWF具有如下优点:不需要估计协方差矩阵从而使得该方法可以应用在小样本支撑的信号环境;不用对协方差矩阵作特征值分解,使得其运算量大大降低。

为了进一步降低B-ESPRIT算法的计算量,必须避开波束空间变换后数据协方差矩阵的估计及其特征值分解。事实上,采用MSWF的多级分解可以实现从波束空间变换后数据矩阵快速地分解出信号子空间,这由如下的命题给出。

命题3.2:若空间目标数为P,并令MSWF算法的初始化参考信号为

$$\boldsymbol{d}_0(t_l)=\frac{1}{M_tM_r}\sum_{i=1}^{M_tM_r}\boldsymbol{y}_i(t_l)=\frac{1}{M_tM_r}\sum_{i=1}^{M_tM_r}\boldsymbol{e}_i^{\mathrm{T}}\boldsymbol{y}(t_l) \tag{3.29}$$

其中$\boldsymbol{e}_i$为第i个元素为1、其他元素为0的M_tM_r维矢量,则MSWF算法估计的信号子空间$\boldsymbol{V}_{\mathrm{bs}}$与特征值分解得到的信号子空间$\boldsymbol{U}_{\mathrm{bs}}$满足

$$\boldsymbol{V}_{\mathrm{bs}}=\boldsymbol{U}_{\mathrm{bs}}\boldsymbol{H} \tag{3.30}$$

其中,$\boldsymbol{V}_{\mathrm{bs}}=[\boldsymbol{v}_{\mathrm{b1}},\boldsymbol{v}_{\mathrm{b2}},\cdots,\boldsymbol{v}_{\mathrm{b}P}]$,$\boldsymbol{v}_{\mathrm{b1}},\boldsymbol{v}_{\mathrm{b2}},\cdots,\boldsymbol{v}_{\mathrm{b}P}$均是多级维纳滤波器前向递推的匹配滤波器。

证明:注意到匹配滤波器$\boldsymbol{v}_{\mathrm{b1}},\boldsymbol{v}_{\mathrm{b2}},\cdots,\boldsymbol{v}_{\mathrm{b}P}$是相互正交的,所以级数为$P$的MSWF相当于Wiener-Hopf方程在维数是P的Krylov子空间$\boldsymbol{K}^{(P)}(\boldsymbol{R}_{z_0},\boldsymbol{r}_{z_0d_0})=\mathrm{span}\{\boldsymbol{r}_{z_0d_0},\boldsymbol{R}_{z_0}\boldsymbol{r}_{z_0d_0},\cdots,\boldsymbol{R}_{z_0}^{(P-1)}\boldsymbol{r}_{z_0d_0}\}$的解[169,170],则有

$$\mathrm{span}\{\boldsymbol{v}_{\mathrm{b1}},\boldsymbol{v}_{\mathrm{b2}},\cdots,\boldsymbol{v}_{\mathrm{b}P}\}=\mathrm{span}\{\boldsymbol{r}_{z_0d_0},\boldsymbol{R}_{z_0}\boldsymbol{r}_{z_0d_0},\cdots,\boldsymbol{R}_{z_0}^{(P-1)}\boldsymbol{r}_{z_0d_0}\} \tag{3.31}$$

式中,$\boldsymbol{z}_0(t_l)=\boldsymbol{z}(t_l)$,$\boldsymbol{R}_{z0}=\mathrm{E}[\boldsymbol{z}_0(t_l)\boldsymbol{z}_0^{\mathrm{H}}(t_l)]$,$\boldsymbol{r}_{z_0d_0}=\mathrm{E}[\boldsymbol{z}_0(t_l)\boldsymbol{d}_0^*(t_l)]$。

根据Krylov子空间的平移不变特性可得

$$\boldsymbol{K}^{(P)}(\boldsymbol{R}_{z_0},\boldsymbol{r}_{z_0d_0})=\boldsymbol{K}^{(P)}(\boldsymbol{R}_{z_0}-\sigma^2\boldsymbol{I}_{L_tL_r},\boldsymbol{r}_{z_0d_0})=\boldsymbol{K}^{(P)}(\boldsymbol{R}_0,\boldsymbol{r}_{z_0d_0}) \tag{3.32}$$

其中,$\boldsymbol{R}_0=\boldsymbol{C}\boldsymbol{R}_\alpha\boldsymbol{C}^{\mathrm{H}}$。则有

$$\mathrm{span}\{\boldsymbol{v}_{\mathrm{b1}},\boldsymbol{v}_{\mathrm{b2}},\cdots,\boldsymbol{v}_{\mathrm{b}P}\}=\mathrm{span}\{\boldsymbol{r}_{z_0d_0},\boldsymbol{R}_0\boldsymbol{r}_{z_0d_0},\cdots,\boldsymbol{R}_0^{(P-1)}\boldsymbol{r}_{z_0d_0}\} \tag{3.33}$$

故存在一个$P\times P$维的非奇异矩阵$\boldsymbol{K}$使得

$$\boldsymbol{V}_{\mathrm{bs}}=[\boldsymbol{v}_{\mathrm{b1}},\boldsymbol{v}_{\mathrm{b2}},\cdots,\boldsymbol{v}_{\mathrm{b}P}]=[\boldsymbol{r}_{z_0d_0},\boldsymbol{R}_0\boldsymbol{r}_{z_0d_0},\cdots,\boldsymbol{R}_0^{(P-1)}\boldsymbol{r}_{z_0d_0}]\boldsymbol{K} \tag{3.34}$$

因为

$$\boldsymbol{R}_0=\boldsymbol{R}_{z_0}-\sigma^2\boldsymbol{I}_{L_tL_r}=\boldsymbol{U}_{\mathrm{bs}}\widetilde{\boldsymbol{\Lambda}}_{\mathrm{bs}}\boldsymbol{U}_{\mathrm{bs}}^{\mathrm{H}} \tag{3.35}$$

其中，$\widetilde{\boldsymbol{\Lambda}}_{\text{bs}}=\boldsymbol{\Lambda}_{\text{bs}}-\sigma^2\boldsymbol{I}_{L_tL_r}$。所以由式(3.35)有

$$\boldsymbol{R}_0^{(p)}=\boldsymbol{U}_{\text{bs}}\widetilde{\boldsymbol{\Lambda}}_{\text{bs}}^{(p)}\boldsymbol{U}_{\text{bs}}^{\text{H}},\quad p=1,2,\cdots,P-1 \tag{3.36}$$

将式(3.36)代入式(3.34)可得

$$\begin{aligned}\boldsymbol{V}_{\text{bs}}&=[\boldsymbol{U}_{\text{bs}}\boldsymbol{U}_{\text{bs}}^{\text{H}}\boldsymbol{r}_{z_0d_0},\boldsymbol{U}_{\text{bs}}\widetilde{\boldsymbol{\Lambda}}_{\text{bs}}\boldsymbol{U}_{\text{bs}}^{\text{H}}\boldsymbol{r}_{z_0d_0},\cdots,\boldsymbol{U}_{\text{bs}}\widetilde{\boldsymbol{\Lambda}}_{\text{bs}}^{(P-1)}\boldsymbol{U}_{\text{bs}}^{\text{H}}\boldsymbol{r}_{z_0d_0}]\boldsymbol{K}\\&=\boldsymbol{U}_{\text{bs}}[\boldsymbol{U}_{\text{bs}}^{\text{H}}\boldsymbol{r}_{z_0d_0},\widetilde{\boldsymbol{\Lambda}}_{\text{bs}}\boldsymbol{U}_{\text{bs}}^{\text{H}}\boldsymbol{r}_{z_0d_0},\cdots,\widetilde{\boldsymbol{\Lambda}}_{\text{bs}}^{(P-1)}\boldsymbol{U}_{\text{bs}}^{\text{H}}\boldsymbol{r}_{z_0d_0}]\boldsymbol{K}\\&=\boldsymbol{C\Gamma K}=\boldsymbol{CQ}\end{aligned} \tag{3.37}$$

式中

$$\boldsymbol{\Gamma}=[\boldsymbol{U}_{\text{bs}}^{\text{H}}\boldsymbol{r}_{z_0d_0},\widetilde{\boldsymbol{\Lambda}}_{\text{bs}}\boldsymbol{U}_{\text{bs}}^{\text{H}}\boldsymbol{r}_{z_0d_0},\cdots,\widetilde{\boldsymbol{\Lambda}}_{\text{bs}}^{(P-1)}\boldsymbol{U}_{\text{bs}}^{\text{H}}\boldsymbol{r}_{z_0d_0}] \tag{3.38}$$

其推导过程中用到了式(3.5)及$\boldsymbol{U}_{\text{bs}}\boldsymbol{U}_{\text{bs}}^{\text{H}}+\boldsymbol{U}_{\text{bn}}\boldsymbol{U}_{\text{bn}}^{\text{H}}=\boldsymbol{I}_{L_tL_r}$。现在证明$\boldsymbol{Q}$为非奇异矩阵。

将式(3.29)代入$\boldsymbol{r}_{z_0d_0}$的表达式可得

$$\begin{aligned}\boldsymbol{r}_{z_0d_0}&=\frac{1}{M_tM_r}\text{E}\left\{\boldsymbol{z}_0(t_l)\left[\sum_{i=1}^{M_tM_r}\boldsymbol{e}_i^{\text{T}}\boldsymbol{y}(t_l)\right]^*\right\}=\frac{1}{M_tM_r}\boldsymbol{B}\text{E}[\boldsymbol{y}(t_l)\boldsymbol{y}^{\text{H}}(t_l)]\sum_{i=1}^{M_tM_r}\boldsymbol{e}_i^{\text{T}}\\&=\frac{1}{M_tM_r}[\boldsymbol{CR}_\alpha\boldsymbol{A}^{\text{H}}+\sigma^2\boldsymbol{B}]\cdot\boldsymbol{1}=\frac{1}{M_tM_r}[\boldsymbol{C}(\boldsymbol{R}_\alpha\boldsymbol{A}^{\text{H}}\cdot\boldsymbol{1})+\sigma^2\boldsymbol{B}\cdot\boldsymbol{1}]\end{aligned} \tag{3.39}$$

式中，$\boldsymbol{1}$为元素全部为1的M_tM_r维矢量。由于目标是非相关的，所以矢量$\boldsymbol{R}_\alpha\boldsymbol{A}^{\text{H}}\cdot\boldsymbol{1}$中都没有零元素。因此，$\boldsymbol{r}_{z_0d_0}$与所有信号特征矢量均不正交。

令$\boldsymbol{g}=[g_1,g_2,\cdots,g_P]^{\text{T}}=\boldsymbol{U}_{\text{bs}}^{\text{H}}\boldsymbol{r}_{z_0d_0}=[\boldsymbol{u}_{\text{b1}}^{\text{H}}\boldsymbol{r}_{z_0d_0},\boldsymbol{u}_{\text{b2}}^{\text{H}}\boldsymbol{r}_{z_0d_0},\cdots,\boldsymbol{u}_{\text{b}P}^{\text{H}}\boldsymbol{r}_{z_0d_0}]^{\text{T}}$，因为$\boldsymbol{r}_{z_0d_0}$与所有信号特征矢量均不正交，所以有$g_P=\boldsymbol{u}_{\text{b}p}^{\text{H}}\boldsymbol{r}_{z_0d_0}\neq0,p=1,2,\cdots,P$，则有$\boldsymbol{\Gamma}=[\boldsymbol{g},\widetilde{\boldsymbol{\Lambda}}_{\text{bs}}\boldsymbol{g},\cdots,\widetilde{\boldsymbol{\Lambda}}_{\text{bs}}^{(P-1)}\boldsymbol{g}]$。若有$\lambda_{\text{b1}}\neq\lambda_{\text{b2}}\neq\cdots\neq\lambda_{\text{b}P}$，通过反证法可以证明$\boldsymbol{g},\widetilde{\boldsymbol{\Lambda}}_{\text{bs}}\boldsymbol{g},\cdots,\widetilde{\boldsymbol{\Lambda}}_{\text{bs}}^{(P-1)}\boldsymbol{g}$是线性独立的[170]。又因为$\boldsymbol{T}$和$\boldsymbol{K}$均是非奇异矩阵，所以$\boldsymbol{Q}$也为非奇异矩阵。

联立式(3.5)和式(3.37)可得

$$\boldsymbol{V}_{\text{bs}}=\boldsymbol{U}_{\text{bs}}\boldsymbol{T}^{-1}\boldsymbol{Q}=\boldsymbol{U}_{\text{bs}}\boldsymbol{H} \tag{3.40}$$

因此，命题3.2成立。

根据命题3.2，采用MSWF估计信号子空间过程如下：

(1)初始化。取$\boldsymbol{d}_0(t_l)=\frac{1}{M_tM_r}\sum_{i=1}^{M_tM_r}\boldsymbol{y}_i(t_l)=\frac{1}{M_tM_r}\sum_{i=1}^{M_tM_r}\boldsymbol{e}_i^{\text{T}}\boldsymbol{y}(t_l)$，$\boldsymbol{z}_0(t_l)=\boldsymbol{z}(t_l)$；

(2)前向递推。当$p=1,2,\cdots,P$时，有

$$\boldsymbol{v}_{\text{b}p}=\boldsymbol{r}_{z_{p-1}d_{p-1}}/\|\boldsymbol{r}_{z_{p-1}d_{p-1}}\| \tag{3.41}$$

$$\boldsymbol{d}_p(t_l)=\boldsymbol{v}_{\text{b}p}^{\text{H}}\boldsymbol{z}_{p-1}(t_l) \tag{3.42}$$

$$\boldsymbol{z}_p(t_l)=\boldsymbol{z}_{p-1}(t_l)-\boldsymbol{v}_{bp}\boldsymbol{d}_p(t_l) \tag{3.43}$$

式中，$\boldsymbol{r}_{z_p d_p}=\mathrm{E}[\boldsymbol{z}_p(t_l)\boldsymbol{d}_p^*(t_l)]$。

需指出：该方法期望信号的初始值选取简单，且只需要 MSWF 的前向递推即可以完成对波束变换后数据信号子空间的估计。

3.5　波束空间算法性能分析

3.5.1　运算量比较

这里将对文献[132]中的 E－ESPRIT 算法与本章的 B－ESPRIT 算法和基于 MSWF 的 B－ESPRIT(MSWF－B－ESPRIT)算法的运算量进行比较。

对于 E－ESPRIT 算法，其计算虚拟阵列数据协方差矩阵所需要的运算量是 $O\{LM_t^2M_r^2\}$，对数据协方差矩阵的特征值分解所需要的运算量是 $O\{M_t^3M_r^3\}$，计算 $\boldsymbol{\Psi}_t$ 和 $\boldsymbol{\Psi}_r$ 所需要的运算量为 $O\{2P^2(M_t-1)M_r+2P^2(M_r-1)M_t\}$，对 $\boldsymbol{\Psi}_t$ 和 $\boldsymbol{\Psi}_r$ 进行特征值分解及参数配对过程所需要的运算量为 $O\{6P^3\}$。因此，E－ESPRIT 算法的总运算量为 $O\{LM_t^2M_r^2+M_t^3M_r^3+2P^2(M_t-1)M_r+2P^2(M_r-1)M_t+6P^3\}$。

对于 B－ESPRIT 算法，其波束空间变换所需要的运算量为 $O\{LL_tL_rM_tM_r\}$，计算波束空间变换后数据的协方差矩阵所需要的运算量是 $O\{LL_t^2L_r^2\}$，对数据协方差矩阵的特征值分解所需要的运算量是 $O\{L_t^3L_r^3\}$，构造 $\boldsymbol{G}_1$、$\boldsymbol{G}_2$ 和 $\boldsymbol{G}_3$ 所需要的运算量为 $O\{3L_t^2L_r^2+3PL_tL_r\}$，计算 $\boldsymbol{\Psi}_t$ 和 $\boldsymbol{\Psi}_r$ 所需要的运算量为 $O\{2P^2(L_t-1)L_r+2P^2(L_r-1)L_t\}$，对 $\boldsymbol{\Psi}_r$ 进行特征值分解及计算 $\hat{\lambda}_{tp}(p=1,2,\cdots,P)$ 所需要的运算量为 $O\{P^3+P(P^2+P)\}$。因此，B－ESPRIT 算法的总运算量为 $O\{LL_tL_rM_tM_r+LL_t^2L_r^2+L_t^3L_r^3+3L_t^2L_r^2+3PL_tL_r+2P^2(L_t-1)L_r+2P^2(L_r-1)L_t+P^3+P(P^2+P)\}$。

而对于 MSWF－B－ESPRIT 算法，除了无须计算波束空间变换后数据协方差矩阵及对其进行特征值分解之外，其余都与 B－ESPRIT 算法相同，而其采用 MSWF 计算信号子空间所需要的计算量为 $O\{PLL_tL_r\}$。因此，MSWF－B－ESPRIT 算法的总运算量为 $O\{LL_tL_rM_tM_r+PLL_tL_r+3L_t^2L_r^2+3PL_tL_r+2P^2(L_t-1)L_r+2P^2(L_r-1)L_t+P^3+P(P^2+P)\}$。

为了直观地看出三种算法运算量的大小情况，图 3.1 所示为当 $M_t=M_r=16$，$P=2$，$L=100$，$L_t=L_r$ 时，B－ESPRIT 算法和 MSWF－B－ESPRIT 算法

的运算量与 E-ESPRIT 算法的运算量比值随 L_r 变化的曲线。从图中可以看出：当 $L_t = L_r < M_t = M_r$ 时，B-ESPRIT 算法和 MSWF-B-ESPRIT 算法的运算量与 E-ESPRIT 算法的运算量比值始终小于 1，这说明 B-ESPRIT 算法和 MSWF-B-ESPRIT 算法的运算量始终小于 E-ESPRIT 算法。同时可看出，在波束数较大时，MSWF-B-ESPRIT 算法的运算量要远小于 B-ESPRIT 算法。

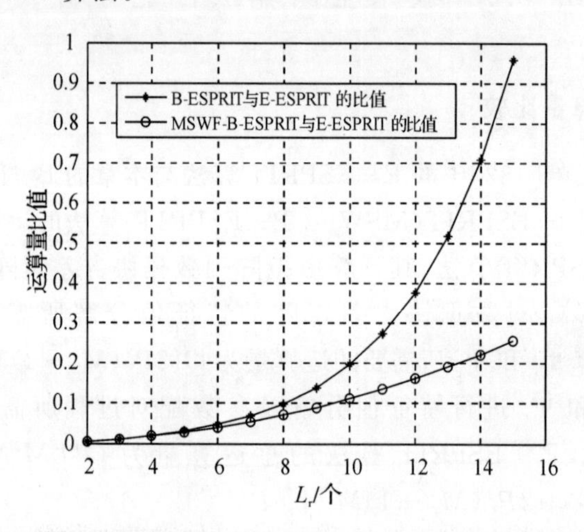

图 3.1　B-ESPRIT 和 MSWF-B-ESPRIT 与 E-ESPRIT 的运算量比值随 L_r 变化的曲线

3.5.2　波束增益

从式(3.22)和式(3.23)可以看出，对不同的发射和接收波束数 L_t 和 L_r，$\boldsymbol{B}$ 的取值是多种多样的，不同的取值对算法的性能会有不同的影响。下面主要从波束增益方面来考察不同发射和接收波束数对波束空间算法性能的影响。

波束增益可定义[171]为

$$f(\varphi,\theta)=\frac{\boldsymbol{c}^{\mathrm{H}}(\varphi,\theta)\boldsymbol{c}(\varphi,\theta)}{\boldsymbol{a}^{\mathrm{H}}(\varphi,\theta)\boldsymbol{a}(\varphi,\theta)}=\frac{\boldsymbol{a}^{\mathrm{H}}(\varphi,\theta)\boldsymbol{B}\boldsymbol{B}^{\mathrm{H}}\boldsymbol{a}(\varphi,\theta)}{\boldsymbol{a}^{\mathrm{H}}(\varphi,\theta)\boldsymbol{a}(\varphi,\theta)} \tag{3.44}$$

式中，$\boldsymbol{c}(\varphi,\theta)=\boldsymbol{B}^{\mathrm{H}}\boldsymbol{a}(\varphi,\theta)$，$\boldsymbol{a}(\varphi,\theta)=\boldsymbol{a}_r(\theta)\otimes\boldsymbol{a}_r(\varphi)$。

由于波束形成矩阵满足式(3.1)，所以式(3.44)定义的波束增益小于 1。然而，要保证式(3.44)中的 $f(\varphi,\theta)$ 在 $[-90°,90°]$ 之间等于 1 是很困难的，但要保证在某一特定区域内式 $f(\varphi,\theta)$ 等于或近似等于 1 则相对容易。如果在

某个区域 $\boldsymbol{\Theta}$ 满足 $f(\varphi,\theta)=1$，则波束空间的信号子空间与阵元空间的信号子空间存在如下关系：

$$\boldsymbol{U}_{\mathrm{bs}}=\boldsymbol{B}^{\mathrm{H}}\boldsymbol{U}_{\mathrm{es}} \tag{3.45}$$

式中，$\boldsymbol{U}_{\mathrm{es}}$ 为阵元空间的信号子空间。

图 3.2 所示为不同发射和接收波束数时的波束增益图。仿真过程中，假设发射阵元数 $M_{\mathrm{t}}=16$，接收阵元数 $M_{\mathrm{r}}=16$。

从图 3.2 中可以看出，随着波束空间波束数的减少，波束增益中满足 $f(\varphi,\theta)\approx 1$ 的角度区域迅速减小。若目标角度位于该区域之外，式(3.45)不再成立，则本章波束空间 ESPRIT 算法的性能下降甚至完全失效。这点从3.6 节的“仿真 1”中可以看出。

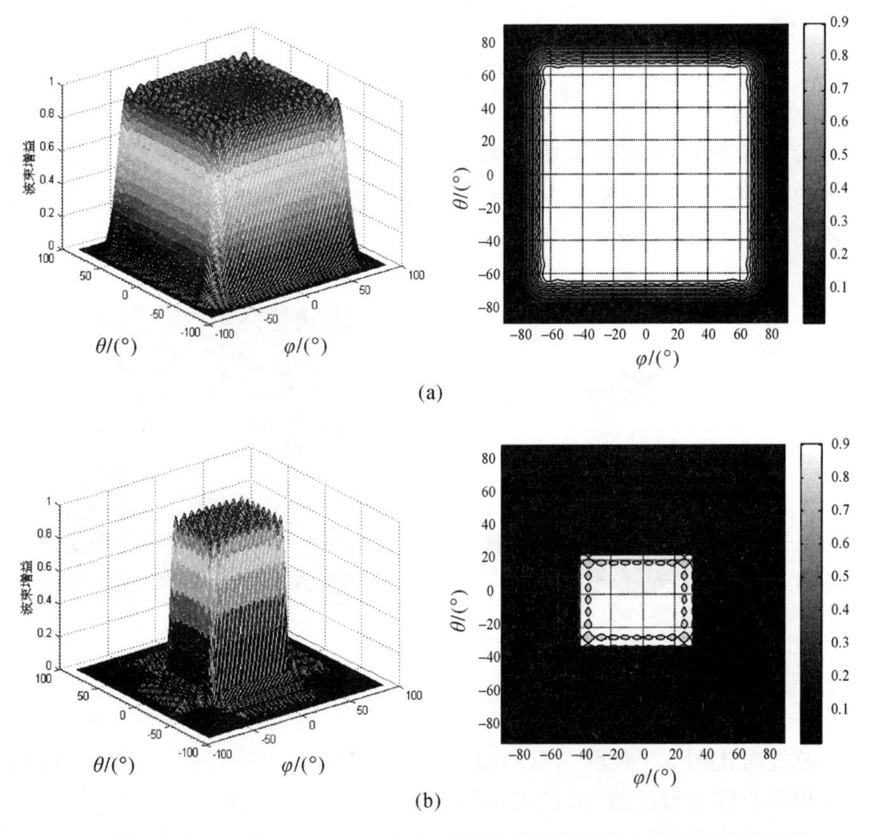

图 3.2　当 $M_{\mathrm{t}}=16$ 个、$M_{\mathrm{r}}=16$ 个时，不同发射和接收波束数的波束增益图

(a)$L_{\mathrm{t}}=15, L_{\mathrm{r}}=15$；　(b)$L_{\mathrm{t}}=10, L_{\mathrm{r}}=8$

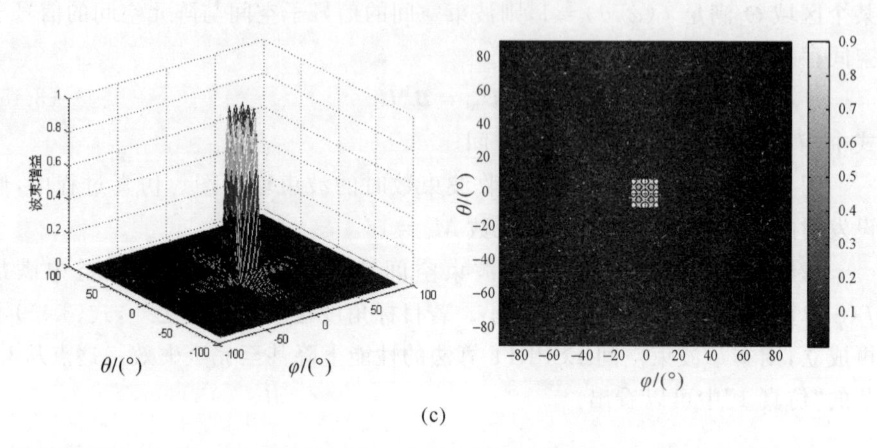

(c)

续图 3.2 当 $M_t=16$ 个、$M_r=16$ 个时，不同发射和接收波束数的波束增益图

(c) $L_t=3, L_r=3$

为了考察不同发射、接收阵元数对波束增益中满足 $f(\varphi,\theta)\approx 1$ 的角度区域的影响，图 3.3 所示为 $M_t=8$ 个、$M_r=6$ 个、$L_t=3$ 个、$L_r=3$ 个时的波束增益图。

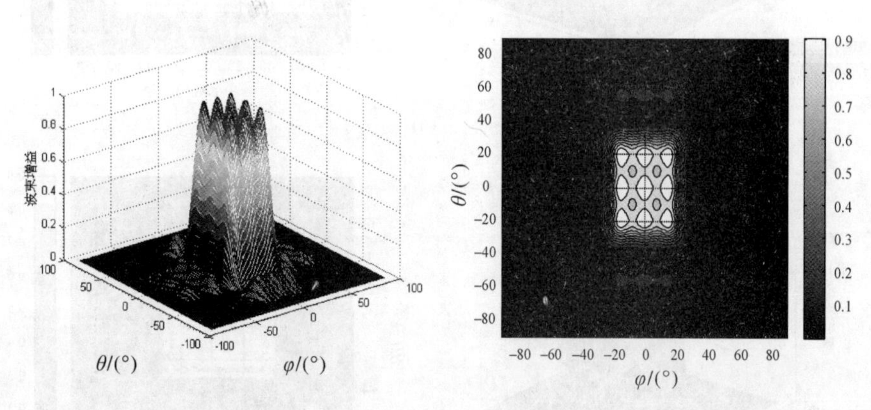

图 3.3 当 $M_t=8$ 个、$M_r=6$ 个、$L_t=3$ 个、$L_r=3$ 个时 的波束增益图

通过对比图 3.3 和图 3.2(c) 可以看出，对于相同的发射、接收波束，随着发射和接收阵元数的减小，波束增益 $f(\varphi,\theta)\approx 1$ 区域增大。

3.5.3 信号子空间估计性能

由前面的分析可知，无论是 B - ESPRIT 算法还是 MSWF - B - ESPRIT

算法,其对目标收发方位角的估计都是建立在信号子空间的基础上的。因此,对信号子空间估计的准确与否直接关系到算法的估计性能。为了表征算法信号子空间的估计性能,定义两种算法估计的信号子空间和理想的信号子空间之间的分别距离为[172]

$$d_1 = \mathrm{dist}\{\boldsymbol{U}_{\mathrm{bs}}, \boldsymbol{U}_{\mathrm{s}}\} = \| \boldsymbol{U}_{\mathrm{bs}}^H \boldsymbol{U}_{\mathrm{n}} \|_{\mathrm{F}} \tag{3.46}$$

$$d_2 = \mathrm{dist}\{\boldsymbol{V}_{\mathrm{bs}}, \boldsymbol{U}_{\mathrm{s}}\} = \| \boldsymbol{V}_{\mathrm{bs}}^H \boldsymbol{U}_{\mathrm{n}} \|_{\mathrm{F}} \tag{3.47}$$

式中,$\boldsymbol{U}_{\mathrm{s}}$ 和 $\boldsymbol{U}_{\mathrm{n}}$ 分别为理想的信号和噪声子空间,$\| \cdot \|_{\mathrm{F}}$ 表示矩阵的 Frobenius 范数。

因为

$$\boldsymbol{U}_{\mathrm{s}}^H \boldsymbol{U}_{\mathrm{n}} = 0_{P \times (L_{\mathrm{t}} L_{\mathrm{r}} - P)} \tag{3.48}$$

所以,若 $\boldsymbol{U}_{\mathrm{bs}}$ 和 $\boldsymbol{V}_{\mathrm{bs}}$ 越接近 $\boldsymbol{U}_{\mathrm{s}}$,也就是信号子空间估计得越准确,$d_1$ 和 d_2 的值也就越小。

图 3.4 给出了脉冲数 $L = 100$,信噪比从 −10 dB 按步长 2 dB 变化到 30 dB时,两种算法估计的信号子空间和理想的信号子空间之间的距离随信噪比变化的曲线。仿真过程中,取 $M_{\mathrm{t}}=16$ 个,$M_{\mathrm{r}}=16$ 个,$L_{\mathrm{t}}=3$ 个,$L_{\mathrm{r}}=3$ 个。假设空间中同一距离单元内存在 2 个目标,其收发方位角分别为 $(\varphi_1, \theta_1) = (-8°, 5°)$,$(\varphi_2, \theta_2) = (10°, 0°)$。其均为 200 次 Monte - Carlo 仿真实验的统计结果(每个 SNR 点做 200 次 Monte - Carlo 仿真)。定义波束空间变换后理想的数据协方差矩阵为[172]

$$\boldsymbol{R} = \lim_{L \to \infty} \frac{1}{L} \sum_{l=1}^{L} \boldsymbol{z}(t_l) \boldsymbol{z}^{\mathrm{H}}(t_l) = \frac{1}{4\,096} \sum_{l=1}^{4\,096} \boldsymbol{z}(t_l) \boldsymbol{z}^{\mathrm{H}}(t_l) \tag{3.49}$$

对其进行特征值分解即可得理想的信号和噪声子空间。

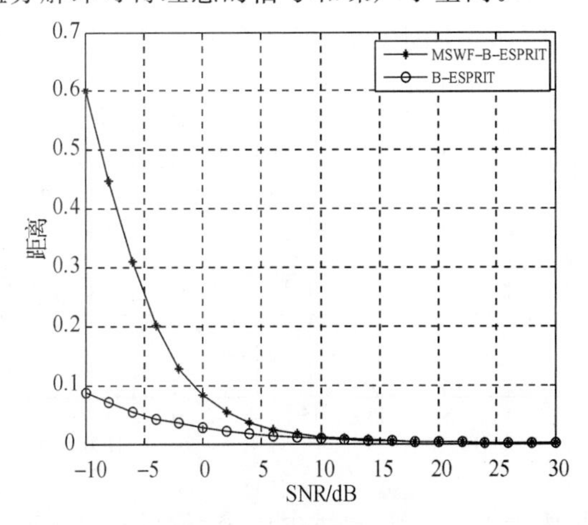

图 3.4　估计的信号子空间与理想的信号子空间的距离随 SNR 变化的曲线

从图 3.4 中可以看出，当 SNR 较小(小于 10 dB)时，MSWF－B－ESPRIT 算法估计得到的信号子空间与理想的信号子空间的距离要大于 B－ESPRIT 算法估计得到的信号子空间与理想的信号子空间的距离。因此，B－ESPRIT 算法对目标角度的估计性能要优于 MSWF－B－ESPRIT 算法，这点可通过下一节的仿真实验得到验证。

3.6 计算机仿真结果

为了验证本章算法的有效性，做如下计算机仿真。仿真过程中，假设发射阵列各阵元发射相互正交的相位编码信号，在每个脉冲重复周期内的快拍数为 $K=256$。

仿真 1：波束增益 $f(\varphi,\theta)\approx 1$ 区域内外，B－ESPRIT 算法的估计结果

假设空间中存在 2 个目标，信噪比 SNR 为 10 dB，脉冲数 $L=100$ 个，发射和接收阵列波束数为 $L_t=3$ 个，$L_r=3$ 个。图 3.5 给出了当 $M_t=16$ 个、$M_r=16$ 个时，B－ESPRIT 算法的估计结果，其中图 3.5(a)中两目标的收发方位角分别为 $(\varphi_1,\theta_1)=(-8°,5°)$，$(\varphi_2,\theta_2)=(10°,0°)$，由图 3.2(c)可以看出两目标均位于波束增益 $f(\varphi,\theta)\approx 1$ 区域内；图 3.5(b)中两目标的收发方位角分别为 $(\varphi_1,\theta_1)=(-8°,30°)$，$(\varphi_2,\theta_2)=(10°,0°)$，由图 3.2(c)可以看出目标 2 位于波束增益 $f(\varphi,\theta)\approx 1$ 区域内，而目标 1 位于波束增益 $f(\varphi,\theta)\approx 1$ 区域外。

为了与图 3.5 对比，图 3.6 给出了当 $M_t=8$、$M_r=6$ 时，B－ESPRIT 算法的估计结果，仿真过程中取两目标的收发方位角分别为 $(\varphi_1,\theta_1)=(-8°,30°)$，$(\varphi_2,\theta_2)=(10°,0°)$，由图 3.3 可以看出两目标均位于波束增益 $f(\varphi,\theta)\approx 1$ 区域内。图 3.5 和图 3.6 均为 50 次 Monte－Carlo 实验的统计结果。

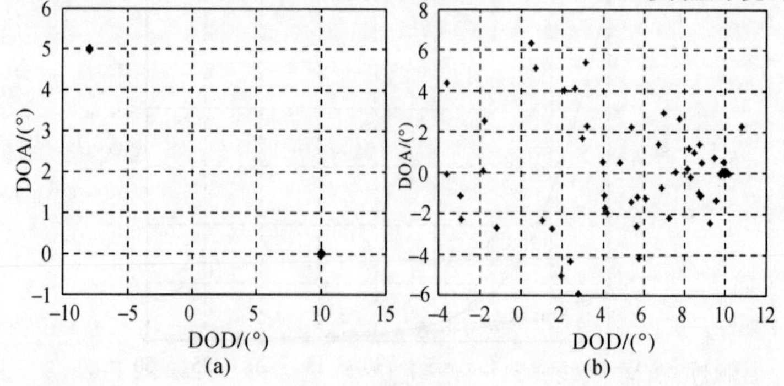

图 3.5　当 $M_t=16$ 个、$M_r=16$ 个时，B－ESPRIT 算法的估计结果

(a) $(\varphi_1,\theta_1)=-(-8°,5°)$，$(\varphi_2,\theta_2)=-(10°,0°)$；　(b) $(\varphi_1,\theta_1)=-(-8°,30°)$，$(\varphi_2,\theta_2)=-(10°,0°)$

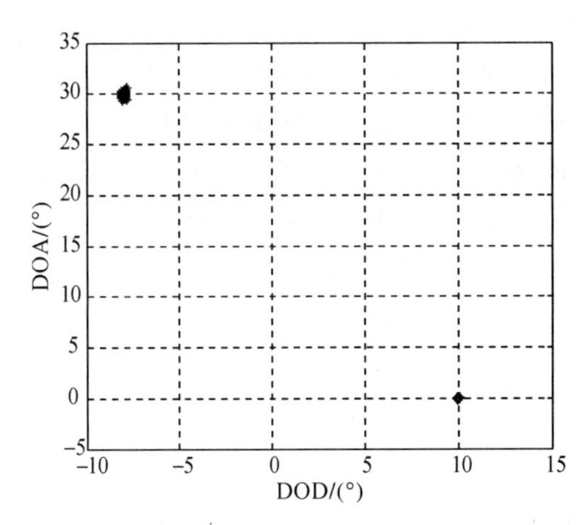

图 3.6　当 $M_t=8$ 个、$M_r=6$ 个时，B－ESPRIT 算法的估计结果

由图 3.5 和 3.6 可以看出，当目标收发方位角位于波束增益 $f(\varphi,\theta)\approx 1$ 区域内时，B－ESPRIT 算法可精确地估计出目标的角度；而当目标收发方位角位于波束增益 $f(\varphi,\theta)\approx 1$ 区域外时，B－ESPRIT 算法失效。

仿真 2：三种算法的统计性能随信噪比变化比较曲线

本仿真旨在比较不同信噪比条件下，E－ESPRIT 算法、B－ESPRIT 算法和 MSWF－B－ESPRIT 算法的统计性能。仿真过程中取 $M_t=16$ 个，$M_r=16$ 个，脉冲数 $L=100$ 个，发射和接收阵列波束数为 $L_t=3$ 个，$L_r=3$ 个和 $L_t=8$ 个，$L_r=6$ 个。假设空间中同一距离单元内存在 2 个目标，其收发方位角分别为 $(\varphi_1,\theta_1)=(-8°,5°)$，$(\varphi_2,\theta_2)=(10°,0°)$。信噪比从 −10 dB 按步长 2 dB变化到 30 dB。仿真结果为 200 次 Monte－Carlo 实验的统计结果，图3.7 给出了三种算法的均方根误差(RMSE)随 SNR 变化的比较曲线。定义对收发方位角估计的 RMSE 为 $\mathrm{RMSE}(\varphi,\theta)=\sqrt{\frac{1}{P}\sum_{p=1}^{P}\mathrm{E}[(\hat{\varphi}_p-\varphi_p)^2+(\hat{\theta}_p-\theta_p)^2]}$，其中 φ_p 为第 p 个目标 DOD 的真值，$\hat{\varphi}_p$ 为第 p 个目标 DOD 的估计值，θ_p 为第 p 个目标 DOA 的真值，$\hat{\theta}_p$ 为第 p 个目标 DOA 的估计值。

从 Monte－Carlo 实验的统计结果可以看出，三种算法的角度估计的 RMSE 大小顺序为 MSWF－B－ESPRIT 算法＞B－ESPRIT 算法＞E－ESPRIT 算法。然而，在 $L_t=8$ 个、$L_r=6$ 个时，B－ESPRIT 算法与 E－ESPRIT 算法的统计性能相近，而当信噪比较大(大于 10 dB)时，MSWF－B－ESPRIT

算法也与 E－ESPRIT 算法性能相当，但此时 B－ESPRIT 算法和 MSWF－B－ESPRIT 算法的运算量要远小于 E－ESPRIT 算法。对于 B－ESPRIT 算法和 MSWF－B－ESPRIT 算法，其 RMSE 随着波束数的增大而减小。同时可见：在信噪比较低时，相比 B－ESPRIT 算法，MSWF－B－ESPRIT 算法估计性能较差，这主要是因为信噪比较低时，MSWF 估计的信号子空间与理想的信号子空间距离较远，这可从图 3.4 看出。

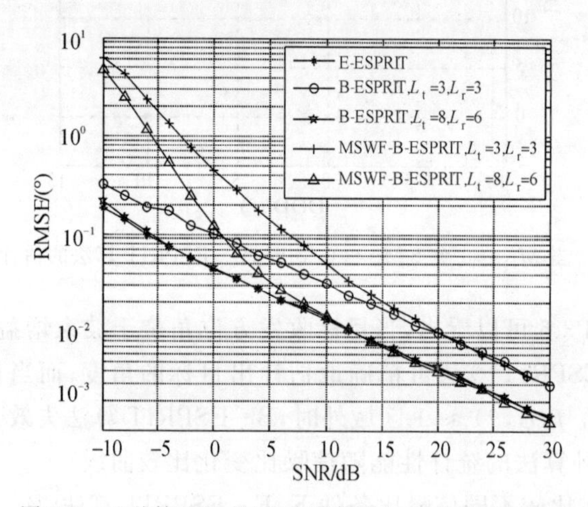

图 3.7　三种算法的 RMSE 随信噪比变化的比较曲线

仿真 3：B－ESPRIT 算法的性能随波束数变化比较曲线

仿真条件同仿真 2，并取 $L_t = L_r$。为了便于观察比较，定义以下两个参数：

$$\rho_1 = \frac{\text{RMSE}_{\text{B-ESPRIT}}}{\text{RMSE}_{\text{E-ESPRIT}}} \tag{3.50}$$

$$\rho_2 = \frac{\text{RMSE}_{\text{MSWF-B-ESPRIT}}}{\text{RMSE}_{\text{E-ESPRIT}}} \tag{3.51}$$

图 3.8 给出了 SNR＝10 dB，发射（接收）波束数 L_t（L_r）从 3 按步长 1 变化到 16 时，ρ_1 和 ρ_2 值随波束数变化的曲线。其为 500 次 Monte－Carlo 实验的统计结果。

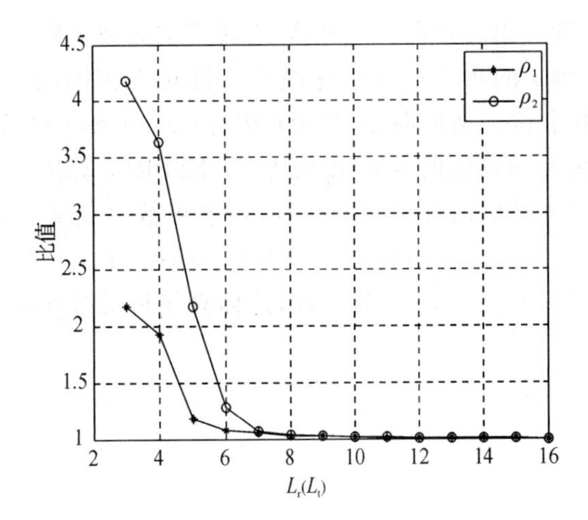

图 3.8　ρ_1 和 ρ_2 值随波束数变化的曲线

由图 3.8 可以看出,波束空间算法的 RMSE 要大于阵元空间。随着波束数的增加,波束空间算法的统计性能变好。当 $L_t=M_t$, $L_r=M_r$ 时,波束空间算法的性能与 E－ESPRIT 算法完全一致,这体现了阵元空间(空域)与波束空间的(空频域)的一致性[104]。当波束数达到某一数值时,波束空间算法的性能接近于阵元空间算法,但波束空间算法却可大大降低虚拟阵列数据维数,从而可大大降低算法的运算量。

3.7　小　　结

考虑到双基地 MIMO 雷达虚拟阵列接收数据的自由度通常与发射阵元数和接收阵元数的乘积成正比,所以计算该数据的协方差矩阵及对其进行特征值分解的运算量很大。针对这一问题,本章给出了两种低运算量的双基地 MIMO 雷达收发方位角估计算法——B－ESPRIT 算法和 MSWF－B－ESPRIT算法。现将本章的两种算法总结如下:

(1)详细分析比较了 E－ESPRIT 算法、B－ESPRIT 算法和 MSWF－B－ESPRIT 算法三种算法的运算量,其运算量的大小顺序为 E－ESPRIT 算法＞B－ESPRIT 算法＞MSWF－B－ESPRIT算法。当波束数较小时,本章两种算法可大大降低运算量。

(2)当发射和接收波束数一定时,波束空间算法的波束增益在一定区域内满足 $f(\varphi,\theta)\approx 1$。若目标处于该区域内,则本章算法可正确估计出其收发方位角;反之,则估计会出现错误。同时,随着波束空间波束数的减少,波束增益中满足 $f(\varphi,\theta)\approx 1$ 的角度区域迅速减小。且对于相同的发射和接收波束数,随着发射和接收阵元数的减小,波束增益 $f(\varphi,\theta)\approx 1$ 区域增大。

(3)两种波束空间算法的 RMSE 均比 E-ESPRIT 算法要大,且随着波束数的增加,波束空间算法的统计性能变好,当波束数达到某一数值时,波束空间算法的性能接近于阵元空间算法。而当 $L_t=M_t$、$L_r=M_r$ 时,波束空间算法的性能与 E-ESPRIT 算法完全一致,这体现了阵元空间(空域)与波束空间的(空频域)的一致性。

第4章 未知目标数的双基地MIMO雷达角度-多普勒频率联合估计

4.1 引 言

上一章介绍了双基地MIMO雷达的波束空间算法,所研究的算法只可估计目标的DOD和DOA,不能同时给出对目标多普勒频率的估计。然而,由于双基地MIMO雷达接收的回波信号中除了包含目标的DOD和DOA信息外,还包含目标的多普勒频率信息。因此,通过接收的回波信号不仅可实现对目标的DOD、DOA的估计,而且可实现对多普勒频率的估计,从而可实现对目标的交叉定位和速度估计。

目前已有一些文献针对该问题给出了不同的双基地MIMO雷达收发方位角和多普勒频率联合估计算法。文献[150]给出了一种基于ESPRIT方法的双基地MIMO雷达角度和多普勒频率联合估计算法,该算法利用采样时延来获得旋转不变因子,所估计出的角度和多普勒频率能自动配对,并且不会产生阵列孔径的损失;文献[151]从多个脉冲发射信号出发,推导了动目标在Sweiling Ⅱ模型下双基地MIMO雷达接收信号表示式,发现其具有三面阵模型特性,由此给出了一种基于PARAFAC的联合估计算法。该算法避免了谱峰搜索、协方差矩阵的估计及其特征值分解,不需要额外的配对算法;文献[152]利用矩阵的双正交性构造合理的代价函数,通过迭代求解代价函数和系统化的多阶段分解依次估计每个目标的收发方位角和多普勒频率。仿真结果表明,该算法能消除雷达发射信号不满足理想正交对目标定位精度的影响,并且在发射和接收阵列不具备平移不变结构的条件下仍具适用性;文献[153-154]在建立双基地MIMO雷达的相干多目标信号模型的基础上,基于传播算子法,给出了适于相干多目标收发方位角和多普勒频率联合估计算法。该算法不涉及多维非线性搜索,只需一次特征值分解,参数可自动配对;文献[155]针对空间色噪声环境,给出一种基于时空结构的联合估计方法。该方法在时域噪声为高斯白噪声的假设下,将不同时刻的匹配滤波器输出进行互相关以消除空间色噪声的影响，并采用 ESPRIT 算法来估计目标的 DOD、DOA 和多普勒频率。其所估计的参数能自动配对且无阵列孔径损失，并适用于收发阵列不满足平移不变结构的情况，该算法可看成是文献[150]算法的进一步扩展。然而，上述大多数算法都需要预知或预判目标数，如果目标数估计不准，将会造成目标估计的漏警或虚警，从而造成目标参数估计的偏差。

本章针对空间高斯白噪声和高斯色噪声背景，分别给出了两种无须预知或预判目标数的双基地 MIMO 雷达收发方位角及多普勒频率联合估计算法。这两种算法都基于 m－Capon 方法将目标 DOD 和 DOA 相"去耦"，估计出目标的 DOD 和 DOA。在对目标收发方位角估计的基础上，算法可进一步估计出相应的多普勒频率。本章算法对目标收发方位角与多普勒频率的联合估计只须一维谱峰搜索，无须进行特征值分解，并且可适用于发射和接收阵列为任意阵列结构的双基地 MIMO 雷达系统。

4.2 噪声模型

假设式(2.1)的双基地 MIMO 雷达接收的目标回波信号中阵列加性噪声 $\boldsymbol{W}(t_l) \in \mathbf{C}^{M_r \times K}$ 是时域为高斯白噪声、空域为零均值的高斯噪声，即 $\boldsymbol{W}(t_l)$ 的各列为独立同分布的高斯噪声向量，其协方差矩阵未知且记为 $\boldsymbol{Q}_w$，则有[155]

$$\mathrm{E}\{\mathrm{vec}[\boldsymbol{W}(t_i)]\,\mathrm{vec}^{\mathrm{H}}[\boldsymbol{W}(t_j)]\} = \begin{cases} \boldsymbol{I}_K \otimes \boldsymbol{Q}_w, & i=j \\ \boldsymbol{0}, & i \neq j \end{cases} \tag{4.1}$$

因而，第 i，j 个脉冲周期匹配滤波器输出的噪声矢量的互相关矩阵存在如下关系：

$$\begin{aligned} \mathrm{E}[\boldsymbol{n}(i)\boldsymbol{n}^{\mathrm{H}}(j)] &= \mathrm{E}\{\mathrm{vec}[\boldsymbol{W}(t_i)\boldsymbol{S}^{\mathrm{H}}]\,\mathrm{vec}^{\mathrm{H}}[\boldsymbol{W}(t_j)\boldsymbol{S}^{\mathrm{H}}]\}/K \\ &= \mathrm{E}\{[\boldsymbol{S}^* \otimes \boldsymbol{I}_{M_r}][\mathrm{vec}(\boldsymbol{W}(t_i))\,\mathrm{vec}^{\mathrm{H}}(\boldsymbol{W}(t_i))][\boldsymbol{S}^{\mathrm{T}} \otimes \boldsymbol{I}_{M_r}]\}/K \\ &= \begin{cases} [\boldsymbol{S}^* \otimes \boldsymbol{I}_{M_r}][\boldsymbol{I}_K \otimes \boldsymbol{Q}_w][\boldsymbol{S}^{\mathrm{T}} \otimes \boldsymbol{I}_{M_r}]/K, & i=j \\ \boldsymbol{0}, & i \neq j \end{cases} \\ &= \begin{cases} \boldsymbol{I}_{M_t} \otimes \boldsymbol{Q}_w, & i=j \\ \boldsymbol{0}, & i \neq j \end{cases} \end{aligned} \tag{4.2}$$

式(4.2)表明，对不同脉冲周期匹配滤波器的输出进行互相关后，其噪声项为 0。这是本章进行理论分析的基础。

4.3　空间高斯白噪声背景下的联合估计算法

4.3.1　算法基本原理

对于空间高斯白噪声，有 $\boldsymbol{Q}_{\mathrm{w}}=\sigma^2\boldsymbol{I}_{M_{\mathrm{r}}}$，其中 σ^2 为噪声功率。根据式(2.4)，利用 L 个脉冲周期匹配滤波器的输出分别构造 2 个 $M_{\mathrm{t}}M_{\mathrm{r}}\times(L-1)$ 维数据矩阵：

$$\boldsymbol{Y}_1=[\boldsymbol{y}(t_1),\boldsymbol{y}(t_2),\cdots,\boldsymbol{y}(t_{L-1})]=\boldsymbol{A}\boldsymbol{\alpha}_1+\boldsymbol{N}_1 \tag{4.3}$$

$$\boldsymbol{Y}_2=[\boldsymbol{y}(t_2),\boldsymbol{y}(t_3),\cdots,\boldsymbol{y}(t_L)]=\boldsymbol{A}\boldsymbol{\alpha}_2+\boldsymbol{N}_2 \tag{4.4}$$

式中，$\boldsymbol{\alpha}_1=[\boldsymbol{\alpha}(t_1),\boldsymbol{\alpha}(t_2),\cdots,\boldsymbol{\alpha}(t_{L-1})]$，$\boldsymbol{\alpha}_2=[\boldsymbol{\alpha}(t_2),\boldsymbol{\alpha}(t_3),\cdots,\boldsymbol{\alpha}(t_L)]$，$\boldsymbol{N}_1=[\boldsymbol{n}(t_1),\boldsymbol{n}(t_2),\cdots,\boldsymbol{n}(t_{L-1})]$，$\boldsymbol{N}_2=[\boldsymbol{n}(t_2),\boldsymbol{n}(t_3),\cdots,\boldsymbol{n}(t_L)]$。

因为 $\boldsymbol{\alpha}(t_l)=\sqrt{K}\xi_p\mathrm{e}^{\mathrm{j}2\pi f_{\mathrm{d}p}t_l}$，$l=1,2,\cdots,L$，$t_l=(l-1)T_{\mathrm{r}}$，其中 T_{r} 为脉冲重复周期。所以有

$$\boldsymbol{\alpha}_2=\boldsymbol{\Phi}_f\boldsymbol{\alpha}_1 \tag{4.5}$$

式中，$\boldsymbol{\Phi}_f=\mathrm{diag}[\mathrm{e}^{\mathrm{j}2\pi f_{\mathrm{d}1}T_{\mathrm{r}}},\mathrm{e}^{\mathrm{j}2\pi f_{\mathrm{d}2}T_{\mathrm{r}}},\cdots,\mathrm{e}^{\mathrm{j}2\pi f_{\mathrm{d}P}T_{\mathrm{r}}}]$。

根据式(4.2)，噪声矩阵 $\boldsymbol{N}_1$ 和 $\boldsymbol{N}_2$ 满足关系式[155]

$$\boldsymbol{N}_2\boldsymbol{N}_1^{\mathrm{H}}/(L-1)=0 \tag{4.6}$$

因此，$\boldsymbol{Y}_1$ 的自协方差矩阵及 $\boldsymbol{Y}_1$ 和 $\boldsymbol{Y}_2$ 的互协方差矩阵分别为

$$\boldsymbol{R}_{\boldsymbol{Y}_1}=\frac{\boldsymbol{Y}_1\boldsymbol{Y}_1^{\mathrm{H}}}{L-1}=\boldsymbol{A}\boldsymbol{R}_{\boldsymbol{\alpha}_1}\boldsymbol{A}^{\mathrm{H}}+\sigma^2\boldsymbol{I}_{M_{\mathrm{t}}M_{\mathrm{r}}} \tag{4.7}$$

$$\boldsymbol{R}_{\boldsymbol{Y}_2\boldsymbol{Y}_1}=\frac{\boldsymbol{Y}_2\boldsymbol{Y}_1^{\mathrm{H}}}{L-1}=\boldsymbol{A}\boldsymbol{\Phi}_f\boldsymbol{R}_{\boldsymbol{\alpha}_1}\boldsymbol{A}^{\mathrm{H}} \tag{4.8}$$

式中，$\boldsymbol{R}_{\boldsymbol{\alpha}_1}=\boldsymbol{\alpha}_1\boldsymbol{\alpha}_1^{\mathrm{H}}/(L-1)$。

令

$$\boldsymbol{R}_1=\boldsymbol{R}_{\boldsymbol{Y}_1}-\sigma^2\boldsymbol{I}_{M_{\mathrm{t}}M_{\mathrm{r}}} \tag{4.9}$$

假设 $\lambda_1,\lambda_2,\cdots,\lambda_P$ 为矩阵 $\boldsymbol{R}_1$ 的 P 个非零奇异值，$\boldsymbol{u}_1,\boldsymbol{u}_2,\cdots,\boldsymbol{u}_P$ 和 $\boldsymbol{v}_1,\boldsymbol{v}_2,\cdots,\boldsymbol{v}_P$ 分别为 P 个非零奇异值所对应的左奇异矢量和右奇异矢量。定义 $\boldsymbol{R}_1$ 的伪逆为

$$\boldsymbol{R}_1^{\#}=\sum_{p=1}^{P}\frac{1}{\lambda_p}\boldsymbol{v}_p\boldsymbol{u}_p^{\mathrm{H}} \tag{4.10}$$

并构造矩阵 $\boldsymbol{F}_1$ 为

$$\boldsymbol{F}_1=\boldsymbol{R}_{\boldsymbol{Y}_2\boldsymbol{Y}_1}\boldsymbol{R}_1^{\#} \tag{4.11}$$

因此，有

$$\boldsymbol{F}_1\boldsymbol{A}=\boldsymbol{A}\boldsymbol{\Phi}_f \tag{4.12}$$

式(4.12)意味着 $\boldsymbol{\Phi}_f(p,p)(p=1,2,\cdots,P)$ 为矩阵 $\boldsymbol{F}_1$ 的特征值，而 $\boldsymbol{a}(\varphi_p,\theta_p)$ 为其对应的特征向量。

实际中，由于重复脉冲数是有限的，所以式(4.12)不再严格成立，但目标的二维方位角 (φ_p,θ_p) 和多普勒频率 $f_{\mathrm{d}p}$ 可通过如下优化问题来进行联合估计：

$$[\hat{\varphi}_p,\hat{\theta}_p,\hat{f}_{\mathrm{d}p}]=\arg\min_{\varphi,\theta,f_{\mathrm{d}}}\|\boldsymbol{F}_1\boldsymbol{a}(\varphi,\theta)-\mathrm{e}^{\mathrm{j}2\pi f_{\mathrm{d}}T_{\mathrm{s}}}\boldsymbol{a}(\varphi,\theta)\|_2,\quad p=1,2,\cdots,P \tag{4.13}$$

式中，$\|\cdot\|_2$ 表示求矢量的 2 -范数。但是注意到，式(4.13)表示的优化问题是一个 $3P$ 维的优化问题。如果直接进行高维参数搜索求解，其运算量将是十分庞大的，而且当初始值与真值偏离较远时，会出现局部收敛问题。观察式(4.13)可知，目标的收发方位角和多普勒频率是可分离的，假设已求得目标的二维方位角 $(\hat{\varphi}_p,\hat{\theta}_p)$，令式(4.13)的目标函数关于 f_{d} 的导数为零，则可以求得最小化目标函数的 $\hat{f}_{\mathrm{d}p}$：

$$\hat{f}_{\mathrm{d}p}=\frac{\mathrm{angle}[\boldsymbol{a}^{\mathrm{H}}(\hat{\varphi}_p,\hat{\theta}_p)\boldsymbol{F}_1\boldsymbol{a}(\hat{\varphi}_p,\hat{\theta}_p)/M_{\mathrm{t}}M_{\mathrm{r}}]}{2\pi T_{\mathrm{s}}},\quad p=1,2,\cdots,P \tag{4.14}$$

由上式可以看出：只要估计出目标的收发方位角，则目标多普勒频率可通过上式求出，且求出的目标多普勒频率可以与目标的收发方位角自动配对。现在考虑如何估计目标的收发方位角。

由 m - Capon 算法[173]的原理可得目标收发方位角估计的优化方程为

$$[\hat{\varphi}_p,\hat{\theta}_p]=\arg\min_{\varphi,\theta}[\boldsymbol{a}^{\mathrm{H}}(\varphi,\theta)\boldsymbol{R}_{\boldsymbol{Y}_1}^{-m}\boldsymbol{a}(\varphi,\theta)],\quad p=1,2,\cdots,P \tag{4.15}$$

式中，m 表示矩阵的 m 次幂，一般情况下，取有限的整数。

从上述分析过程可知：该算法在估计过程无须预判信源数及数据协方差矩阵的特征值分解。因此，该算法可大大降低系统的运算复杂度。

因为 $\boldsymbol{a}(\varphi,\theta)=\boldsymbol{a}_{\mathrm{r}}(\theta)\otimes\boldsymbol{a}_{\mathrm{t}}(\varphi)$，根据 Kronecker 乘积的性质可将 $\boldsymbol{a}(\varphi,\theta)$ 进一步表示成[123]

$$\boldsymbol{a}(\varphi,\theta)=[\boldsymbol{a}_{\mathrm{r}}(\theta)\otimes\boldsymbol{I}_{M_{\mathrm{t}}}]\boldsymbol{a}_{\mathrm{t}}(\varphi) \tag{4.16}$$

式中，$\boldsymbol{I}_{M_{\mathrm{t}}}$ 为 $M_{\mathrm{t}}\times M_{\mathrm{t}}$ 维的单位阵。将式(4.16)代入式(4.15)可得

$$[\hat{\varphi}_p,\hat{\theta}_p]=\arg\min_{\varphi,\theta}[\boldsymbol{a}_{\mathrm{t}}^{\mathrm{H}}(\varphi)\boldsymbol{F}(\theta)\boldsymbol{a}_{\mathrm{t}}(\varphi)] \tag{4.17}$$

$$\boldsymbol{F}(\theta)=[\boldsymbol{a}_{\mathrm{r}}(\theta)\otimes\boldsymbol{I}_{M_{\mathrm{t}}}]^{\mathrm{H}}\hat{\boldsymbol{R}}_{\boldsymbol{Y}1}^{-m}[\boldsymbol{a}_{\mathrm{r}}(\theta)\otimes\boldsymbol{I}_{M_{\mathrm{t}}}] \tag{4.18}$$

同时,注意到 $\boldsymbol{a}_{\mathrm{t}}(\varphi)$ 的第一个元素为1。因此,式(4.17)的优化问题可转化为如下带约束的优化问题:

$$[\hat{\varphi}_p,\hat{\theta}_p]=\arg\min_{\varphi,\theta}[\boldsymbol{a}_{\mathrm{t}}^{\mathrm{H}}(\varphi)\boldsymbol{F}(\theta)\boldsymbol{a}_{\mathrm{t}}(\varphi)]\qquad \text{s.t.}\quad \boldsymbol{e}_1^{\mathrm{T}}\boldsymbol{a}_{\mathrm{t}}(\varphi)=1 \tag{4.19}$$

其中,$\boldsymbol{e}_1$ 是第1个元素为1、其他元素为0的 $M_{\mathrm{t}}\times 1$ 维矢量。

采用 Lagrange 算子法对式(4.19)进行求解,可得

$$\hat{\theta}_p=\arg\min_{\theta}\frac{1}{\boldsymbol{e}_1^{\mathrm{T}}\boldsymbol{F}^{-1}(\theta)\boldsymbol{e}_1}=\arg\max_{\theta}\boldsymbol{e}_1^{\mathrm{T}}\boldsymbol{F}^{-1}(\theta)\boldsymbol{e}_1 \tag{4.20}$$

$$\hat{\boldsymbol{a}}_{\mathrm{t}}(\varphi_p)=\frac{\boldsymbol{F}^{-1}(\hat{\theta}_p)\boldsymbol{e}_1}{\boldsymbol{e}_1^{T}\boldsymbol{F}^{-1}(\hat{\theta}_p)\boldsymbol{e}_1},\quad p=1,2,\cdots,P \tag{4.21}$$

式(4.20)通过对不同的 $\theta\in(-90°,90°)$ 进行搜索,可以得到 $\boldsymbol{F}^{-1}(\theta)$ 的第(1,1)元素的 P 个最大谱峰,这 P 个谱峰对应的是目标的 P 个 DOA 估计值,再分别将所得的 P 个 DOA 估计值代入式(4.21),即可得对应的目标发射导向矢量 $\hat{\boldsymbol{a}}_{\mathrm{t}}(\varphi_p)$ 。

若 $d_{\mathrm{t},m}-d_{\mathrm{t},m-1}\leqslant\lambda/2,m=2,3,\cdots,M_{\mathrm{t}}$,则 $\hat{\varphi}_p$ 可通过式(4.22)求得:

$$\hat{\varphi}_p=\arcsin[\frac{\lambda}{2\pi(M_{\mathrm{t}}-1)}\sum_{m=2}^{M_{\mathrm{t}}}\frac{\mathrm{angle}(\hat{\boldsymbol{a}}_{\mathrm{t}p,m}^{*}\hat{\boldsymbol{a}}_{\mathrm{t}p,m-1})}{d_{\mathrm{t},m}-d_{\mathrm{t},m-1}}],\quad p=1,2,\cdots,P \tag{4.22}$$

式中,$\hat{\boldsymbol{a}}_{\mathrm{t}p,m}$ 表示 $\hat{\boldsymbol{a}}_{\mathrm{t}}(\hat{\varphi}_p)$ 的第 m 个元素,$d_{\mathrm{t},1}=0$。

若 $d_{\mathrm{t},m}-d_{\mathrm{t},m-1}>\lambda/2,m=2,3,\cdots,M_{\mathrm{t}}$,由于对 $\hat{\boldsymbol{a}}_{\mathrm{t}p,m}^{*}\hat{\boldsymbol{a}}_{\mathrm{t}p,m-1}$ 的角度估计可能出现模糊,从而导致式(4.22)对 $\hat{\varphi}_p$ 的估计出现错误。因此,可采用如下的一维搜索求得:

$$\hat{\varphi}_p=\arg\max_{\varphi}|\boldsymbol{a}_{\mathrm{t}}^{\mathrm{H}}(\varphi)\hat{\boldsymbol{a}}_{\mathrm{t}}(\varphi_p)|,\quad p=1,2,\cdots,P \tag{4.23}$$

对估计的发射导向矢量 $\hat{\boldsymbol{a}}_{\mathrm{t}}(\varphi_p)$,在 $\varphi\in(-90°,90°)$ 对式(4.23)进行一维搜索,其最大值即为 DOD 估计值 $\hat{\varphi}_p$,从而可与估计出的接收方位角自动配对。

在上述的参数估计过程中,由于只利用了时间旋转因子,没有利用阵列的旋转不变性,所以该算法对阵列结构没有特殊的要求,适用于发射和接收阵列

具有任意阵列结构的情况。而文献[155]中的算法，当 $d_{t,m}-d_{t,m-1}>\lambda/2,m=2,3,\cdots,M_t$, $d_{r,n}-d_{r,n-1}>\lambda/2,n=2,3,\cdots,M_r$ 时，其与式(4.22)一样，角度估计会出现错误。因此，其只适用于 $d_{t,m}-d_{t,m-1}\leqslant\lambda/2,m=2,3,\cdots,M_t$, $d_{r,n}-d_{r,n-1}\leqslant\lambda/2,n=2,3,\cdots,M_r$ 的双基地 MIMO 雷达。因此，本章算法对收发阵列间距的要求要低于文献[155]中的算法，具有更广的适用性。

4.3.2 算法基本步骤

根据以上分析过程，将本节的空间白噪声背景下的联合估计算法总结如下：

(1)根据式(4.3)和式(4.4)，利用 L 个脉冲周期匹配滤波器的输出分别构造 2 个 $M_tM_r\times(L-1)$ 维数据矩阵 $\boldsymbol{Y}_1$ 和 $\boldsymbol{Y}_2$。

(2)由式(4.7)和式(4.8)求 $\boldsymbol{Y}_1$ 的自协方差矩阵 $\boldsymbol{R}_{\boldsymbol{Y}_1}$ 和 $\boldsymbol{Y}_1$、$\boldsymbol{Y}_2$ 的互协方差矩阵 $\boldsymbol{R}_{\boldsymbol{Y}_2\boldsymbol{Y}_1}$ 。

(3)求解式(4.19)的带约束的优化问题，由式(4.20)～式(4.23)得到对目标收发方位角的估计值 $(\hat{\varphi}_p,\hat{\theta}_p)$, $p=1,2,\cdots,P$ 。

(4)由 $\boldsymbol{R}_{\boldsymbol{Y}_1}$ 和 $\boldsymbol{R}_{\boldsymbol{Y}_2\boldsymbol{Y}_1}$ 构造矩阵 $\boldsymbol{F}_1$，并将 $\boldsymbol{F}_1$ 和 $(\hat{\varphi}_p,\hat{\theta}_p)$ 代入式(4.14)即可得对目标多普勒频率的估计值 $\hat{f}_{dp}$, $p=1,2,\cdots,P$ 。

4.4 空间高斯色噪声背景下基于对角加载的联合估计算法

4.4.1 算法基本原理

根据式(2.4)，利用 L 个脉冲周期匹配滤波器的输出分别构造 3 个 $M_tM_r\times(L-2)$ 维数据矩阵：

$$\boldsymbol{Y}_1'=[\boldsymbol{y}(t_1),\boldsymbol{y}(t_2),\cdots,\boldsymbol{y}(t_{L-2})]=\boldsymbol{A}\boldsymbol{\alpha}_1'+\boldsymbol{N}_1' \tag{4.24}$$

$$\boldsymbol{Y}_2'=[\boldsymbol{y}(t_2),\boldsymbol{y}(t_3),\cdots,\boldsymbol{y}(t_{L-1})]=\boldsymbol{A}\boldsymbol{\alpha}_2'+\boldsymbol{N}_2' \tag{4.25}$$

$$\boldsymbol{Y}_3'=[\boldsymbol{y}(t_3),\boldsymbol{y}(t_4),\cdots,\boldsymbol{y}(t_L)]=\boldsymbol{A}\boldsymbol{\alpha}_3'+\boldsymbol{N}_3' \tag{4.26}$$

式中，$\boldsymbol{\alpha}_1'=[\boldsymbol{\alpha}(t_1),\boldsymbol{\alpha}(t_2),\cdots,\boldsymbol{\alpha}(t_{L-2})]$, $\boldsymbol{\alpha}_2'=[\boldsymbol{\alpha}(t_2),\boldsymbol{\alpha}(t_3),\cdots,\boldsymbol{\alpha}(t_{L-1})]$, $\boldsymbol{\alpha}_3'=[\boldsymbol{\alpha}(t_3),\boldsymbol{\alpha}(t_4),\cdots,\boldsymbol{\alpha}(t_L)]$, $\boldsymbol{N}_1'=[\boldsymbol{n}(t_1),\boldsymbol{n}(t_2),\cdots,\boldsymbol{n}(t_{L-2})]$, $\boldsymbol{N}_2'=[\boldsymbol{n}(t_2),\boldsymbol{n}(t_3),\cdots,\boldsymbol{n}(t_{L-1})]$, $\boldsymbol{N}_3'=[\boldsymbol{n}(t_3),\boldsymbol{n}(t_4),\cdots,\boldsymbol{n}(t_L)]$ 。

根据 $\boldsymbol{\alpha}(t_l)$ 的表达式，有

$$\boldsymbol{\alpha}'_2=\boldsymbol{\Phi}_f\boldsymbol{\alpha}'_1 \tag{4.27}$$

$$\boldsymbol{\alpha}'_3=\boldsymbol{\Phi}_f^2\boldsymbol{\alpha}'_1 \tag{4.28}$$

根据式(4.2),噪声矩阵 $\boldsymbol{N}'_1$、$\boldsymbol{N}'_2$ 和 $\boldsymbol{N}'_3$ 满足关系式

$$\boldsymbol{N}'_2\boldsymbol{N}'^{\mathrm{H}}_1/(L-2)=\boldsymbol{0} \tag{4.29}$$

$$\boldsymbol{N}'_3\boldsymbol{N}'^{\mathrm{H}}_1/(L-2)=\boldsymbol{0} \tag{4.30}$$

因此,$\boldsymbol{Y}'_2$ 和 $\boldsymbol{Y}'_3$ 与 $\boldsymbol{Y}'_1$ 的互协方差矩阵分别为

$$\boldsymbol{R}_{\boldsymbol{Y}'_2\boldsymbol{Y}'_1}=\boldsymbol{Y}'_2\boldsymbol{Y}'^{\mathrm{H}}_1/(L-2)=\boldsymbol{A}\boldsymbol{\Phi}_f\boldsymbol{R}_{\boldsymbol{\alpha}'_1}\boldsymbol{A}^{\mathrm{H}} \tag{4.31}$$

$$\boldsymbol{R}_{\boldsymbol{Y}'_3\boldsymbol{Y}'_1}=\boldsymbol{Y}'_3\boldsymbol{Y}'^{\mathrm{H}}_1/(L-2)=\boldsymbol{A}\boldsymbol{\Phi}_f^2\boldsymbol{R}_{\boldsymbol{\alpha}'_1}\boldsymbol{A}^{\mathrm{H}} \tag{4.32}$$

式中,$\boldsymbol{R}_{\boldsymbol{\alpha}'_1}=\boldsymbol{\alpha}'_1\boldsymbol{\alpha}'^{\mathrm{H}}_1/(L-1)$。从式(4.31)和式(4.32)可看出,由于合理利用了时间采样信息,本章算法消除了空间色噪声的影响。

对 $\boldsymbol{R}_{\boldsymbol{Y}'_2\boldsymbol{Y}'_1}$ 进行特征值分解可得

$$\boldsymbol{R}_{\boldsymbol{Y}'_2\boldsymbol{Y}'_1}=[\boldsymbol{V}_{\mathrm{s}}\quad \boldsymbol{V}_{\mathrm{n}}]\begin{bmatrix}\boldsymbol{\Sigma}_{\mathrm{s}} & \boldsymbol{0}\\ \boldsymbol{0} & 0\times\boldsymbol{I}_{M_{\mathrm{t}}M_{\mathrm{r}}-P}\end{bmatrix}\begin{bmatrix}\boldsymbol{V}_{\mathrm{s}}^{\mathrm{H}}\\ \boldsymbol{V}_{\mathrm{n}}^{\mathrm{H}}\end{bmatrix}=\boldsymbol{V}_{\mathrm{s}}\boldsymbol{\Sigma}_{\mathrm{s}}\boldsymbol{V}_{\mathrm{s}}^{\mathrm{H}}+0\times\boldsymbol{V}_{\mathrm{n}}\boldsymbol{V}_{\mathrm{n}}^{\mathrm{H}} \tag{4.33}$$

式中,$\boldsymbol{V}_{\mathrm{s}}=[\boldsymbol{v}_1,\boldsymbol{v}_2,\cdots,\boldsymbol{v}_P]$,$\boldsymbol{V}_{\mathrm{n}}=[\boldsymbol{v}_{P+1},\boldsymbol{v}_{P+2},\cdots,\boldsymbol{v}_{M_{\mathrm{t}}M_{\mathrm{r}}}]$ 分别为信号子空间和噪声子空间,$\boldsymbol{\Sigma}_{\mathrm{s}}=\mathrm{diag}[\eta_1,\eta_2,\cdots,\eta_P]$ 为 P 个非零特征值组成的对角阵。

由于目标数是未知的,为了得到噪声子空间,这里对 $\boldsymbol{R}_{\boldsymbol{Y}'_2\boldsymbol{Y}'_1}$ 进行对角加载,即

$$\boldsymbol{R}_{\mathrm{DL}}=\boldsymbol{R}_{\boldsymbol{Y}'_2\boldsymbol{Y}'_1}+\boldsymbol{I}_{M_{\mathrm{t}}M_{\mathrm{r}}}=\boldsymbol{V}_{\mathrm{s}}(\boldsymbol{\Sigma}_{\mathrm{s}}+\boldsymbol{I}_P)\boldsymbol{V}_{\mathrm{s}}^{\mathrm{H}}+\boldsymbol{V}_{\mathrm{n}}\boldsymbol{V}_{\mathrm{n}}^{\mathrm{H}} \tag{4.34}$$

上式在推导过程中用到了 $\boldsymbol{I}_{M_{\mathrm{t}}M_{\mathrm{r}}}=\boldsymbol{V}_{\mathrm{s}}\boldsymbol{V}_{\mathrm{s}}^{\mathrm{H}}+\boldsymbol{V}_{\mathrm{n}}\boldsymbol{V}_{\mathrm{n}}^{\mathrm{H}}$。

由此可得

$$\boldsymbol{R}_{\mathrm{DL}}^{-m}=\boldsymbol{V}_{\mathrm{n}}\boldsymbol{V}_{\mathrm{n}}^{\mathrm{H}}+\boldsymbol{V}_{\mathrm{s}}\begin{bmatrix}\left(\dfrac{1}{\eta_1+1}\right)^m & \cdots & 0\\ \vdots & \ddots & \vdots\\ 0 & \cdots & \left(\dfrac{1}{\eta_P+1}\right)^m\end{bmatrix}\boldsymbol{V}_{\mathrm{s}}^{\mathrm{H}} \tag{4.35}$$

其中,m 为任意整数。因为 $1/(\eta_p+1)$ 为小于 1 的数,所以当 $m\to\infty$ 时,式(4.35)趋近于噪声子空间,即有

$$\lim_{m\to\infty}\boldsymbol{R}_{\mathrm{DL}}^{-m}=\boldsymbol{V}_{\mathrm{n}}\boldsymbol{V}_{\mathrm{n}}^{\mathrm{H}} \tag{4.36}$$

这样就不用对 $\boldsymbol{R}_{\boldsymbol{Y}'_2\boldsymbol{Y}'_1}$ 进行特征值分解也不需要预知或预估目标数就可以得到噪声子空间。式(4.36)表明当 $m\to\infty$ 时,$\boldsymbol{R}_{\mathrm{DL}}^{-m}$ 才收敛到噪声子空间。实际

中，m 只要取较小的整数就可达到较好的性能。

用 $\boldsymbol{R}_{\mathrm{DL}}^{-m}$ 代替式(4.15)中的 $\boldsymbol{R}_{\boldsymbol{Y}_1'}^{-m}$，利用式(4.20)～式(4.23)即可得到对目标收发方位角的估计 $(\hat{\varphi}_p,\hat{\theta}_p)$，$p=1,2,\cdots,P$。

由矩阵 $\boldsymbol{R}_{\boldsymbol{Y}_2'\boldsymbol{Y}_1'}$ 和 $\boldsymbol{R}_{\boldsymbol{Y}_3'\boldsymbol{Y}_1'}$ 构造矩阵 $\boldsymbol{F}_2$ 为

$$\boldsymbol{F}_2=\boldsymbol{R}_{\boldsymbol{Y}_3'\boldsymbol{Y}_1'}\boldsymbol{R}_{\boldsymbol{Y}_2'\boldsymbol{Y}_1'}^{\#} \tag{4.37}$$

因此，有

$$\boldsymbol{F}_2\boldsymbol{A}=\boldsymbol{A}\boldsymbol{\Phi}_f \tag{4.38}$$

用 $\boldsymbol{F}_2$ 代替式(4.14)中的 $\boldsymbol{F}_1$，并将估计得到的收发方位角代入式(4.14)即可得到对目标多普勒频率的估计值。

4.4.2 算法基本步骤

根据以上分析过程，将本节的空间色噪声背景下基于对角加载的联合估计算法总结如下：

(1)根据式(4.24)、式(4.25)和式(4.26)，利用 L 个脉冲周期匹配滤波器的输出分别构造 3 个 $M_{\mathrm{t}}M_{\mathrm{r}}\times(L-2)$ 维数据矩阵 $\boldsymbol{Y}_1'$、$\boldsymbol{Y}_2'$ 和 $\boldsymbol{Y}_3'$。

(2)由式(4.31)、式(4.32)求 $\boldsymbol{Y}_2'$ 和 $\boldsymbol{Y}_3'$ 与 $\boldsymbol{Y}_1'$ 的互协方差矩阵 $\boldsymbol{R}_{\boldsymbol{Y}_2'\boldsymbol{Y}_1'}$ 和 $\boldsymbol{R}_{\boldsymbol{Y}_3'\boldsymbol{Y}_1'}$。

(3)根据式(4.34)对 $\boldsymbol{R}_{\boldsymbol{Y}_2'\boldsymbol{Y}_1'}$ 进行对角加载得对角加载矩阵 $\boldsymbol{R}_{\mathrm{DL}}$，用 $\boldsymbol{R}_{\mathrm{DL}}^{-m}$ 代替式(4.15)中的 $\boldsymbol{R}_{\boldsymbol{Y}_1'}^{-m}$，由式(4.20)～式(4.23)得到对目标收发方位角的估计值 $(\hat{\varphi}_p,\hat{\theta}_p)$，$p=1,2,\cdots,P$。

(4)由 $\boldsymbol{R}_{\boldsymbol{Y}_2'\boldsymbol{Y}_1'}$ 和 $\boldsymbol{R}_{\boldsymbol{Y}_3'\boldsymbol{Y}_1'}$ 构造矩阵 $\boldsymbol{F}_2$，用 $\boldsymbol{F}_2$ 代替式(4.14)中的 $\boldsymbol{F}_1$ 并将 $(\hat{\varphi}_p,\hat{\theta}_p)$ 代入式(4.14)即可得到对目标多普勒频率的估计值 $\hat{f}_{\mathrm{d}p}$，$p=1,2,\cdots,P$。

4.5 计算机仿真结果

为了验证本章算法的有效性，做如下计算机仿真。仿真过程中，设定 $M_{\mathrm{t}}=6$ 个，$M_{\mathrm{r}}=8$ 个，$f_{\mathrm{s}}=10\ \mathrm{kHz}$。假设空间同一距离单元内存在 3 个目标，其收发方位角和归一化多普勒频率分别为 $(10°,20°,1\ 000\ \mathrm{Hz})$，$(-8°,30°,2\ 300\ \mathrm{Hz})$，$(0°,45°,4\ 000\ \mathrm{Hz})$。发射阵列各阵元发射相互正交的相位编码信号，在每个

重复周期内的相位编码个数 $K=128$ 个。为了叙述方便，称本章给出的白噪声背景下的联合估计算法为算法 1，色噪声背景下基于对角加载的联合估计算法为算法 2。

仿真 1：不同阵列结构下，算法 1 对参数联合估计结果

空间高斯白噪声背景下，设定信噪比 SNR 为 5 dB，$m=2$，脉冲数 $L=100$ 个。图 4.1 所示为发射和接收阵列均为均匀线阵，且阵元间距均为 $\lambda/2$ 时，算法 1 对参数联合估计的三维图；图 4.2 所示为发射和接收阵列为非均匀线阵时，算法 1 对参数联合估计三维图，其中发射阵列各阵元的位置为 $[0,0.5,1,3,5,6.5]\times\lambda$，接收阵列各阵元的位置为 $[0,0.5,2,5,8,9,10.5,11.4]\times\lambda$。

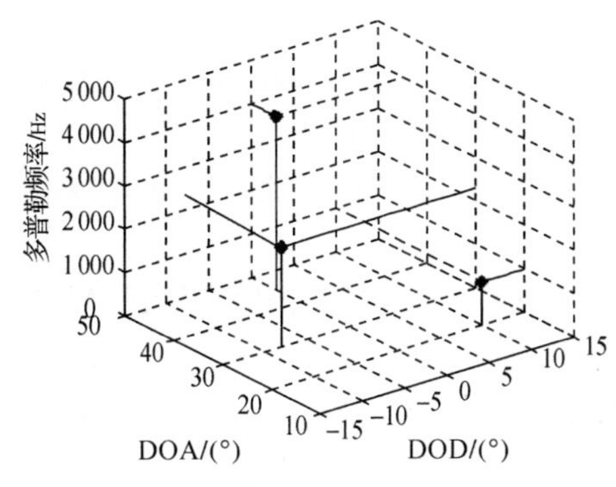

图 4.1　发射和接收阵列均为均匀线阵

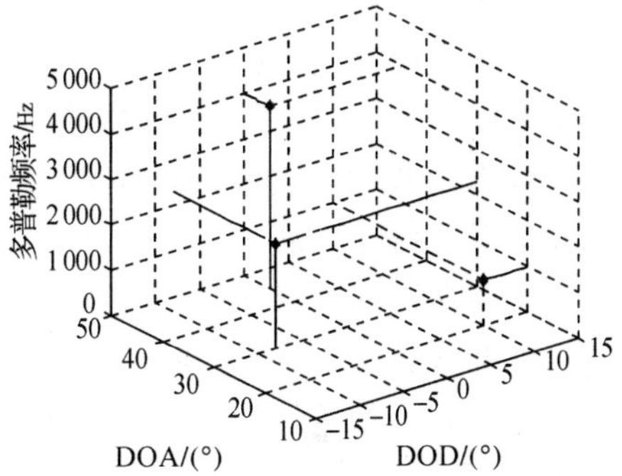

图 4.2　发射和接收阵列为非均匀线阵

从图 4.1 和图 4.2 可以看出：无论采用何种阵列结构，算法 1 均可较为精确地估计出目标的参数，但发射和接收阵列为非均匀线阵时，本章算法的参数估计精度要明显优于发射和接收阵列为均匀线阵的情况，这是因为其虚拟有效阵列孔径要远大于发射和接收阵列为均匀线阵的情况。此外，算法 1 还可用于发射和接收阵列为其他几何结构的情况(如圆阵、L 形阵等)，限于篇幅，将不再一一给出。

仿真 2：算法 2 对空间高斯色噪声的抑制能力

本仿真主要考察空间高斯色噪声背景下，算法 1 和算法 2 对目标参数联合估计结果。取发射和接收阵列为均匀线阵，其他仿真条件设置同仿真 1。图 4.3 和图 4.4 分别给出了算法 1 和算法 2 对目标参数联合估计的结果。

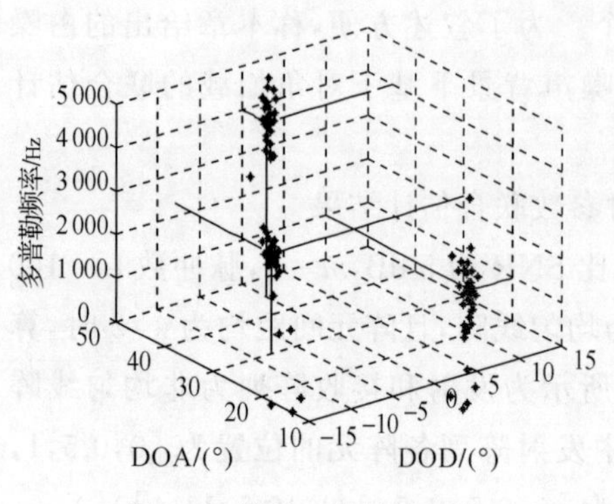

图 4.3　算法 1 的估计结果

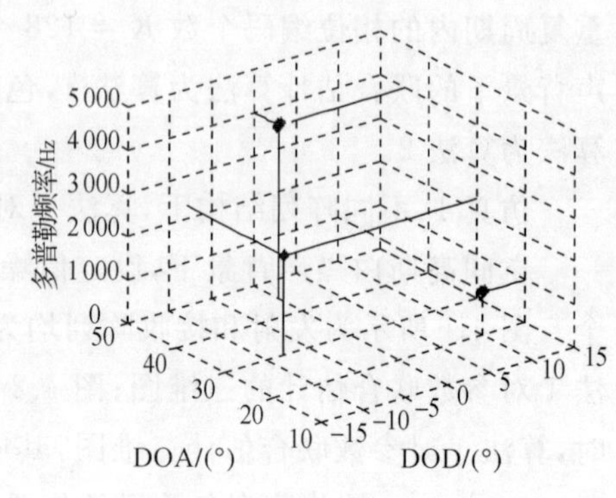

图 4.4　算法 2 的估计结果

图 4.3 和图 4.4 表明：由于空间色噪声的影响，算法 1 对目标参数的估计出现了较大偏差；而算法 2 由于利用了不同时刻匹配滤波器输出的互相关，消除了空间色噪声的影响，所以仍可以准确地估计出目标的参数。

仿真 3：发射和接收阵列为非均匀线阵时，算法 2 和文献[155]算法对目标参数联合估计结果

空间高斯色噪声背景下，比较两种算法在不同非均匀发射和接收阵列时，对目标参数联合估计的结果，仿真参数设定如仿真 1。图 4.5 和图 4.6 所示为发射和接收阵列各阵元的位置（称其为非均匀阵列设置 1）分别为 $[0,0.5,0.92,1.38,1.83,2.31]\times\lambda$ 和 $[0,0.48,0.98,1.46,1.85,2.33,2.79,3.27]\times\lambda$ 时，算法 2 和文献[155]算法对目标参数联合估计结果；图 4.7 和图 4.8 所示为发射和接收阵列各阵元的位置（称其为非均匀阵列设置 2）分别为 $[0,0.5,1,3,5,6.5]\times\lambda$ 和 $[0,0.5,2,5,8,9,10.5,11.4]\times\lambda$ 时，算法 2 和文献[155]算法对目标参数联合估计结果。

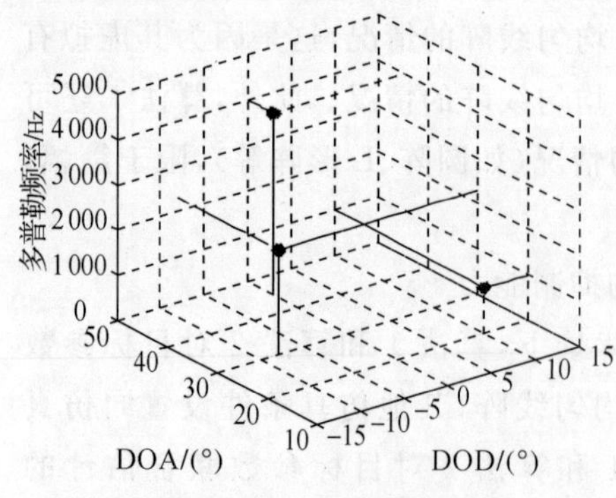

图 4.5　阵列设置 1 时，算法 2 估计结果

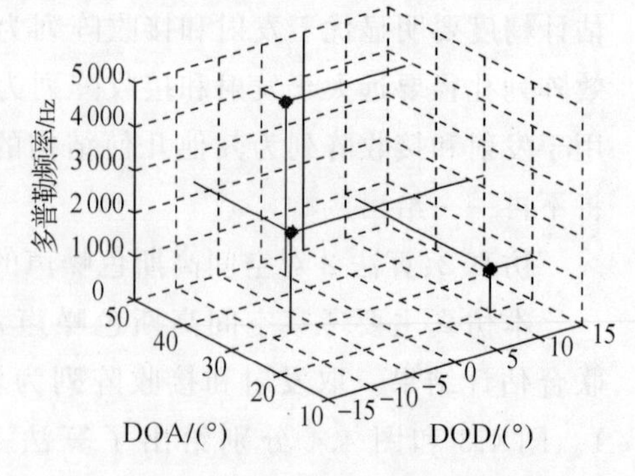

图 4.6　阵列设置 1 时，文献[155]算法估计结果

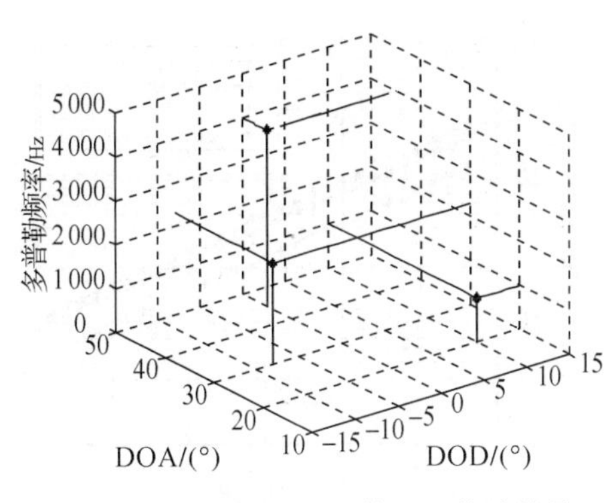

图 4.7　阵列设置 2 时，算法 2 估计结果

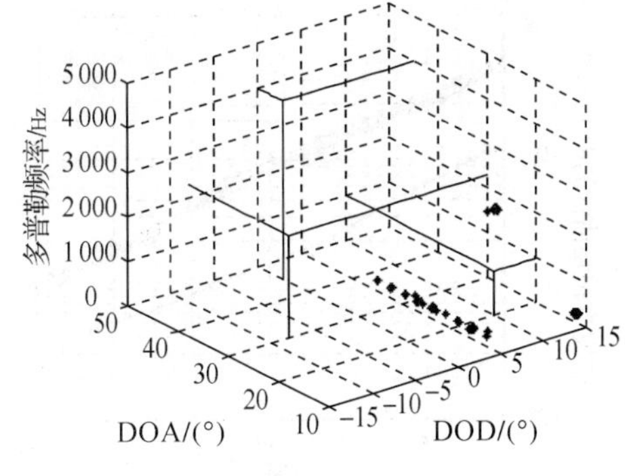

图 4.8　阵列设置 2 时，文献[155]算法估计结果

从仿真结果可以看出，当发射和接收阵列各阵元的位置分别为$[0,0.5,0.92,1.38,1.83,2.31]\times\lambda$ 和$[0,0.48,0.98,1.46,1.85,2.33,2.79,3.27]\times\lambda$，即满足$d_{t,m}-d_{t,m-1}\leqslant\lambda/2,m=2,3,\cdots,M_t$，$d_{r,n}-d_{r,n-1}\leqslant\lambda/2,n=2,3,\cdots,M_r$ 时，文献[155]算法可精确地估计出目标的参数。当发射和接收阵列各阵元的位置分别为$[0,0.5,1,3,5,6.5]\times\lambda$ 和$[0,0.5,2,5,8,9,10.5,11.4]\times\lambda$，即存在$d_{t,m}-d_{t,m-1}>\lambda/2,m=2,3,\cdots,M_t$，$d_{r,n}-d_{r,n-1}>\lambda/2,n=2,3,\cdots,M_r$ 时，文献[155]算法对目标参数的估计出现错误。这与前面的理论分析是一致的。而对于本章的算法 2，不论阵列设置成何种形式，其均可较精确地估计出目标的三维参数。因此，算法 2 的应用完全不受阵列形式的限制。

仿真 4：空间高斯白噪声背景下，算法统计性能的比较曲线

空间高斯白噪声背景下，比较不同算法的统计性能随信噪比变化情况。定义对多普勒频率估计的 RMSE 为 $\mathrm{RMSE}(f_d)=\sqrt{\frac{1}{P}\sum_{p=1}^{P}\mathrm{E}[(\hat{f}_{dp}-f_{dp})^2]}$，其中 f_{dp} 为第 p 个目标多普勒频率的真值，$\hat{f}_{dp}$ 为第 p 个目标多普勒频率的估计值。仿真结果为 200 次 Monte-Carlo 实验的结果，图 4.9 和图 4.10 所示分别为不同算法收发方位角估计的 RMSE 和多普勒频率估计的 RMSE 随 SNR 变化的比较曲线。

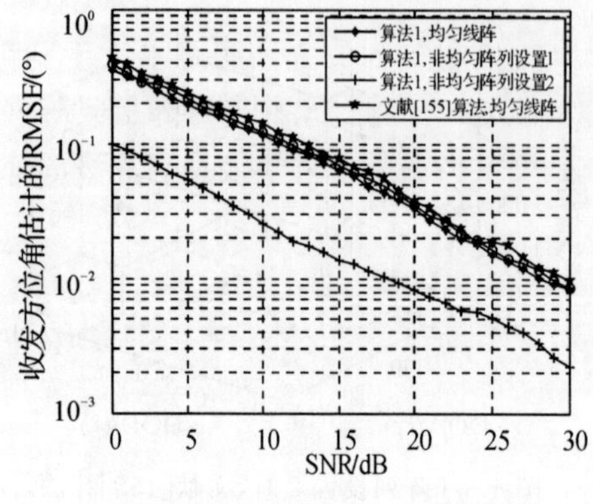

图 4.9　收发方位角估计的 RMSE

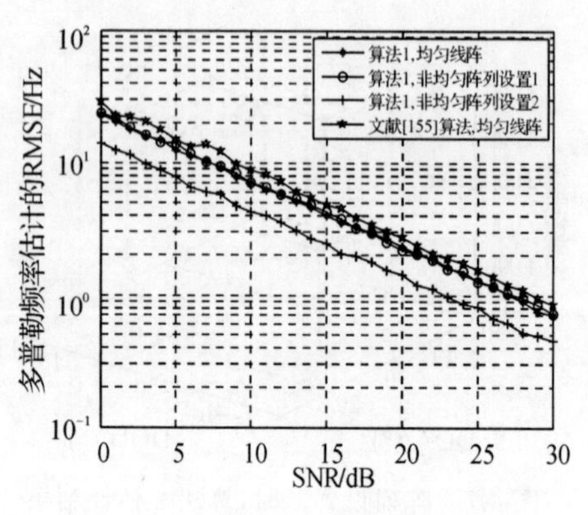

图 4.10　多普勒频率估计的 RMSE

从 Monte - Carlo 实验的结果可以看出:算法 1 的收发阵列若采用非均匀线阵设置 2,则其对目标收发方位角估计的 RMSE 将远小于算法 1 采用其他阵列设置的情况及文献[155]算法。这是因为非均匀线阵设置 2 相对于其他阵列设置可极大地增大有效阵列孔径,从而使得其角度估计性能得到极大的提高;若采用均匀线阵或阵列设置 1,算法 1 的估计性能只是稍优于文献[155]算法,但需看到算法 1 是在无须预估或预知目标数情况下得到的高性能。

仿真 5:空间高斯色噪声背景下,算法统计性能的比较曲线

空间高斯色噪声背景下,比较不同算法的统计性能随信噪比变化情况。仿真结果为 200 次 Monte - Carlo 实验的结果,图 4.11 和图 4.12 所示分别为不同算法收发方位角估计的 RMSE 和多普勒频率估计的 RMSE 随 SNR 变化的比较曲线。

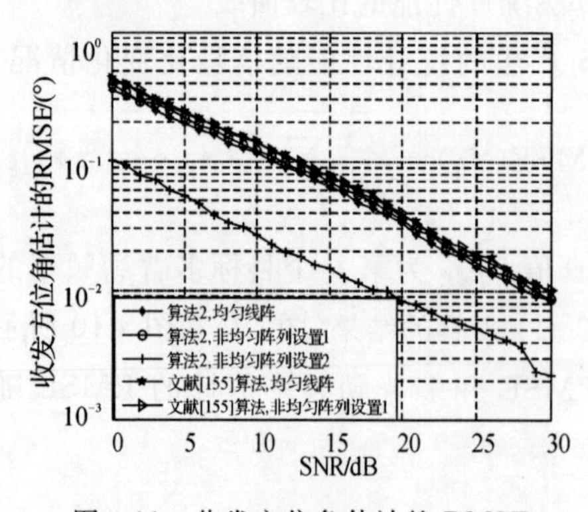

图 4.11　收发方位角估计的 RMSE

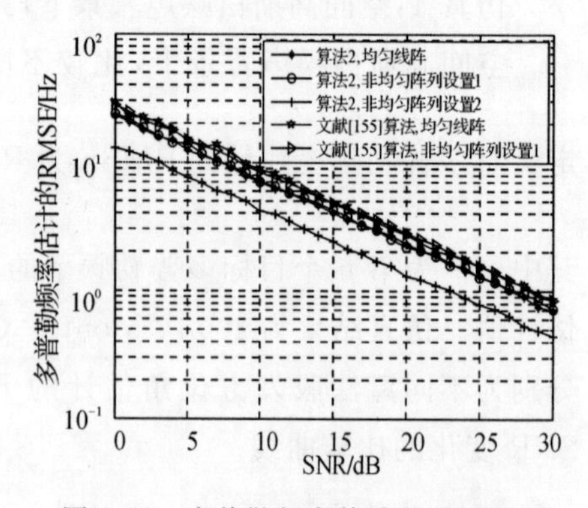

图 4.12　多普勒频率估计的 RMSE

从 Monte - Carlo 实验的结果可以看出:算法 2 的收发阵列若采用非均匀

线阵设置 2,则其统计估计性能最优。文献[155]算法虽可用于发射和接收阵列均为非均匀线阵的情况,但其要求发射和接收阵列的阵元间距不大于 0.5 倍波长,从而使得其只能采用非均匀线阵设置 1。因此,相比发射和接收阵列均采用均匀线阵,文献[155]算法采用非均匀线阵设置 1 并不能提高算法的统计性能。

仿真 6:目标收发方位角估计性能随 m 值变化的曲线

空间高斯白噪声背景下,考察算法 1、2 对目标收发方位角估计性能随 m 值变化的情况。设定信噪比 SNR 为 10 dB,脉冲数 $L=200$,发射和接收阵列均采用均匀线阵,m 从 1 按步长 1 变化到 10。仿真结果为 100 次 Monte-Carlo 实验的统计结果,图 4.13 所示为两种算法的收发方位角估计的 RMSE 随 m 值变化的曲线。

由图 4.13 可以看出:对于算法 2,随着 m 值的增大,收发方位角估计性能的改善速度逐渐趋于平缓;对于算法 1,随着 m 值的增大,收发方位角估计的 RMSE 反而增大,这是因为实际中数据协方差矩阵是通过有限次脉冲数据得到的,使得 M_tM_r-P 个小特征值并不相等,当 m 取值较大时,特征值不相等的噪声分量会被误认为信号分量,导致最终噪声子空间的缩小,从而影响收发方位角的估计性能。此外,随着 m 值的增大,算法的运算量逐步增大。因此,综合以上两个因素,对于本章的两种算法在实际应用中只需取有限整数即可。

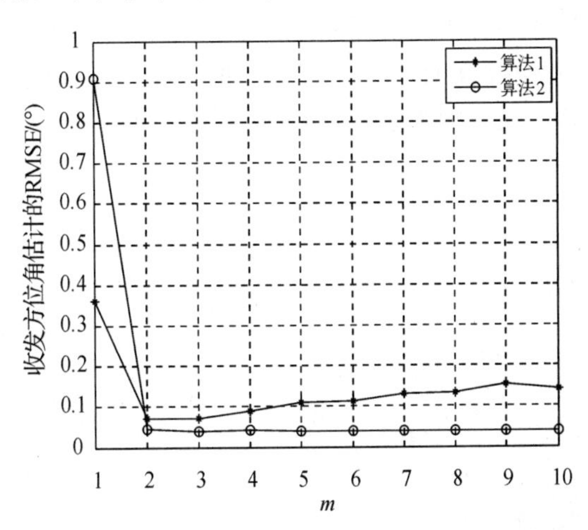

图 4.13 收发方位角估计的 RMSE 随 m 值变化的曲线

4.6 小　结

本章针对空间高斯白噪声和高斯色噪声背景，分别给出了两种双基地 MIMO 雷达收发方位角及多普勒频率联合估计算法。这两种算法都基于 m－Capon 方法将目标 DOD 和 DOA 相“去耦”，估计出目标的 DOD 和 DOA。在对目标收发方位角估计的基础上，算法可进一步估计出相应的多普勒频率。相比现有的其他收发方位角和多普勒频率联合估计算法，本章算法无须预知或预判目标数及对数据协方差矩阵进行特征值分解，现将本章算法总结如下：

(1)理论上，由于 m 取值越大，$\boldsymbol{R}_{Y_1}^{-m}$ 和 $\boldsymbol{R}_{\mathrm{DL}}^{-m}$ 就越趋近于噪声子空间，所以收发方位角的估计性能就越好。然而实际中，当信噪比不是很低的情况下，收发方位角性能的改善速度随 m 的增加逐渐趋于平缓，而随着 m 值的增大，算法的运算量亦逐步增大。因此，m 取有限整数即可。

(2)本章两种算法所估计的参数可自动配对，且无阵列孔径损失。

(3)相比文献[150]算法和文献[155]算法，本章的两种算法均对发射和接收阵列的结构没有特殊的要求，适用于发射和接收阵列具有任意阵列结构的情况。而文献[155]算法虽可用于发射和接收阵列不满足平移不变结构的情况，但其要求发射和接收阵列任意两个阵元间距必须小于等于 0.5 倍的波长，所以其应用范围受到一定程度的限制。

(4)本章的针对空间高斯色噪声的算法将不同时刻匹配滤波器输出进行互相关以消除空间色噪声的影响，适用于更广泛的色噪声背景。

第5章 双基地MIMO雷达相干分布式目标收发中心角估计算法

5.1 引 言

在雷达、声呐及无线通信等领域，目标往往是具有一定分布特性的，即目标为分布式目标。如果采用传统的针对点目标的双基地MIMO雷达定位算法来处理分布式目标，将会导致这些算法性能的恶化甚至完全失效。根据目标内多径信号的相关或不相关情况，分布式目标可分为相干分布式目标和非相关分布式目标，目前有关MIMO雷达的分布式目标参数估计研究方面的文章还很少，只有文献[114]研究了MIMO雷达对相干分布式目标参数估计的Cramer-Rao下界(CRB)。本章主要考虑的是相干分布式目标中心DOD和DOA联合估计问题。

在阵列信号处理领域，针对相干分布式源角度估计的研究，主要可分为以下三大类：

(1)子空间类方法。该方法主要特点是把点源中的信号子空间和噪声子空间理论推广到分布源中。其典型算法有Vec-MUSIC算法[174]、DSPE(Distributed Signal Parameter Estimator)算法[175]、基于角信号子空间的DOA估计方法[176]、极大最大特征值法[177]、极小最小特征值法[177]和基于泰勒级数展开的ESPRIT算法[178-179]等。但上述算法大多需要进行多维或一维谱峰搜索，计算量较大，如Vec-MUSIC算法、DSPE算法、基于角信号子空间的DOA估计方法、极大最大特征值法和极小最小特征值法。

(2)最大似然类方法。基于多维搜索的最大似然方法是一种定位高斯分布源的参数方法，它通过使包含所有待估计参数的联合似然函数最大化进行参数估计，其缺点是随着信源数的增长，算法的复杂度和计算量将成几何指数增长。

(3)波束形成类方法。其代表性方法主要有三种广义波束形成方法：传统的波束形成器、最小方差波束形成器和修正的最小方差波束形成器。另外，还有一种基于Schur-Hadamard积波束形成的方法[180]。

由上述分析可知，现有的针对相干分布源的角度估计大多数算法都需要多维或一维谱峰搜索，且不能直接应用于双基地 MIMO 雷达系统。针对这个问题，本章基于双基地 MIMO 雷达系统，给出一种不须搜索的快速相干分布式目标收发中心方位角联合估计方法。首先，建立了双基地 MIMO 雷达相干分布式目标的信号模型；然后，基于该模型将积分形式的相干分布式目标的导向矢量化简为点目标的导向矢量与实向量的 Hadamard 积，并推导证明了相干分布式目标的导向矢量具有 Hadamard 积旋转不变性；最后，利用该 Hadamard 积旋转不变性，分别得到了对目标二维收发中心方位角的估计。该算法无须谱峰搜索，参数配对简单，能有效降低运算量，且适用于具有不同角信号分布函数或角信号分布函数未知的情况，具有很好的鲁棒性。

5.2 双基地 MIMO 雷达相干分布式目标信号模型

图 5.1 所示为本章所采用的双基地 MIMO 雷达系统结构示意图，发射和接收阵列均采用均匀线阵(ULA)，其中发射和接收阵元数分别为 M_{t} 和 M_{r}，阵元间距分别为 d_{t} 和 d_{r}，各发射阵元同时发射相互正交的信号。假设阵列远场同一距离单元内存在 P 个相干分布式目标，其角度参数为 $\eta_p=(\varphi_p,\sigma_{\varphi_p},\theta_p,\sigma_{\theta_p})$，$p=1,2,\cdots,P$，其中 φ_p 和 θ_p 分别为第 p 个相干分布式目标相对于发射阵列和接收阵列的中心方位角，σ_{φ_p} 和 σ_{θ_p} 则分别为对应的方位角扩展。

因此，接收阵列接收到回波信号为

$$\boldsymbol{X}(t_l)=\sum_{p=1}^{P}\xi_p\mathrm{e}^{\mathrm{j}2\pi f_{\mathrm{d}p}t_l}\int_{-\pi/2}^{\pi/2}\int_{-\pi/2}^{\pi/2}\boldsymbol{a}_{\mathrm{r}}(\upsilon)\boldsymbol{a}_{\mathrm{t}}^{\mathrm{T}}(\zeta)\boldsymbol{S}_p(\upsilon,\zeta;\eta_p)\mathrm{d}\upsilon\mathrm{d}\zeta+\boldsymbol{W}(t_l),\quad l=1,2,\cdots,L \tag{5.1}$$

式中，$\boldsymbol{a}_{\mathrm{r}}(\upsilon)=[1,\mathrm{e}^{-\mathrm{j}\kappa_{\mathrm{r}}\sin\upsilon},\cdots,\mathrm{e}^{-\mathrm{j}(M_{\mathrm{r}}-1)\kappa_{\mathrm{r}}\sin\upsilon}]^{\mathrm{T}}$，$\boldsymbol{a}_{\mathrm{t}}(\zeta)=[1,\mathrm{e}^{-\mathrm{j}\kappa_{\mathrm{t}}\sin\zeta},\cdots,\mathrm{e}^{-\mathrm{j}(M_{\mathrm{t}}-1)\kappa_{\mathrm{t}}\sin\zeta}]^{\mathrm{T}}$，$\kappa_{\mathrm{r}}=2\pi d_{\mathrm{r}}/\lambda$，$\kappa_{\mathrm{t}}=2\pi d_{\mathrm{t}}/\lambda$，$\lambda$ 为载波波长；ξ_p 为第 p 个目标的反射系数；$f_{\mathrm{d}p}$ 为第 p 个目标的归一化多普勒频率；$W(t_l)\in\mathbf{C}^{M_{\mathrm{r}}\times K}$ 为接收阵列加性噪声，其是均值为 0，方差为 $\sigma^2\boldsymbol{I}_{M_{\mathrm{r}}}$ 的高斯白噪声，L 表示脉冲数；$\boldsymbol{S}_p(\upsilon,\zeta;\eta_p)$ 为第 p 个分布式目标的角信号密度函数，对于相干式分布目标其满足[178]：

$$\boldsymbol{S}_p(\upsilon,\zeta;\eta_p)=\boldsymbol{S}\times g_p(\upsilon,\zeta;\eta_p) \tag{5.2}$$

式中，$\boldsymbol{S}=[\boldsymbol{s}_1,\boldsymbol{s}_2,\cdots,\boldsymbol{s}_{M_{\mathrm{t}}}]^{\mathrm{T}}$，$\boldsymbol{s}_m=[s_m(1),s_m(2),\cdots,s_m(K)]^{\mathrm{T}}$ 表示第 m 个发射阵元发射的正交信号，K 为每个脉冲重复周期内的快拍数；$g_p(\upsilon,\zeta;\eta_p)$ 为

确定性角信号分布函数。以下为叙述方便，统一省略积分的上下限，将式(5.2)代入式(5.1)可得

$$\boldsymbol{X}(t_l)=\sum_{p=1}^{P}\xi_p \mathrm{e}^{\mathrm{j}2\pi f_{\mathrm{d}p}t_l}\boldsymbol{a}(\eta_p)\boldsymbol{S}+\boldsymbol{W}(t_l),\quad l=1,2,\cdots,L \tag{5.3}$$

式中，$\boldsymbol{a}(\eta_p)=\iint \boldsymbol{a}_{\mathrm{r}}(\upsilon)\boldsymbol{a}_{\mathrm{t}}^{\mathrm{T}}(\zeta)g_p(\upsilon,\zeta;\eta_p)\mathrm{d}\upsilon\mathrm{d}\zeta$ 。

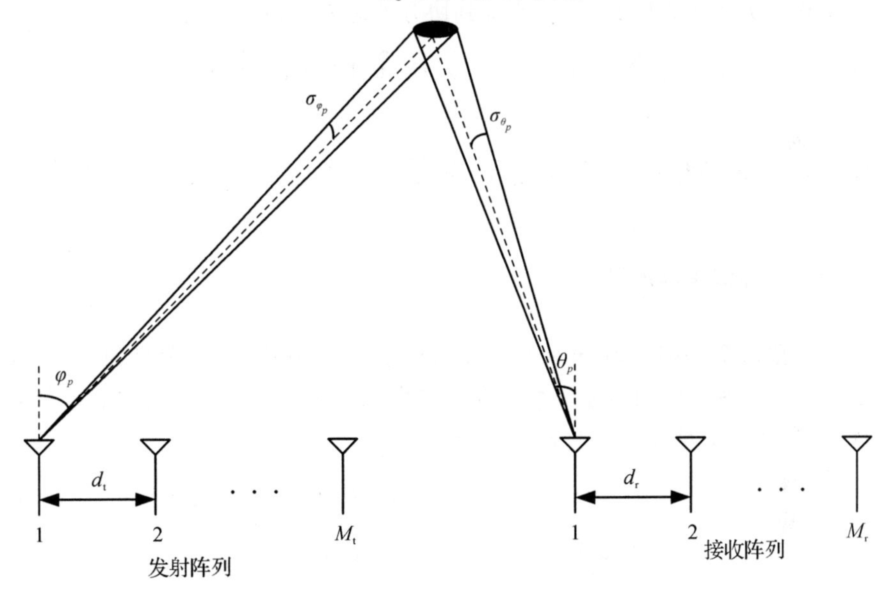

图 5.1　双基地 MIMO 雷达系统结构示意图

由于各发射信号相互正交，所以利用 M_{t} 个发射信号分别对接收阵元接收的回波信号进行匹配滤波，并将匹配滤波后的信号按列堆栈表示成矢量形式，可得

$$\boldsymbol{y}(t_l)=\sqrt{K}\sum_{p=1}^{P}\xi_p \mathrm{e}^{\mathrm{j}2\pi f_{\mathrm{d}p}t_l}\boldsymbol{b}(\eta_p)+\boldsymbol{n}(t_l),\quad l=1,2,\cdots,L \tag{5.4}$$

式中，$\boldsymbol{b}(\eta_p)=\iint[\boldsymbol{a}_{\mathrm{r}}(\upsilon)\otimes\boldsymbol{a}_{\mathrm{t}}(\zeta)]g_p(\upsilon,\zeta;\eta_p)\mathrm{d}\upsilon\mathrm{d}\zeta$ ，$\boldsymbol{n}(t_l)$ 是经过匹配滤波器后的虚拟噪声，其是均值为 0，方差为 $\sigma^2\boldsymbol{I}_{M_{\mathrm{t}}M_{\mathrm{r}}}$ 的高斯白噪声。

将上式写成矩阵形式，可表示为

$$\boldsymbol{y}(t_l)=\boldsymbol{B}(\eta)\boldsymbol{\alpha}(t_l)+\boldsymbol{n}(t_l),\quad l=1,2,\cdots,L \tag{5.5}$$

式中，$\boldsymbol{B}(\eta)=[\boldsymbol{b}(\eta_1),\boldsymbol{b}(\eta_2),\cdots,\boldsymbol{b}(\eta_P)]$ ，$\boldsymbol{\alpha}(t_l)=\sqrt{K}[\xi_1\mathrm{e}^{\mathrm{j}2\pi f_{\mathrm{d}1}t_l},\xi_2\mathrm{e}^{\mathrm{j}2\pi f_{\mathrm{d}2}t_l},\cdots,\xi_P\mathrm{e}^{\mathrm{j}2\pi f_{\mathrm{d}P}t_l}]^{\mathrm{T}}$ 。

由式(5.5)可知匹配滤波后信号的协方差矩阵为

$$\boldsymbol{R}=\mathrm{E}[\boldsymbol{y}(t_l)\boldsymbol{y}^{\mathrm{H}}(t_l)]=\boldsymbol{B}(\eta)\boldsymbol{R}_\alpha\boldsymbol{B}^{\mathrm{H}}(\eta)+\sigma^2\boldsymbol{I}_{M_{\mathrm{t}}\times M_{\mathrm{r}}} \tag{5.6}$$

式中，$\boldsymbol{R}_\alpha=E[\boldsymbol{\alpha}(t_l)\boldsymbol{\alpha}^{\mathrm{H}}(t_l)]$。

对 $\boldsymbol{R}$ 进行特征值分解可得相应的信号子空间 $\boldsymbol{U}_{\mathrm{s}}$。根据式(2.8)可知：$\boldsymbol{U}_{\mathrm{s}}$ 与 $\boldsymbol{B}(\eta)$ 满足关系式

$$\boldsymbol{U}_{\mathrm{s}}=\boldsymbol{B}(\eta)\boldsymbol{T} \tag{5.7}$$

式中，$\boldsymbol{T}$ 为一个唯一的非奇异矩阵。

在有限次脉冲数情况下，只能得到协方差矩阵的估计值为

$$\hat{\boldsymbol{R}}=\frac{1}{L}\sum_{l=1}^{L}\boldsymbol{y}(t_l)\boldsymbol{y}^{\mathrm{H}}(t_l)=\hat{\boldsymbol{U}}_{\mathrm{s}}\hat{\boldsymbol{\Lambda}}_{\mathrm{s}}\hat{\boldsymbol{U}}_{\mathrm{s}}^{\mathrm{H}}+\hat{\boldsymbol{U}}_{\mathrm{n}}\hat{\boldsymbol{\Lambda}}_{\mathrm{n}}\hat{\boldsymbol{U}}_{\mathrm{n}}^{\mathrm{H}} \tag{5.8}$$

5.3 双基地 MIMO 雷达相干分布式目标收发中心角估计算法

5.3.1 算法基本原理

对任意角度 υ 和 ζ，有 $\upsilon=\theta+\tilde{\theta}$ 及 $\zeta=\varphi+\tilde{\varphi}$，其中 $\tilde{\varphi}$，$\tilde{\theta}$ 分别为 ζ，υ 与中心方位角 φ 和 θ 的角偏差。由于角度扩散角 υ 和 ζ 分散在收发中心方位角附近，根据 $\boldsymbol{a}_{\mathrm{r}}(\upsilon)$ 及 $\boldsymbol{a}_{\mathrm{t}}(\zeta)$ 的表达式，有

$$\boldsymbol{a}_{\mathrm{r}}(\upsilon)\approx\boldsymbol{a}_{\mathrm{r}}(\theta)\odot\tilde{\boldsymbol{a}}_{\mathrm{r}}(\theta,\tilde{\theta}) \tag{5.9}$$

$$\boldsymbol{a}_{\mathrm{t}}(\zeta)\approx\boldsymbol{a}_{\mathrm{t}}(\varphi)\odot\tilde{\boldsymbol{a}}_{\mathrm{t}}(\varphi,\tilde{\varphi}) \tag{5.10}$$

其中

$$\tilde{\boldsymbol{a}}_{\mathrm{r}}(\theta,\tilde{\theta})=[1,\mathrm{e}^{-\mathrm{j}\kappa_{\mathrm{r}}\tilde{\theta}\cos\theta},\cdots,\mathrm{e}^{-\mathrm{j}(M_{\mathrm{r}}-1)\kappa_{\mathrm{r}}\tilde{\theta}\cos\theta}]^{\mathrm{T}} \tag{5.11}$$

$$\tilde{\boldsymbol{a}}_{\mathrm{t}}(\varphi,\tilde{\varphi})=[1,\mathrm{e}^{-\mathrm{j}\kappa_{\mathrm{t}}\tilde{\varphi}\cos\varphi},\cdots,\mathrm{e}^{-\mathrm{j}(M_{\mathrm{t}}-1)\kappa_{\mathrm{t}}\tilde{\varphi}\cos\varphi}]^{\mathrm{T}} \tag{5.12}$$

式中，$\odot$ 表示矩阵的 Hadamard 积。上两式在推导过程中用到 $\sin\tilde{\varphi}\approx\tilde{\varphi}$，$\sin\tilde{\theta}\approx\tilde{\theta}$，$\cos\tilde{\varphi}\approx 1$，$\cos\tilde{\theta}\approx 1$。

将式(5.9)、式(5.10)代入 $\boldsymbol{b}(\eta)$，$\eta=\eta_1,\eta_2,\cdots,\eta_P$ 的表达式，并利用 Hadamard 积和 Kronecker 直积的性质，有

$$(\boldsymbol{A}\odot\boldsymbol{B})\otimes(\boldsymbol{C}\odot\boldsymbol{D})=(\boldsymbol{A}\otimes\boldsymbol{C})\odot(\boldsymbol{B}\otimes\boldsymbol{D}) \tag{5.13}$$

则 $\boldsymbol{b}(\eta)$ 可进一步写成：

$$\boldsymbol{b}(\eta)\approx[\boldsymbol{a}_{\mathrm{r}}(\theta)\otimes\boldsymbol{a}_{\mathrm{t}}(\varphi)]\odot\boldsymbol{h} \tag{5.14}$$

式中，$\boldsymbol{h}=\iint[\tilde{\boldsymbol{a}}_{\mathrm{r}}(\theta,\tilde{\theta})\otimes\tilde{\boldsymbol{a}}_{\mathrm{t}}(\varphi,\tilde{\varphi})]g(\tilde{\varphi},\tilde{\theta};\eta)\mathrm{d}\tilde{\varphi}\mathrm{d}\tilde{\theta}$。从式(5.14)可以看出：对

双基地MIMO雷达来说，相干分布式目标的导向矢量可以简化为点目标的导向矢量与向量 $\boldsymbol{h}$ 的Hadamard积。由于确定性角信号分布函数 $g(\tilde{\varphi},\tilde{\theta};\eta)$ 为对称分布，因此，$\boldsymbol{h}$ 为与确定性角信号分布函数有关的实向量[180]。

命题5.1：若 $\boldsymbol{b}_{\mathrm{r1}}(\eta)=[\boldsymbol{a}_{\mathrm{r1}}(\theta)\otimes\boldsymbol{a}_{\mathrm{t}}(\varphi)]\odot\boldsymbol{h}_{\mathrm{r1}}$，$\boldsymbol{b}_{\mathrm{r2}}(\eta)=[\boldsymbol{a}_{\mathrm{r2}}(\theta)\otimes\boldsymbol{a}_{\mathrm{t}}(\varphi)]\odot\boldsymbol{h}_{\mathrm{r2}}$，其中，$\boldsymbol{h}_{\mathrm{r1}}=\iint[\tilde{\boldsymbol{a}}_{\mathrm{r1}}(\theta,\tilde{\theta})\otimes\tilde{\boldsymbol{a}}_{\mathrm{t}}(\varphi,\tilde{\varphi})]g(\tilde{\varphi},\tilde{\theta};\eta)\mathrm{d}\tilde{\varphi}\mathrm{d}\tilde{\theta}$，$\boldsymbol{h}_{\mathrm{r2}}=\iint[\tilde{\boldsymbol{a}}_{\mathrm{r2}}(\theta,\tilde{\theta})\otimes\tilde{\boldsymbol{a}}_{\mathrm{t}}(\varphi,\tilde{\varphi})]g(\tilde{\varphi},\tilde{\theta};\eta)\mathrm{d}\tilde{\varphi}\mathrm{d}\tilde{\theta}$，$\boldsymbol{a}_{\mathrm{r1}}(\theta)$ 和 $\boldsymbol{a}_{\mathrm{r2}}(\theta)$ 及 $\tilde{\boldsymbol{a}}_{\mathrm{r1}}(\theta,\tilde{\theta})$ 和 $\tilde{\boldsymbol{a}}_{\mathrm{r2}}(\theta,\tilde{\theta})$ 分别为 $\boldsymbol{a}_{\mathrm{r}}(\theta)$ 和 $\tilde{\boldsymbol{a}}_{\mathrm{r}}(\theta,\tilde{\theta})$ 的前 $M_{\mathrm{r}}-1$ 行和后 $M_{\mathrm{r}}-1$ 行。则 $\boldsymbol{b}_{\mathrm{r1}}(\eta)$ 和 $\boldsymbol{b}_{\mathrm{r2}}(\eta)$ 满足如下Hadamard积旋转不变性：

$$\boldsymbol{b}_{\mathrm{r1}}(\eta)\odot\boldsymbol{b}_{\mathrm{r2}}^{*}(\eta)=\mathrm{e}^{\mathrm{j}2\kappa_{\mathrm{r}}\sin\theta}[\boldsymbol{b}_{\mathrm{r1}}^{*}(\eta)\odot\boldsymbol{b}_{\mathrm{r2}}(\eta)] \tag{5.15}$$

证明：式(5.15)的左边可写成

$$\begin{aligned}\boldsymbol{b}_{\mathrm{r1}}(\eta)\odot\boldsymbol{b}_{\mathrm{r2}}^{*}(\eta)&=\{[\boldsymbol{a}_{\mathrm{r1}}(\theta)\otimes\boldsymbol{a}_{\mathrm{t}}(\varphi)]\odot\boldsymbol{h}_{\mathrm{r1}}\}\odot\{[\boldsymbol{a}_{\mathrm{r2}}(\theta)\otimes\boldsymbol{a}_{\mathrm{t}}(\varphi)]\odot\boldsymbol{h}_{\mathrm{r2}}\}^{*}\\&=\{[\boldsymbol{a}_{\mathrm{r1}}(\theta)\otimes\boldsymbol{a}_{\mathrm{t}}(\varphi)]\odot[\boldsymbol{a}_{\mathrm{r2}}(\theta)\otimes\boldsymbol{a}_{\mathrm{t}}(\varphi)]^{*}\}\odot\{\boldsymbol{h}_{\mathrm{r1}}\odot\boldsymbol{h}_{\mathrm{r2}}^{*}\}\end{aligned} \tag{5.16}$$

由于 $(\boldsymbol{A}\otimes\boldsymbol{C})\odot(\boldsymbol{B}\otimes\boldsymbol{D})=(\boldsymbol{A}\odot\boldsymbol{B})\otimes(\boldsymbol{C}\odot\boldsymbol{D})$，式(5.16)可进一步写成

$$\boldsymbol{b}_{\mathrm{r1}}(\eta)\odot\boldsymbol{b}_{\mathrm{r2}}^{*}(\eta)=\{[\boldsymbol{a}_{\mathrm{r1}}(\theta)\odot\boldsymbol{a}_{\mathrm{r2}}^{*}(\theta)]\otimes[\boldsymbol{a}_{\mathrm{t}}(\varphi)\odot\boldsymbol{a}_{\mathrm{t}}^{*}(\varphi)]\}\odot\{\boldsymbol{h}_{\mathrm{r1}}\odot\boldsymbol{h}_{\mathrm{r2}}^{*}\} \tag{5.17}$$

同理，式(5.15)的右边可写成

$$\begin{aligned}&\mathrm{e}^{\mathrm{j}2\kappa_{\mathrm{r}}\sin\theta}\boldsymbol{b}_{\mathrm{r1}}^{*}(\eta)\odot\boldsymbol{b}_{\mathrm{r2}}(\eta)\\&=\mathrm{e}^{\mathrm{j}2\kappa_{\mathrm{r}}\sin\theta}\{[\boldsymbol{a}_{\mathrm{r1}}^{*}(\theta)\odot\boldsymbol{a}_{\mathrm{r2}}(\theta)]\otimes[\boldsymbol{a}_{\mathrm{t}}^{*}(\varphi)\odot\boldsymbol{a}_{\mathrm{t}}(\varphi)]\}\odot\{\boldsymbol{h}_{\mathrm{r1}}^{*}\odot\boldsymbol{h}_{\mathrm{r2}}\}\end{aligned} \tag{5.18}$$

由 $\boldsymbol{a}_{\mathrm{r}}(\theta)$ 的表达式可知

$$\boldsymbol{a}_{\mathrm{r1}}(\theta)\odot\boldsymbol{a}_{\mathrm{r2}}^{*}(\theta)=\mathrm{e}^{\mathrm{j}2\kappa_{\mathrm{r}}\sin\theta}[\boldsymbol{a}_{\mathrm{r1}}^{*}(\theta)\odot\boldsymbol{a}_{\mathrm{r2}}(\theta)] \tag{5.19}$$

又因为 $\boldsymbol{h}$ 为实向量，所以 $\boldsymbol{h}_{\mathrm{r1}}$ 和 $\boldsymbol{h}_{\mathrm{r2}}$ 也均为实向量，即有

$$\boldsymbol{h}_{\mathrm{r1}}\odot\boldsymbol{h}_{\mathrm{r2}}^{*}=\boldsymbol{h}_{\mathrm{r1}}^{*}\odot\boldsymbol{h}_{\mathrm{r2}} \tag{5.20}$$

将式(5.19)和式(5.20)代入式(5.17)即可知式(5.15)的左边等于右边。

因此，命题5.1得证。

令 $\boldsymbol{U}_{\mathrm{r1}}$ 和 $\boldsymbol{U}_{\mathrm{r2}}$ 的构造方式与 $\boldsymbol{b}_{\mathrm{r1}}(\eta)$ 与 $\boldsymbol{b}_{\mathrm{r2}}(\eta)$ 相同，即分别取 $\boldsymbol{U}_{\mathrm{s}}$ 的前 $M_{\mathrm{t}}(M_{\mathrm{r}}-1)$ 行和后 $M_{\mathrm{t}}(M_{\mathrm{r}}-1)$ 行。根据式(5.7)可知，$\boldsymbol{b}_{\mathrm{r1}}(\eta_p)$ 和 $\boldsymbol{b}_{\mathrm{r2}}(\eta_p)$ ($p=1,2,\cdots,P$)分别满足

$$\left.\begin{aligned}\boldsymbol{b}_{\mathrm{r1}}(\eta_p)&=\boldsymbol{U}_{\mathrm{r1}}\boldsymbol{t}_p\\\boldsymbol{b}_{\mathrm{r2}}(\eta_p)&=\boldsymbol{U}_{\mathrm{r2}}\boldsymbol{t}_p\end{aligned}\right\} \tag{5.21}$$

式中，$\boldsymbol{t}_p$ 为矩阵 $\boldsymbol{T}$ 的第 p 列。

因此,式(5.15)左右两边对应元素满足如下关系式:

$$\boldsymbol{U}_{\mathrm{r}1}(k,:)\boldsymbol{t}_p\boldsymbol{t}_p^{\mathrm{H}}\boldsymbol{U}_{\mathrm{r}2}^{\mathrm{H}}(k,:)=\mathrm{e}^{\mathrm{j}2\kappa_{\mathrm{r}}\sin\theta_p}\boldsymbol{U}_{\mathrm{r}2}(k,:)\boldsymbol{t}_p\boldsymbol{t}_p^{\mathrm{H}}\boldsymbol{U}_{\mathrm{r}1}^{\mathrm{H}}(k,:),k=1,2,\cdots,M_{\mathrm{t}}(M_{\mathrm{r}}-1) \tag{5.22}$$

其中,$\boldsymbol{U}_{\mathrm{r}1}(k,:)$ 和 $\boldsymbol{U}_{\mathrm{r}2}(k,:)$ 分别表示 $\boldsymbol{U}_{\mathrm{r}1}$ 和 $\boldsymbol{U}_{\mathrm{r}2}$ 的第 k 行。利用矩阵矢量化的性质 $\mathrm{vec}(\boldsymbol{ABC})=(\boldsymbol{C}^{\mathrm{T}}\otimes\boldsymbol{A})\mathrm{vec}(\boldsymbol{B})$,将式(5.22)写成矢量形式可得其等价表示式为[179]

$$\boldsymbol{P}_{\mathrm{r}1}\boldsymbol{\gamma}_p=\mathrm{e}^{\mathrm{j}2\kappa_{\mathrm{r}}\sin\theta_p}\boldsymbol{P}_{\mathrm{r}2}\boldsymbol{\gamma}_p,\quad p=1,2,\cdots,P \tag{5.23}$$

式中:

$$\boldsymbol{P}_{\mathrm{r}1}=\begin{bmatrix}\boldsymbol{U}_{\mathrm{r}2}^{*}(1,:)\otimes\boldsymbol{U}_{\mathrm{r}1}(1,:)\\ \boldsymbol{U}_{\mathrm{r}2}^{*}(2,:)\otimes\boldsymbol{U}_{\mathrm{r}1}(2,:)\\ \vdots\\ \boldsymbol{U}_{\mathrm{r}2}^{*}(M_{\mathrm{t}}(M_{\mathrm{r}}-1),:)\otimes\boldsymbol{U}_{\mathrm{r}1}(M_{\mathrm{t}}(M_{\mathrm{r}}-1),:)\end{bmatrix} \tag{5.24}$$

$$\boldsymbol{P}_{\mathrm{r}2}=\begin{bmatrix}\boldsymbol{U}_{\mathrm{r}1}^{*}(1,:)\otimes\boldsymbol{U}_{\mathrm{r}2}(1,:)\\ \boldsymbol{U}_{\mathrm{r}1}^{*}(2,:)\otimes\boldsymbol{U}_{\mathrm{r}2}(2,:)\\ \vdots\\ \boldsymbol{U}_{\mathrm{r}1}^{*}(M_{\mathrm{t}}(M_{\mathrm{r}}-1),:)\otimes\boldsymbol{U}_{\mathrm{r}2}(M_{\mathrm{t}}(M_{\mathrm{r}}-1),:)\end{bmatrix} \tag{5.25}$$

$$\boldsymbol{\gamma}_p=\mathrm{vec}(\boldsymbol{t}_p\boldsymbol{t}_p^{\mathrm{H}}) \tag{5.26}$$

从式(5.23)可以看出:$\{\exp(\mathrm{j}2\kappa_{\mathrm{r}}\sin\theta_p),\boldsymbol{\gamma}_p\}(p=1,2,\cdots,P)$ 为矩阵束 $(\boldsymbol{P}_{\mathrm{r}1}^{\mathrm{H}}\boldsymbol{P}_{\mathrm{r}1},\boldsymbol{P}_{\mathrm{r}1}^{\mathrm{H}}\boldsymbol{P}_{\mathrm{r}2})$ 的广义特征对。因此,对矩阵束 $(\boldsymbol{P}_{\mathrm{r}1}^{\mathrm{H}}\boldsymbol{P}_{\mathrm{r}1},\boldsymbol{P}_{\mathrm{r}1}^{\mathrm{H}}\boldsymbol{P}_{\mathrm{r}2})$ 进行特征值分解,选取 P 个模接近1的特征值 $\hat{\lambda}_{\mathrm{r}1},\hat{\lambda}_{\mathrm{r}2},\cdots,\hat{\lambda}_{\mathrm{r}P}$,即可得相干分布式目标相对于接收阵列的中心方位角:

$$\hat{\theta}_p=\arcsin\left[\frac{\mathrm{angle}(\hat{\lambda}_{\mathrm{r}p})}{2\kappa_{\mathrm{r}}}\right],\quad p=1,2,\cdots,P \tag{5.27}$$

命题 5.2:若 $\boldsymbol{b}_{\mathrm{t}1}(\eta)=[\boldsymbol{a}_{\mathrm{r}}(\theta)\otimes\boldsymbol{a}_{\mathrm{t}1}(\varphi)]\odot\boldsymbol{h}_{\mathrm{t}1}$,$\boldsymbol{b}_{\mathrm{t}2}(\eta)=[\boldsymbol{a}_{\mathrm{r}}(\theta)\otimes\boldsymbol{a}_{\mathrm{t}2}(\varphi)]\odot\boldsymbol{h}_{\mathrm{t}2}$,其中,$\boldsymbol{h}_{\mathrm{t}1}=\iint[\tilde{\boldsymbol{a}}_{\mathrm{r}}(\theta,\tilde{\theta})\otimes\tilde{\boldsymbol{a}}_{\mathrm{t}1}(\varphi,\tilde{\varphi})]g(\tilde{\varphi},\tilde{\theta};\eta)\mathrm{d}\varphi\mathrm{d}\theta$,$\boldsymbol{h}_{\mathrm{t}2}=\iint[\tilde{\boldsymbol{a}}_{\mathrm{r}}(\theta,\tilde{\theta})\otimes\tilde{\boldsymbol{a}}_{\mathrm{t}2}(\varphi,\tilde{\varphi})]g(\tilde{\varphi},\tilde{\theta};\eta)\mathrm{d}\varphi\mathrm{d}\theta$,$\boldsymbol{a}_{\mathrm{t}1}(\varphi)$ 和 $\boldsymbol{a}_{\mathrm{t}2}(\varphi)$ 及 $\tilde{\boldsymbol{a}}_{\mathrm{t}1}(\varphi,\tilde{\varphi})$ 和 $\tilde{\boldsymbol{a}}_{\mathrm{t}2}(\varphi,\tilde{\varphi})$ 分别为 $\boldsymbol{a}_{\mathrm{t}}(\varphi)$ 和 $\tilde{\boldsymbol{a}}_{\mathrm{t}}(\varphi,\tilde{\varphi})$ 的前 $M_{\mathrm{t}}-1$ 行和后 $M_{\mathrm{t}}-1$ 行。则 $\boldsymbol{b}_{\mathrm{t}1}(\eta)$ 和 $\boldsymbol{b}_{\mathrm{t}2}(\eta)$ 满足如下 Hadamard 积旋转不变性:

$$\boldsymbol{b}_{\mathrm{t}1}(\eta)\odot\boldsymbol{b}_{\mathrm{t}2}^{*}(\eta)=\mathrm{e}^{\mathrm{j}2\kappa_{\mathrm{t}}\sin\varphi}[\boldsymbol{b}_{\mathrm{t}1}^{*}(\eta)\odot\boldsymbol{b}_{\mathrm{t}2}(\eta)] \tag{5.28}$$

证明同命题 5.1。

令 $\boldsymbol{U}_{t1}$ 和 $\boldsymbol{U}_{t2}$ 的构造方式与 $\boldsymbol{b}_{t1}(\eta)$ 与 $\boldsymbol{b}_{t2}(\eta)$ 相同，所以 $\boldsymbol{b}_{t1}(\eta_p)$ 和 $\boldsymbol{b}_{t2}(\eta_p)$（$p=1,2,\cdots,P$）分别满足

$$\left.\begin{aligned}\boldsymbol{b}_{t1}(\eta_p)&=\boldsymbol{U}_{t1}\boldsymbol{t}_p\\ \boldsymbol{b}_{t2}(\eta_p)&=\boldsymbol{U}_{t2}\boldsymbol{t}_p\end{aligned}\right\} \tag{5.29}$$

与式(5.22)、式(5.23)类似，可得式(5.28)的等价表示式：

$$\boldsymbol{P}_{t1}\boldsymbol{\gamma}_p=\exp(\mathrm{j}2\boldsymbol{\kappa}_t\sin\varphi_p)\boldsymbol{P}_{t2}\boldsymbol{\gamma}_p,\quad p=1,2,\cdots,P \tag{5.30}$$

式中：

$$\boldsymbol{P}_{t1}=\begin{bmatrix}\boldsymbol{U}_{t2}^*(1,:)\otimes\boldsymbol{U}_{t1}(1,:)\\ \boldsymbol{U}_{t2}^*(2,:)\otimes\boldsymbol{U}_{t1}(2,:)\\ \vdots\\ \boldsymbol{U}_{t2}^*(M_r(M_t-1),:)\otimes\boldsymbol{U}_{t1}(M_r(M_t-1),:)\end{bmatrix} \tag{5.31}$$

$$\boldsymbol{P}_{t2}=\begin{bmatrix}\boldsymbol{U}_{t1}^*(1,:)\otimes\boldsymbol{U}_{t2}(1,:)\\ \boldsymbol{U}_{t1}^*(2,:)\otimes\boldsymbol{U}_{t2}(2,:)\\ \vdots\\ \boldsymbol{U}_{t1}^*(M_r(M_t-1),:)\otimes\boldsymbol{U}_{t2}(M_r(M_t-1),:)\end{bmatrix} \tag{5.32}$$

对矩阵束（$\boldsymbol{P}_{t1}^{\mathrm{H}}\boldsymbol{P}_{t1},\boldsymbol{P}_{t1}^{\mathrm{H}}\boldsymbol{P}_{t2}$）进行特征值分解，选取 P 个模接近1的广义特征值 $\hat{\lambda}_{t1},\hat{\lambda}_{t2},\cdots,\hat{\lambda}_{tP}$，从而可得相干分布式目标相对于发射阵列的中心方位角，即

$$\hat{\varphi}_p=\arcsin\left[\frac{\mathrm{angle}(\hat{\lambda}_{tp})}{2\boldsymbol{\kappa}_t}\right],\quad p=1,2,\cdots,P \tag{5.33}$$

对比式(5.23)和式(5.30)可以看出：对同一相干分布式目标，矩阵束（$\boldsymbol{P}_{r1}^{\mathrm{H}}\boldsymbol{P}_{r1},\boldsymbol{P}_{r1}^{\mathrm{H}}\boldsymbol{P}_{r2}$）和（$\boldsymbol{P}_{t1}^{\mathrm{H}}\boldsymbol{P}_{t1},\boldsymbol{P}_{t1}^{\mathrm{H}}\boldsymbol{P}_{t2}$）有相同的特征矢量 $\boldsymbol{\gamma}_1,\boldsymbol{\gamma}_2,\cdots,\boldsymbol{\gamma}_P$，因此，可利用该特点实现对相干分布式目标收发中心方位角（$\hat{\varphi}_p,\hat{\theta}_p$）的正确配对。

5.3.2 算法基本步骤

根据以上分析过程，将本章的双基地MIMO雷达相干分布式目标收发中心方位角估计算法总结如下：

(1)根据式(5.5)构造 L 个脉冲回波信号经过匹配滤波后得到的矩阵 $\boldsymbol{y}(t_l),l=1,2,\cdots,L$，并根据式(5.8)计算其协方差矩阵 $\hat{\boldsymbol{R}}$。

(2)对 $\hat{\boldsymbol{R}}$ 进行特征值分解得到信号子空间 $\hat{\boldsymbol{U}}_s$，并由 $\hat{\boldsymbol{U}}_s$ 构造 $\hat{\boldsymbol{U}}_{r1}$ 和 $\hat{\boldsymbol{U}}_{r2}$ 及 $\hat{\boldsymbol{U}}_{t1}$ 和 $\hat{\boldsymbol{U}}_{t2}$。

(3)根据式(5.24)、式(5.25)、式(5.31)和式(5.32)来构造 $\boldsymbol{P}_{\mathrm{r1}}$ 和 $\boldsymbol{P}_{\mathrm{r2}}$ 及 $\boldsymbol{P}_{\mathrm{t1}}$ 和 $\boldsymbol{P}_{\mathrm{t2}}$ 。

(4)分别对矩阵束 $(\boldsymbol{P}_{\mathrm{r1}}^{\mathrm{H}}\boldsymbol{P}_{\mathrm{r1}},\boldsymbol{P}_{\mathrm{r1}}^{\mathrm{H}}\boldsymbol{P}_{\mathrm{r2}})$ 和 $(\boldsymbol{P}_{\mathrm{t1}}^{\mathrm{H}}\boldsymbol{P}_{\mathrm{t1}},\boldsymbol{P}_{\mathrm{t1}}^{\mathrm{H}}\boldsymbol{P}_{\mathrm{t2}})$ 进行广义特征值分解,由 P 个模接近1的特征值得到 $\hat{\theta}_p$ 和 $\hat{\varphi}_p$ 的估计值,并利用得到的广义特征矢量对 $\hat{\theta}_p$ 和 $\hat{\varphi}_p$ 进行配对。

5.4 算法的分析和讨论

5.4.1 不同分布下 $\boldsymbol{h}$ 的具体表达式

由前面分析可知,对于相干分布式目标,其角信号密度函数可表示为

$$\boldsymbol{S}(\upsilon,\zeta;\eta)=\boldsymbol{S}g(\upsilon,\zeta;\eta) \tag{5.34}$$

其中,$g(\upsilon,\zeta;\eta)$ 为确定性角信号分布函数,刻画了角信号密度的空间分布特征,其由目标相对于发射和接收阵列的确定性角信号分布函数 $g_{\mathrm{t}}(\zeta;\varphi,\sigma_{\varphi})$ 和 $g_{\mathrm{r}}(\upsilon;\theta,\sigma_{\theta})$ 组成。一般而言,$g_{\mathrm{t}}(\zeta;\varphi,\sigma_{\varphi})$ 和 $g_{\mathrm{r}}(\upsilon;\theta,\sigma_{\theta})$ 都是以中心方位角为对称中心的单峰对称函数,满足

$$\left.\begin{aligned}\int_{-\pi/2}^{\pi/2} g_{\mathrm{t}}(\zeta;\varphi,\sigma_{\varphi})\mathrm{d}\zeta=1\\ \int_{-\pi/2}^{\pi/2} g_{\mathrm{r}}(\upsilon;\theta,\sigma_{\theta})\mathrm{d}\upsilon=1\end{aligned}\right\} \tag{5.35}$$

假设相干分布式目标相对于双基地 MIMO 雷达发射和接收阵列的确定性角信号分布函数 $g_{\mathrm{t}}(\zeta;\varphi,\sigma_{\varphi})$ 和 $g_{\mathrm{r}}(\upsilon;\theta,\sigma_{\theta})$ 是相互独立的,则 $g(\upsilon,\zeta;\eta)$ 的表达式可写成

$$g(\upsilon,\zeta;\eta)=g_{\mathrm{t}}(\zeta;\varphi,\sigma_{\varphi})\times g_{\mathrm{r}}(\upsilon;\theta,\sigma_{\theta}) \tag{5.36}$$

将其代入 $\boldsymbol{h}$ 后可得

$$\boldsymbol{h}=\boldsymbol{h}_{\mathrm{r}}\otimes\boldsymbol{h}_{\mathrm{t}} \tag{5.37}$$

式中,$\boldsymbol{h}_{\mathrm{r}}=\int_{-\pi/2}^{\pi/2}\tilde{\boldsymbol{a}}_{\mathrm{r}}(\theta,\tilde{\theta})g_{\mathrm{r}}(\tilde{\theta},\sigma_{\theta})\mathrm{d}\tilde{\theta}$,$\boldsymbol{h}_{\mathrm{t}}=\int_{-\pi/2}^{\pi/2}\tilde{\boldsymbol{a}}_{\mathrm{t}}(\varphi,\tilde{\varphi})g_{\mathrm{t}}(\tilde{\varphi},\sigma_{\varphi})\mathrm{d}\tilde{\varphi}$。

现在考虑几种常见的确定性角信号分布(如高斯分布、均匀分布和三角分布等)下 $\boldsymbol{h}$ 的具体表达式:

(1)当目标相对于发射和接收阵列的确定性角信号分布函数均满足高斯分布时,有

$$g_{\mathrm{t}}(\tilde{\varphi},\sigma_{\varphi})=\frac{1}{\sqrt{2\pi}\sigma_{\varphi}}\mathrm{e}^{-\tilde{\varphi}^2/\sigma_{\varphi}^2} \tag{5.38}$$

$$g_{\mathrm{r}}(\tilde{\theta},\sigma_{\theta})=\frac{1}{\sqrt{2\pi}\sigma_{\theta}}\mathrm{e}^{-\tilde{\theta}^2/\sigma_{\theta}^2} \tag{5.39}$$

可得

$$[\boldsymbol{h}_{\mathrm{r}}]_m=\int_{-\pi/2}^{\pi/2}\frac{1}{\sqrt{2\pi}\sigma_{\theta}}\mathrm{e}^{-\mathrm{j}(m-1)\kappa_{\mathrm{r}}\tilde{\theta}\cos\theta}\mathrm{e}^{-\tilde{\theta}^2/\sigma_{\theta}^2}\mathrm{d}\tilde{\theta},\quad m=1,2,\cdots,M_{\mathrm{r}} \tag{5.40}$$

$$[\boldsymbol{h}_{\mathrm{t}}]_n=\int_{-\pi/2}^{\pi/2}\frac{1}{\sqrt{2\pi}\sigma_{\varphi}}\mathrm{e}^{-\mathrm{j}(n-1)\kappa_{\mathrm{t}}\tilde{\varphi}\cos\varphi}\mathrm{e}^{-\tilde{\varphi}^2/\sigma_{\varphi}^2}\mathrm{d}\tilde{\varphi},\quad n=1,2,\cdots,M_{\mathrm{t}} \tag{5.41}$$

对式(5.40)、式(5.41)应用下列积分公式

$$\int_{-\infty}^{\infty}\mathrm{e}^{-q^2x^2}\mathrm{e}^{\mathrm{j}p(x+\alpha)}\mathrm{d}x=\frac{\sqrt{\pi}\,\mathrm{e}^{-p^2/4q^2}\mathrm{e}^{\mathrm{j}p\alpha}}{q} \tag{5.42}$$

则式(5.40)、式(5.41)可整理为

$$[\boldsymbol{h}_{\mathrm{r}}]_m\approx\mathrm{e}^{-\kappa_{\mathrm{r}}^2(m-1)^2\cos^2\theta\sigma_{\theta}^2},\quad m=1,2,\cdots,M_{\mathrm{r}} \tag{5.43}$$

$$[\boldsymbol{h}_{\mathrm{t}}]_n\approx\mathrm{e}^{-\kappa_{\mathrm{t}}^2(n-1)^2\cos^2\varphi\sigma_{\varphi}^2},\quad n=1,2,\cdots,M_{\mathrm{t}} \tag{5.44}$$

(2)当目标相对于发射和接收阵列的确定性角信号分布函数均满足均匀分布时,有

$$g_{\mathrm{t}}(\tilde{\varphi},\sigma_{\varphi})=\begin{cases}1/2\sigma_{\varphi}, & |\tilde{\varphi}|\leqslant\sigma_{\varphi}\\ 0, & |\tilde{\varphi}|>\sigma_{\varphi}\end{cases} \tag{5.45}$$

$$g_{\mathrm{r}}(\tilde{\theta},\sigma_{\theta})=\begin{cases}1/2\sigma_{\theta}, & |\tilde{\theta}|\leqslant\sigma_{\theta}\\ 0, & |\tilde{\theta}|>\sigma_{\theta}\end{cases} \tag{5.46}$$

可得

$$[\boldsymbol{h}_{\mathrm{r}}]_m=\int_{-\sigma_{\theta}}^{\sigma_{\theta}}\frac{1}{2\sigma_{\theta}}\mathrm{e}^{-\mathrm{j}(m-1)\kappa_{\mathrm{r}}\tilde{\theta}\cos\theta}\mathrm{d}\tilde{\theta},\quad m=1,2,\cdots,M_{\mathrm{r}} \tag{5.47}$$

$$[\boldsymbol{h}_{\mathrm{t}}]_n=\int_{-\sigma_{\varphi}}^{\sigma_{\varphi}}\frac{1}{2\sigma_{\varphi}}\mathrm{e}^{-\mathrm{j}(n-1)\kappa_{\mathrm{t}}\tilde{\varphi}\cos\varphi}\mathrm{d}\tilde{\varphi},\quad n=1,2,\cdots,M_{\mathrm{t}} \tag{5.48}$$

对式(5.47)、式(5.48)进行积分,可得

$$[\boldsymbol{h}_{\mathrm{r}}]_m\approx\frac{\sin((m-1)\sigma_{\theta})}{(m-1)\sigma_{\theta}},\quad m=1,2,\cdots,M_{\mathrm{r}} \tag{5.49}$$

$$[\boldsymbol{h}_{\mathrm{t}}]_n\approx\frac{\sin((n-1)\sigma_{\varphi})}{(n-1)\sigma_{\varphi}},\quad n=1,2,\cdots,M_{\mathrm{t}} \tag{5.50}$$

(3)当目标相对于发射和接收阵列的确定性角信号分布函数均满足三角

分布时，有

$$g_{\mathrm{t}}(\tilde{\varphi},\sigma_{\varphi})=\begin{cases}(\tilde{\varphi}+\sigma_{\varphi})/\sigma_{\varphi}^{2}, & -\sigma_{\varphi}\leqslant\tilde{\varphi}<0\\-(\tilde{\varphi}+\sigma_{\varphi})/\sigma_{\varphi}^{2}, & 0\leqslant\tilde{\varphi}<\sigma_{\varphi}\\0, & \text{其他}\end{cases}\tag{5.51}$$

$$g_{\mathrm{r}}(\tilde{\theta},\sigma_{\theta})=\begin{cases}(\tilde{\theta}+\sigma_{\theta})/\sigma_{\theta}^{2}, & -\sigma_{\theta}\leqslant\tilde{\theta}<0\\-(\tilde{\theta}+\sigma_{\theta})/\sigma_{\theta}^{2}, & 0\leqslant\tilde{\theta}<\sigma_{\theta}\\0, & \text{其他}\end{cases}\tag{5.52}$$

可得

$$[\boldsymbol{h}_{\mathrm{r}}]_{m}=\int_{-\sigma_{\theta}}^{0}\frac{(\tilde{\theta}+\sigma_{\theta})\mathrm{e}^{-\mathrm{j}(m-1)\kappa_{\mathrm{r}}\tilde{\theta}\cos\theta}}{\sigma_{\theta}^{2}}\mathrm{d}\tilde{\theta}-\int_{0}^{\sigma_{\theta}}\frac{(\tilde{\theta}+\sigma_{\theta})\mathrm{e}^{-\mathrm{j}(m-1)\kappa_{\mathrm{r}}\tilde{\theta}\cos\theta}}{\sigma_{\theta}^{2}}\mathrm{d}\tilde{\theta},\quad m=1,2,\cdots,M_{\mathrm{r}}\tag{5.53}$$

$$[\boldsymbol{h}_{\mathrm{t}}]_{n}=\int_{-\sigma_{\varphi}}^{0}\frac{(\tilde{\varphi}+\sigma_{\varphi})\mathrm{e}^{-\mathrm{j}(n-1)\kappa_{\mathrm{t}}\tilde{\varphi}\cos\varphi}}{\sigma_{\varphi}^{2}}\mathrm{d}\tilde{\varphi}-\int_{0}^{\sigma_{\varphi}}\frac{(\tilde{\varphi}+\sigma_{\varphi})\mathrm{e}^{-\mathrm{j}(n-1)\kappa_{\mathrm{t}}\tilde{\varphi}\cos\varphi}}{\sigma_{\varphi}^{2}}\mathrm{d}\tilde{\varphi},\quad n=1,2,\cdots,M_{\mathrm{t}}\tag{5.54}$$

对式(5.53)、式(5.54)进行积分可得

$$[\boldsymbol{h}_{\mathrm{r}}]_{m}\approx\frac{2(1-\cos((m-1)\sigma_{\theta}))}{(m-1)\sigma_{\theta}^{2}},\quad m=1,2,\cdots,M_{\mathrm{r}}\tag{5.55}$$

$$[\boldsymbol{h}_{\mathrm{t}}]_{n}\approx\frac{2(1-\cos((n-1)\sigma_{\varphi}))}{(n-1)\sigma_{\varphi}^{2}},\quad n=1,2,\cdots,M_{\mathrm{t}}\tag{5.56}$$

综上所述，可以得出下述结论：①当发射和接收扩展角 σ_{θ_p} 和 σ_{φ_p} 均等于 0 时，基于双基地 MIMO 雷达的相干分布式目标的导向矢量等价于点目标的导向矢量；②当 $g_{\mathrm{t}p}(\zeta;\varphi_p,\sigma_{\varphi_p})$ 和 $g_{\mathrm{r}p}(\upsilon;\theta_p,\sigma_{\theta_p})$ 都是以中心方位角为对称中心的单峰对称函数时，相干分布式目标的导向矢量可以简化为点目标的导向矢量与向量 $\boldsymbol{h}$ 的 Hadamard 积，且 $\boldsymbol{h}$ 为实向量。

5.4.2 算法的模糊性分析

由式(5.23)和式(5.30)可知，相干分布式目标的收发中心方位角与矩阵束 $(\boldsymbol{P}_{\mathrm{r1}}^{\mathrm{H}}\boldsymbol{P}_{\mathrm{r1}},\boldsymbol{P}_{\mathrm{r1}}^{\mathrm{H}}\boldsymbol{P}_{\mathrm{r2}})$ 和 $(\boldsymbol{P}_{\mathrm{t1}}^{\mathrm{H}}\boldsymbol{P}_{\mathrm{t1}},\boldsymbol{P}_{\mathrm{t1}}^{\mathrm{H}}\boldsymbol{P}_{\mathrm{t2}})$ 的广义特征值有关，即 $\mathrm{e}^{\mathrm{j}2\kappa_{\mathrm{r}}\sin\theta_p}$ 和 $\mathrm{e}^{\mathrm{j}2\kappa_{\mathrm{t}}\sin\varphi_p}$ $(p=1,2,\cdots,P)$ 分别为 $(\boldsymbol{P}_{\mathrm{r1}}^{\mathrm{H}}\boldsymbol{P}_{\mathrm{r1}},\boldsymbol{P}_{\mathrm{r1}}^{\mathrm{H}}\boldsymbol{P}_{\mathrm{r2}})$ 和 $(\boldsymbol{P}_{\mathrm{t1}}^{\mathrm{H}}\boldsymbol{P}_{\mathrm{t1}},\boldsymbol{P}_{\mathrm{t1}}^{\mathrm{H}}\boldsymbol{P}_{\mathrm{t2}})$ 的广义特征值。为了不使收发中心方位角估计产生估计模糊，则应满足

$$\left.\begin{array}{ll}|2\kappa_{\mathrm{r}}\sin\theta|\leqslant\pi, & -\pi\leqslant\theta\\|2\kappa_{\mathrm{t}}\sin\varphi|\leqslant\pi, & \varphi<\pi\end{array}\right\}\tag{5.57}$$

式(5.57)即为相干分布式目标收发中心方位角估计无模糊的必要条件。此外，由于未利用相干分布式目标具体的角分布函数信息，该算法存在收发中心方位角的二倍模糊问题[179]。其可通过检验矩阵束 $(\boldsymbol{P}_{r1}^{H}\boldsymbol{P}_{r1},\boldsymbol{P}_{r1}^{H}\boldsymbol{P}_{r2})$ 和 $(\boldsymbol{P}_{t1}^{H}\boldsymbol{P}_{t1},\boldsymbol{P}_{t1}^{H}\boldsymbol{P}_{t2})$ 接近复平面单位圆的广义特征值在同一幅角处是否成对出现，若成对出现则为伪广义特征值；反之，则为正确的广义特征值，这一点通过下面的计算机仿真即可得到验证。因此，可得到对目标收发中心方位角的正确估计。

5.5　计算机仿真结果

为了验证本章算法的有效性，做如下计算机仿真。发射阵列各阵元发射相互正交的信号，在每个脉冲重复周期内的快拍数为 $K=256$。

仿真 1：矩阵束 $(\boldsymbol{P}_{r1}^{H}\boldsymbol{P}_{r1},\boldsymbol{P}_{r1}^{H}\boldsymbol{P}_{r2})$ 和 $(\boldsymbol{P}_{t1}^{H}\boldsymbol{P}_{t1},\boldsymbol{P}_{t1}^{H}\boldsymbol{P}_{t2})$ 广义特征值的分布情况

仿真过程中，取 $M_t=6$，$M_r=8$，$L=128$，$d_t=d_r=\lambda/2$，SNR=15 dB。假设空间中同一距离单元内存在 2 个相干分布式目标，其角度参数为 $\eta_1=(10°,2°,-2°,4°)$，$\eta_2=(-20°,15°,4.5°,12.5°)$，两个分布式目标的确定性角信号分布为均匀分布。图 5.2(a)和图 5.2(b)分别给出了矩阵束 $(\boldsymbol{P}_{r1}^{H}\boldsymbol{P}_{r1},\boldsymbol{P}_{r1}^{H}\boldsymbol{P}_{r2})$ 和 $(\boldsymbol{P}_{t1}^{H}\boldsymbol{P}_{t1},\boldsymbol{P}_{t1}^{H}\boldsymbol{P}_{t2})$ 的 4 个广义特征值在复平面上的分布，其为 50 次 Monte-Carlo 实验的结果。

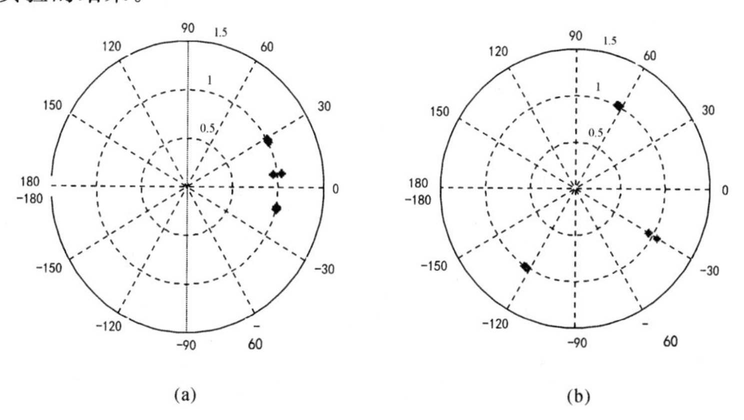

图 5.2　两个矩阵束的广义特征值在复平面上的分布图

(a)矩阵束$(\boldsymbol{P}_{r1}^{H}\boldsymbol{P}_{r1},\boldsymbol{P}_{r1}^{H}\boldsymbol{P}_{r2})$的广义特征值分布图；

(b)矩阵束$(\boldsymbol{P}_{t1}^{H}\boldsymbol{P}_{t1},\boldsymbol{P}_{t1}^{H}\boldsymbol{P}_{t2})$的广义特征值分布图

根据仿真中设置的两个相干分布式目标的收发中心方位角可计算出其对应于矩阵束 $(\boldsymbol{P}_{r1}^{H}\boldsymbol{P}_{r1},\boldsymbol{P}_{r1}^{H}\boldsymbol{P}_{r2})$ 和 $(\boldsymbol{P}_{t1}^{H}\boldsymbol{P}_{t1},\boldsymbol{P}_{t1}^{H}\boldsymbol{P}_{t2})$ 广义特征值的幅角分别为

$-12.5638°$，$28.2453°$ 及 $62.5133°$，$-123.1273°$，并将其与图 4.2 中矩阵束 $(\boldsymbol{P}_{r1}^{H}\boldsymbol{P}_{r1},\boldsymbol{P}_{r1}^{H}\boldsymbol{P}_{r2})$ 和 $(\boldsymbol{P}_{t1}^{H}\boldsymbol{P}_{t1},\boldsymbol{P}_{t1}^{H}\boldsymbol{P}_{t2})$ 广义特征值比较可知:图中几乎具有相同幅角成对出现的两个广义特征值为伪广义特征值,从而验证前面理论分析的正确性。

仿真 2:本章算法对相干分布式目标收发中心方位角的估计结果

仿真条件设置同仿真 1,通过将仿真 1 中两个矩阵束在同一幅角处成对出现的伪广义特征值去除,即可得到正确的广义特征值,从而可得到对目标收发中心方位角的估计值。图 5.3(a)所示为对相干分布式目标中心 DOAs 的估计值;图 5.3(b)所示为对相干分布式目标中心 DODs 的估计值;图 5.3(c)所示为对目标收发中心方位角配对结果的星座图。

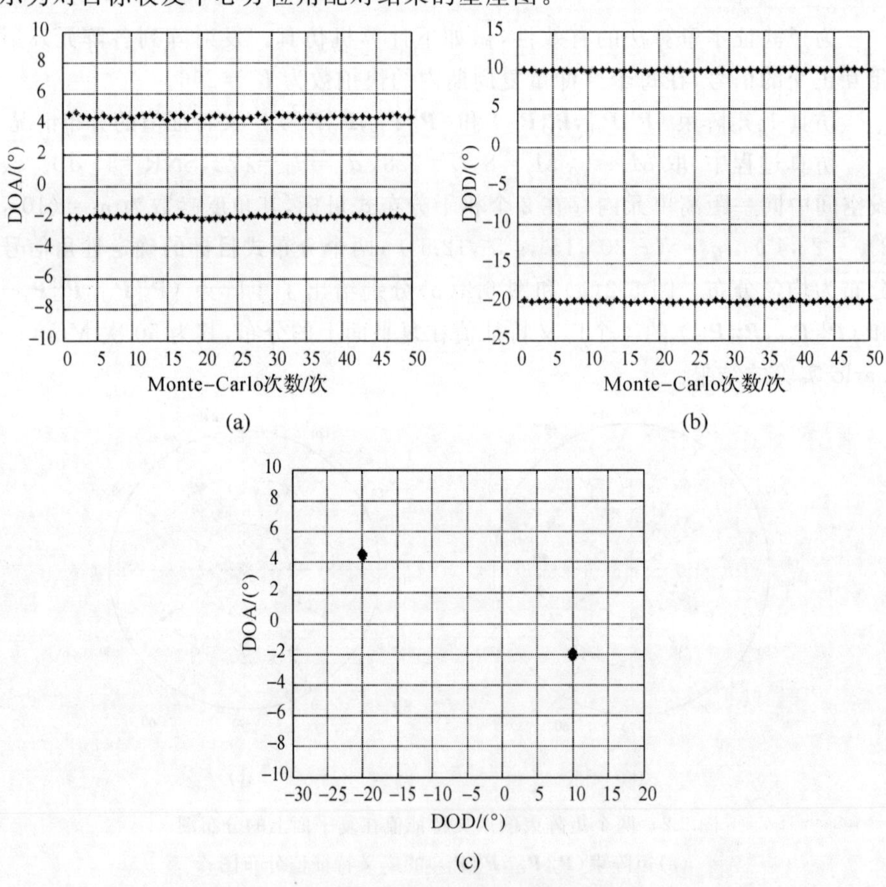

图 5.3　本章算法对目标收发中心方位角估计结果

(a)对中心 DOAs 的估计值；（b)对中心 DODs 的估计值；

(c)对目标收发中心方位角配对结果的星座图

从图 5.3 可以看出：对相干分布式目标，本章算法可较为精确地估计出目标的 DOD 和 DOA，且估计出的参数可自动配对。

仿真 3：本章算法收发中心方位角估计统计性能

条件设置同仿真 1，考察本章算法在不同信噪比和不同脉冲数情况下的角度估计统计性能。图 5.4 所示为脉冲数 $L=128$，信噪比从 0 dB 按步长 2 dB变化到 40 dB 时，本章算法对目标收发中心方位角估计的 RMSE 随 SNR 变化的比较曲线；图 5.5 所示为信噪比 SNR＝15 dB，脉冲数从 10 按步长 10 变化到 400 时，本章算法对目标二维方位角估计的 RMSE 随脉冲数变化的比较曲线，其为 200 次 Monte－Carlo 实验的仿真结果。

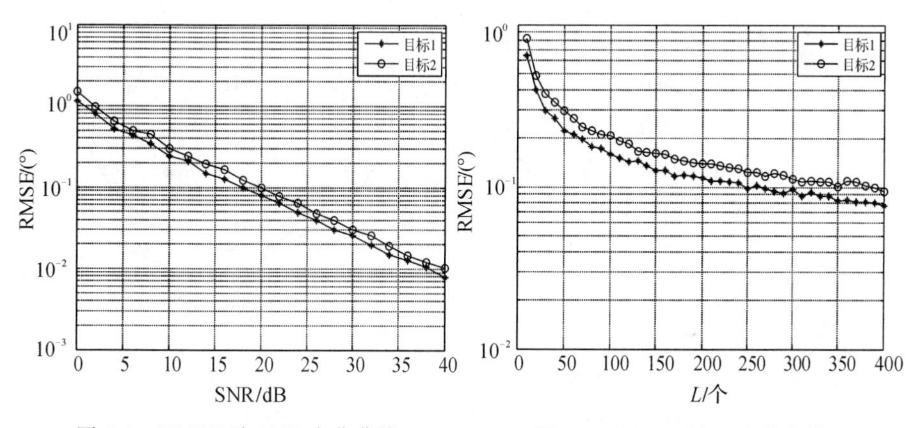

图 5.4　RMSE 随 SNR 变化曲线　　　　图 5.5　RMSE 随 L 变化曲线

从 Monte－Carlo 仿真实验的结果可以看出，本章算法具有较好的统计估计性能。此外，由于第二个相干分布式目标的扩展角大于第一个目标的扩展角，所以第二个目标收发中心方位角估计的 RMSE 要大于第一个目标。

仿真 4：相干分布式目标具有不同确定性角信号分布函数的情况

上述 3 个仿真假定相干分布式目标服从相同的确定性角信号分布，而此仿真的目的在于与前面 3 个仿真作比较，考察相干分布式目标服从不同的分布时，本书算法的估计结果和统计性能。仿真过程中，取 $M_t=10$ 个，$M_r=10$ 个，$L=128$ 个，$d_t=d_r=\lambda/2$，SNR＝15 dB。假设空间中同一距离单元内存在 3 个相干分布式目标，其角度参数为 $\eta_1=(10°,3°,20°,4°)$，$\eta_2=(-8°,15°,25°,12.5°)$，$\eta_3=(0°,11°,-15°,10°)$，其中第 1 个目标服从正态分布，第 2 个目标服从均匀分布，第 3 个目标服从三角分布。图 5.6 所示为矩阵束 $(\boldsymbol{P}_{r1}^{H}\boldsymbol{P}_{r1},\boldsymbol{P}_{r1}^{H}\boldsymbol{P}_{r2})$ 和 $(\boldsymbol{P}_{t1}^{H}\boldsymbol{P}_{t1},\boldsymbol{P}_{t1}^{H}\boldsymbol{P}_{t2})$ 的 9 个广义特征值在复平面上的分布情

况，其为 50 次 Monte－Carlo 实验的结果；图 5.7 则给出了对目标收发中心方位角配对结果的星座图；图 5.8 给出了脉冲数 $L=128$，信噪比从 0 dB 按步长 2 dB变化到 40 dB 时，本章算法对 3 个目标收发中心方位角估计的 RMSE 随 SNR 变化的比较曲线；图 5.9 给出了信噪比 SNR＝15 dB，脉冲数从 10 按步长 10 变化到 400 时，本章算法对 3 个目标收发中心方位角估计的 RMSE 随脉冲数变化的比较曲线，其亦为 200 次 Monte－Carlo 实验的仿真结果。

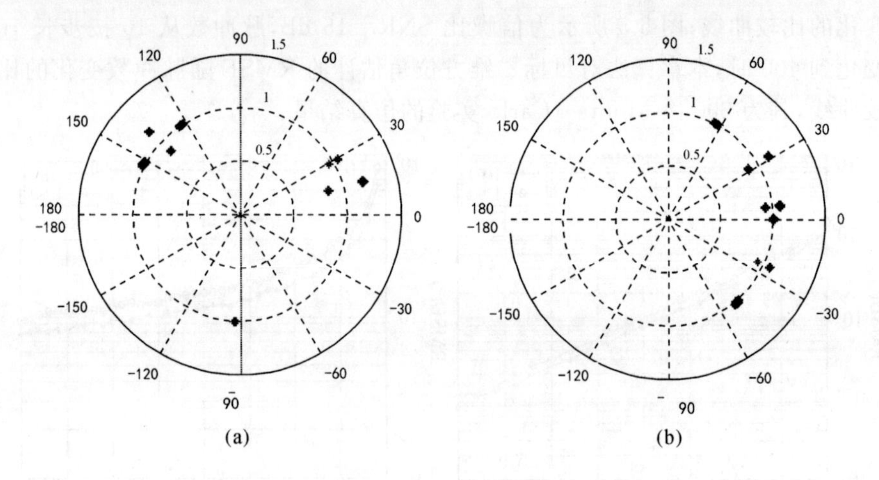

图 5.6　两个矩阵束的广义特征值在复平面上的分布图

(a)矩阵束($\boldsymbol{P}_{r1}^{H}\boldsymbol{P}_{r1}$，$\boldsymbol{P}_{r1}^{H}\boldsymbol{P}_{r2}$)的广义特征值分布图；

(b)矩阵束($\boldsymbol{P}_{t1}^{H}\boldsymbol{P}_{t1}$，$\boldsymbol{P}_{t1}^{H}\boldsymbol{P}_{t2}$)的广义特征值分布图

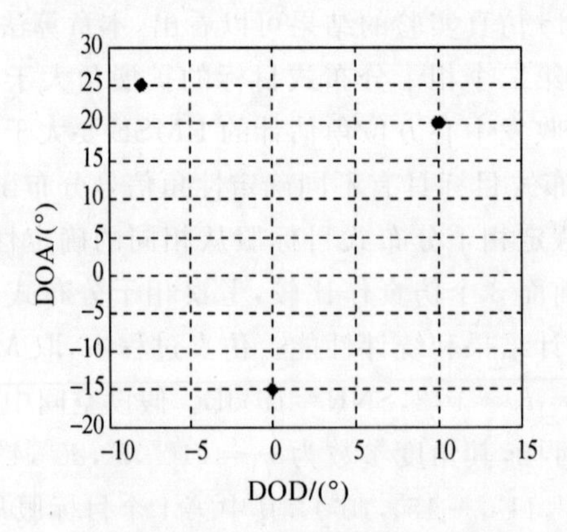

图 5.7　对目标收发中心方位角配对结果的星座图

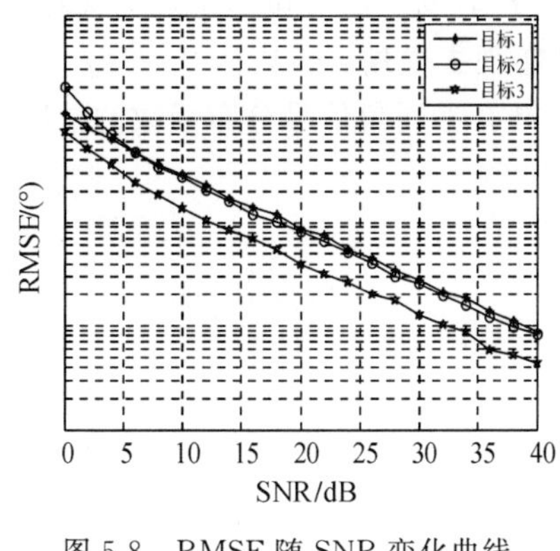

图 5.8　RMSE 随 SNR 变化曲线

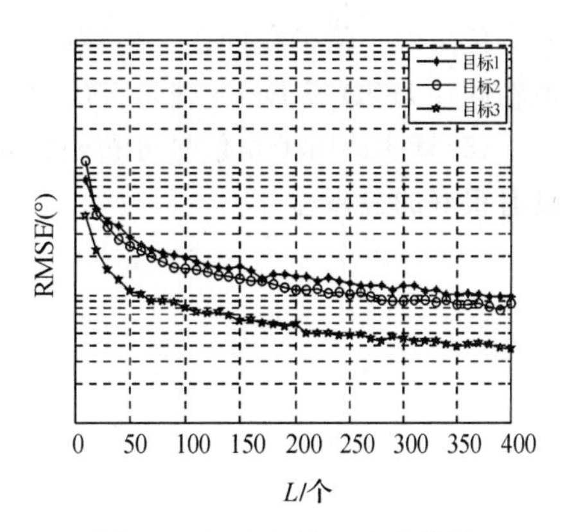

图 5.9　RMSE 随 L 变化曲线

从仿真结果可以看出:本章算法无论相干分布式目标的角信号分布函数服从哪种分布,均可以较高精度估计出目标的收发中心方位角。因此,本书算法适用于具有不同角信号分布函数或角信号分布函数未知的情况,具有很好的鲁棒性。

5.6　小　　结

本章针对双基地 MIMO 雷达相干分布式目标收发中心方位角估计问题,给出了一种基于 Hadamard 积旋转不变性的快速估计算法。相比现有的相干分布式目标角度估计算法,本书算法实施简单,具有较小的运算量。现将本章算法的结论总结如下:

(1)建立了双基地 MIMO 雷达相干分布式目标的信号模型,基于该模型将积分形式的相干分布式目标的导向矢量化简为点目标的导向矢量与实向量的 Hadamard 积,并推导证明了相干分布式目标的导向矢量具有 Hadamard 积旋转不变性。

(2)算法无须谱峰搜索,避免了通常相干分布式目标角度估计的多维非线性搜索及迭代运算,可明显减小算法的计算量。

(3)算法利用矩阵束 $(\boldsymbol{P}_{r1}^{H}\boldsymbol{P}_{r1},\boldsymbol{P}_{r1}^{H}\boldsymbol{P}_{r2})$ 和 $(\boldsymbol{P}_{t1}^{H}\boldsymbol{P}_{t1},\boldsymbol{P}_{t1}^{H}\boldsymbol{P}_{t2})$ 对同一相干分布式目标具有相同的广义特征矢量来实现对目标 DODs 和 DOAs 的正确配对,简单易行。

(4)由于未利用相干分布式目标具体的角分布函数信息,算法存在收发中心方位角的二倍模糊问题。但该问题可通过检验复平面单位圆附近广义特征值在同一 DOD 或 DOA 处是否成对出现来实现去模糊。

(5)算法适用于角信号分布函数未知或具有不同角信号分布函数的情况，具有很好的鲁棒性。

第6章 双基地MIMO雷达准平稳目标空间定位算法

6.1 引　　言

双基地雷达具有较好的“四抗”能力和反侦察能力，已经引起了人们的广泛关注。传统的双基地雷达能够通过测量目标相对于接收机和发射机的角度以及发射机—目标—接收机的距离和来实现目标的定位，但是这些方法需要时间和波束同步。通过时间同步，可以获得发射机—目标—接收机的距离和；通过波束同步，可以使接收机和发射机波束同时覆盖目标所在的区域。而双基地MIMO雷达在没有时间和波束同步的条件下，亦可实现对目标相对于收发阵列的收发角方位角的同时测量，这就避开了双基地雷达时间和波束同步的难题[157-159]，为双基地雷达目标定位提供了一个新途径。

近几年来，诸多学者对双基地MIMO雷达的定位方面进行了大量的研究，其大多研究的是对目标收发方位角的联合估计[122-149]，但这些算法只能实现对目标的平面定位。对于三维的空中目标，除了需要获取目标相对于收发阵列的收发方位角，还需得到目标相对于发射阵或接收阵的高低角才可以实现对目标的空间定位。文献[157]针对发射阵列为L形阵列、接收阵列为均匀线阵的双基地MIMO雷达系统，给出了一种通过虚拟阵元技术进行目标高度测量的方法。该方法通过估计目标相对于接收阵列的二维接收角及目标相对于发射阵列的一维发射角，然后利用这些角度进行目标高度测量。文献[158]针对收发阵列为L形阵列的双基地MIMO雷达系统，给出了一种空间相干多目标的定位方法。该方法利用接收的回波数据所包含的目标相对于收发阵列的方位角和高低角，根据DOA矩阵法的思想构造估计矩阵，通过特征参数与待估参数之间的特定关系，导出了多目标四维角度联合估计算法公式，进而实现对相干多目标的空间定位。文献[159]针对发射阵列为均匀线阵、接收阵列为L形阵列的双基地MIMO雷达系统，给出了一种三维多目标定位方法。该方法基于ESPRIT算法构造一个复矩阵，对其进行特征值分解后，根据特征值的虚部和实部估计出目标的接收角，根据特征向量进一步获得和接收角自动配对的目标发射角。与传统的双基地雷达目标定位方法不同,以上三种目标空间定位算法既不需要发射端和接收端之间的时间同步,也不需要在收发两端之间传输数据,从而简化了系统的配置。在多目标情况下,这些算法估计的目标角度能够自动配对,从而避免了目标模糊。然而,上述算法只适用于平稳目标的情况,当目标为准平稳或非平稳时,这些算法性能将严重恶化甚至完全失效。

准平稳目标[181]是一种特殊的非平稳目标,其回波信号在一小段时间内是局部平稳的,但在不同的时间段内目标回波信号强度又是不同的。在实际复杂的电磁环境中,由于运动目标回波信号强度与目标相对于雷达的姿态、距离和角度等因素是相关的,所以不同状态下目标回波信号强度又是不同的;而在短时间内,目标相对于雷达的姿态、距离和角度等因素可以认为是不变的,所以这段时间内,目标回波信号的强度可以认为是不变的,这种情况下的目标就是准平稳目标。

针对准平稳目标空间定位问题,本章给出了 Khatri - Rao ESPRIT(KR - ESPRIT)算法。该算法利用目标的准平稳特性和 ESPRIT 方法来估计目标相对于发射阵列和接收阵列的二维角度,进而通过收发阵列的几何关系计算出目标的三维坐标,从而实现对准平稳目标的空间定位。由于利用了目标的准平稳特性,相比其他空间定位算法,KR - ESPRIT 算法可定位更多的目标。该算法可完全对消空间阵列噪声,适用于更广泛的未知噪声背景和低信噪比环境。此外,该算法不需要多维谱峰搜索和参数配对,具有较小的运算量。

6.2 系统配置和信号模型

双基地 MIMO 雷达系统所采用的阵列配置如图 6.1 所示,其发射阵列和接收阵列均采用 L 形阵列。发射阵元共有 M_t($M_t = M_{t1} + M_{t2} - 1, M_{t1}, M_{t2} \geqslant 2$)个,其中位于坐标 O 处为发射阵列基准阵元(编号为 1),X 轴上有 $M_{t1} - 1$ 个发射阵元,其沿 X 轴依次编号为 $2, 3, \cdots, M_{t1}$,Y 轴上有 $M_{t2} - 1$ 个发射阵元,其沿 Y 轴依次编号为 $M_{t1} + 1, M_{t1} + 2, \cdots, M_t$,且各发射阵元同时发射同频相互正交的相位编码信号。接收阵元共有 M_r($M_r = M_{r1} + M_{r2} - 1, M_{r1}, M_{r2} \geqslant 2$)个,其中位于坐标 O' 处为接收阵列基准阵元(编号为 1),X 轴上有 $M_{r1} - 1$ 个接收阵元,其沿 X 轴依次编号为 $2, 3, \cdots, M_{r1}$,Y' 轴上有 $M_{r2} - 1$ 个接收阵元,其沿 Y' 轴依次编号为 $M_{r1} + 1, M_{r1} + 2, \cdots, M_r$。发射和接收阵列的阵元间距均为 $\lambda/2$(λ 为载波波长),且其基线距离为 D。假设在双基地

MIMO 雷达系统远场同一距离单元内存在 P 个目标，其与发射阵的 X 轴，Y 轴和 Z 轴正方向的夹角为 $\alpha_{tp},\beta_{tp},\gamma_{tp}$，与接收阵的 X 轴，Y' 轴和 Z' 轴正方向的夹角为 $\alpha_{rp},\beta_{rp},\gamma_{rp}(p=1,2,\cdots,P)$，且 $\alpha_{tp},\beta_{tp},\alpha_{rp},\beta_{rp}\in(0,\pi)$，$\gamma_{tp}$，$\gamma_{rp}\in(0,\frac{\pi}{2})$。可以证明 $\alpha_{tp},\beta_{tp},\gamma_{tp},\alpha_{rp},\beta_{rp},\gamma_{rp}$ 满足如下关系：

$$\left.\begin{aligned}\sin^2\gamma_{tp}=\cos^2\alpha_{tp}+\cos^2\beta_{tp}\\ \sin^2\gamma_{rp}=\cos^2\alpha_{rp}+\cos^2\beta_{rp}\end{aligned}\right\}\tag{6.1}$$

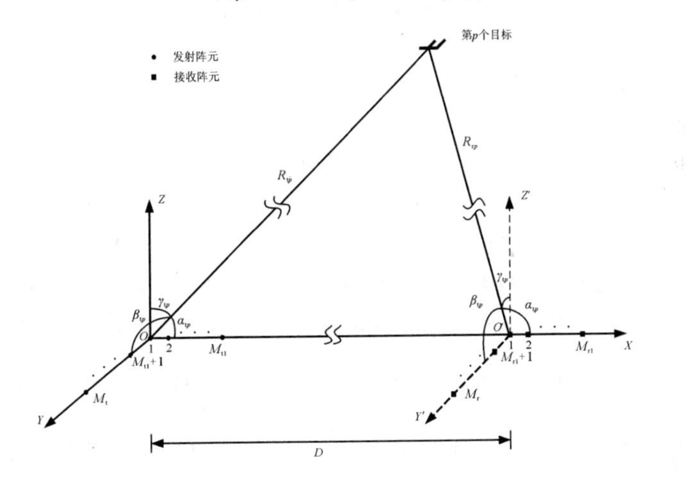

图 6.1　双基地 MIMO 雷达系统配置示意图

位于 X 轴和 Y' 轴的接收阵列接收到的回波信号可分别表示为

$$\boldsymbol{X}(t_l)=\sum_{p=1}^{P}\xi_p(t_l)\boldsymbol{a}_r(\alpha_{rp})a_t^{T}(\alpha_{tp},\beta_{tp})\boldsymbol{S}e^{j2\pi f_{dp}t_l}+\boldsymbol{W}_X(t_l),\quad l=1,2,\cdots,L\tag{6.2}$$

$$\boldsymbol{Y}'(t_l)=\sum_{p=1}^{P}\xi_p(t_l)\boldsymbol{a}_r(\beta_{rp})\boldsymbol{a}_t^{T}(\alpha_{tp},\beta_{tp})\boldsymbol{S}e^{j2\pi f_{dp}t_l}+\boldsymbol{W}_Y{}'(t_l),\quad l=1,2,\cdots,L\tag{6.3}$$

式中，$\xi_p(t_l)$ 为第 p 个目标在 t_l 时刻的雷达反射系数；f_{dp} 为第 p 个目标的归一化多普勒频率；$\boldsymbol{a}_r(\alpha_{rp})=[1,e^{-j\pi\cos\alpha_{rp}},\cdots,e^{-j\pi(M_{r1}-1)\cos\alpha_{rp}}]^T$ 为位于 X 轴的接收阵列的对应于第 p 个目标的导向矢量；$\boldsymbol{a}_t(\alpha_{tp},\beta_{tp})=[1,e^{-j\pi\cos\alpha_{tp}},\cdots,e^{-j\pi(M_{t1}-1)\cos\alpha_{tp}},e^{-j\pi\cos\beta_{tp}},\cdots,e^{-j\pi(M_{t2}-1)\cos\beta_{tp}}]^T$ 为发射阵列的对应于第 p 个目标的导向矢量；$\boldsymbol{a}_r(\beta_{rp})=[1,e^{-j\pi\cos\beta_{rp}},\cdots,e^{-j\pi(M_{r2}-1)\cos\beta_{rp}}]^T$ 为位于

Y' 轴的接收阵列的对应于第 p 个目标的导向矢量；$\boldsymbol{S}=[\boldsymbol{s}_1,\boldsymbol{s}_2,\cdots,\boldsymbol{s}_{M_{t1}},\boldsymbol{s}_{M_{t1}+1},\cdots,\boldsymbol{s}_{M_t}]^{\mathrm{T}}$，$\boldsymbol{s}_m=[s_m(1),s_m(2),\cdots,s_m(K)]^{\mathrm{T}}$ 表示第 m 个发射阵元发射的正交信号；$\boldsymbol{W}_X(t_l)\in\mathbf{C}^{M_{r1}\times K}$ 和 $\boldsymbol{W}_Y{}'(t_l)\in\mathbf{C}^{M_{r2}\times K}$ 分别均值为 0，方差为 $\boldsymbol{Q}_X$ 和 $\boldsymbol{Q}_{Y'}$ 的高斯噪声，且其与信号不相关。

分别用 $\boldsymbol{S}_1=[\boldsymbol{s}_1,\boldsymbol{s}_2,\cdots,\boldsymbol{s}_{M_{t1}}]^{\mathrm{T}}$ 和 $\boldsymbol{S}_2=[\boldsymbol{s}_1,\boldsymbol{s}_{M_{t1}+1},\cdots,\boldsymbol{s}_{M_t}]^{\mathrm{T}}$ 对 X 和 Y' 进行匹配滤波，将所得的结果按列堆栈并写成矩阵形式为

$$\boldsymbol{r}_X(t_l)=\mathrm{vec}[\frac{1}{\sqrt{K}}\boldsymbol{X}(t_l)\boldsymbol{S}_1^{\mathrm{H}}]=\boldsymbol{A}_X\boldsymbol{\alpha}(t_l)+\boldsymbol{n}_X(t_l) \tag{6.4}$$

$$\boldsymbol{r}_{Y'}(t_l)=\mathrm{vec}[\frac{1}{\sqrt{K}}\boldsymbol{Y}'(t_l)\boldsymbol{S}_2^{\mathrm{H}}]=\boldsymbol{A}_{Y'}\boldsymbol{\alpha}(t_l)+\boldsymbol{n}_{Y'}(t_l) \tag{6.5}$$

式中，$\boldsymbol{A}_X=\boldsymbol{A}_{rX}*\boldsymbol{A}_{tX}=[\boldsymbol{a}_{X1},\boldsymbol{a}_{X2},\cdots,\boldsymbol{a}_{XP}]$，$\boldsymbol{A}_{rX}=[\boldsymbol{a}_r(\alpha_{r1}),\boldsymbol{a}_r(\alpha_{r2}),\cdots,\boldsymbol{a}_r(\alpha_{rp})]$，$\boldsymbol{A}_{tX}=[\boldsymbol{a}_t(\alpha_{t1}),\boldsymbol{a}_t(\alpha_{t2}),\cdots,\boldsymbol{a}_t(\alpha_{tp})]$，$\boldsymbol{a}_{Xp}=\boldsymbol{a}_r(\alpha_{rp})\otimes\boldsymbol{a}_t(\alpha_{tp})$，$\boldsymbol{a}_t(\alpha_{tp})=[1,\mathrm{e}^{-\mathrm{j}\pi\cos\alpha_{tp}},\cdots,\mathrm{e}^{-\mathrm{j}\pi(M_{t1}-1)\cos\alpha_{tp}}]^{\mathrm{T}}$，$\boldsymbol{A}_{Y'}=\boldsymbol{A}_{rY'}*\boldsymbol{A}_{tY}=[\boldsymbol{a}_{Y'1},\boldsymbol{a}_{Y'2},\cdots,\boldsymbol{a}_{Y'P}]$，$\boldsymbol{A}_{rY'}=[\boldsymbol{a}_r(\beta_{r1}),\boldsymbol{a}_r(\beta_{r2}),\cdots,\boldsymbol{a}_r(\beta_{rp})]$，$\boldsymbol{A}_{tY}=[\boldsymbol{a}_t(\beta_{t1}),\boldsymbol{a}_t(\beta_{t2}),\cdots,\boldsymbol{a}_t(\beta_{tp})]$，$\boldsymbol{a}_{Y'p}=\boldsymbol{a}_r(\beta_{rp})\otimes\boldsymbol{a}_t(\beta_{tp})$，$\boldsymbol{a}_t(\beta_{tp})=[1,\mathrm{e}^{-\mathrm{j}\pi\cos\beta_{tp}},\cdots,\mathrm{e}^{-\mathrm{j}\pi(M_{t2}-1)\cos\beta_{tp}}]^{\mathrm{T}}$，$\boldsymbol{n}_X(t_l)=\mathrm{vec}[\frac{1}{\sqrt{K}}\boldsymbol{W}_X(t_l)\boldsymbol{S}_1^{\mathrm{H}}]$ 和 $\boldsymbol{n}_{Y'}(t_l)=\mathrm{vec}[\frac{1}{\sqrt{K}}\boldsymbol{W}_{Y'}(t_l)\boldsymbol{S}_2^{\mathrm{H}}]$ 分别均值为 0，方差为 $\boldsymbol{Q}_X$ 和 $\boldsymbol{Q}_{Y'}$ 的高斯噪声。$\boldsymbol{\alpha}(t_l)=[\alpha_1(t_l),\alpha_2(t_l),\cdots,\alpha_P(t_l)]=\sqrt{K}[\xi_1(t_l)\mathrm{e}^{\mathrm{j}2\pi f_{d1}t_l},\xi_2(t_l)\mathrm{e}^{\mathrm{j}2\pi f_{d2}t_l},\cdots,\xi_P(t_l)\mathrm{e}^{\mathrm{j}2\pi f_{dP}t_l}]$，对于非相关准平稳目标，$\alpha_p(t_l)$ 应满足

$$E\{|\alpha_p(t_l)|^2\}=E\{|\xi_p(t_l)|^2\}=d_{mp},\ \forall\, l\in[(m-1)N,mN-1],\quad m=1,2,\cdots,M \tag{6.6}$$

式中，N 表示准平稳目标信号 $\alpha_p(t_l)$ 的平稳时间段，这里称其为准平稳快拍数，$M=L/N$。

6.3 准平稳目标空间定位算法——KR-ESPRIT 算法

6.3.1 算法基本原理

根据式(6.4)～式(6.6)，可定义如下的局部协方差矩阵：

$$\boldsymbol{R}_m=\mathrm{E}[\boldsymbol{r}_X(t_l)\boldsymbol{r}_{Y'}^{\mathrm{H}}(t_l)]=\boldsymbol{A}_X\boldsymbol{D}_m\boldsymbol{A}_{Y'}^{\mathrm{H}}+\mathrm{E}[\boldsymbol{n}_X(t_l)\boldsymbol{n}_{Y'}^{\mathrm{H}}(t_l)]$$
$$\forall\, l\in[(m-1)N,mN-1],m=1,2,\cdots,M \tag{6.7}$$

式中，$\boldsymbol{D}_m=\mathrm{diag}(\boldsymbol{d}_m)$，$\boldsymbol{d}_m=[d_{m1},d_{m2},\cdots,d_{mP}]$。

由于双基地 MIMO 雷达发射的信号相互正交，有

$$\boldsymbol{S}_1\boldsymbol{S}_2{}^{\mathrm{H}} = \boldsymbol{0}_{M_{\mathrm{t1}}\times M_{\mathrm{t2}}} \tag{6.8}$$

若 $\mathrm{E}[\boldsymbol{W}_X(t_l)\boldsymbol{W}_Y^{\mathrm{H}\prime}(t_l)]=\boldsymbol{Q}_{XY'}$，则有

$$\begin{aligned}\mathrm{E}[\boldsymbol{n}_X(t_l)\boldsymbol{n}_{Y'}^{\mathrm{H}}(t_l)] &= \mathrm{E}\{\mathrm{vec}[\boldsymbol{W}_X(t_l)\boldsymbol{S}_1{}^{\mathrm{H}}]\,\mathrm{vec}^{\mathrm{H}}[\boldsymbol{W}_{Y'}(t_l)\boldsymbol{S}_2{}^{\mathrm{H}}]\}/K \\ &= \mathrm{E}\{[\boldsymbol{S}_1{}^{*}\otimes\boldsymbol{I}_{M_{\mathrm{r1}}}][\mathrm{vec}(\boldsymbol{W}_X(t_l))\,\mathrm{vec}^{\mathrm{H}}(\boldsymbol{W}_{Y'}(t_l))][\boldsymbol{S}_2{}^{\mathrm{T}}\otimes\boldsymbol{I}_{M_{\mathrm{r2}}}]\}/K \\ &= [\boldsymbol{S}_1{}^{*}\otimes\boldsymbol{I}_{M_{\mathrm{r1}}}][\boldsymbol{I}_K\otimes\boldsymbol{Q}_{XY'}][\boldsymbol{S}_2{}^{\mathrm{T}}\otimes\boldsymbol{I}_{M_{\mathrm{r2}}}]/K \\ &= \boldsymbol{S}_1{}^{*}\boldsymbol{S}_2{}^{\mathrm{T}}\otimes\boldsymbol{Q}_{XY'}/K \\ &= \boldsymbol{0}_{M_{\mathrm{r1}}M_{\mathrm{t1}}\times M_{\mathrm{r2}}M_{\mathrm{t2}}}\end{aligned} \tag{6.9}$$

上式说明：即使位于 X 轴的接收阵列的阵列噪声与位于 Y' 轴的接收阵列的阵列噪声相关，由于其发射的信号相互正交，所以两者的阵列噪声通过匹配滤波器后的输出噪声亦是相互正交的。因此，KR－ESPRIT 算法可适用于任意的阵列加性噪声环境。

因此，式(6.7)可进一步写成

$$\boldsymbol{R}_m=\boldsymbol{A}_X\boldsymbol{D}_m\boldsymbol{A}_{Y'}^{\mathrm{H}},\ \forall\, l\in[(m-1)N,mN-1],\quad m=1,2,\cdots,M \tag{6.10}$$

定义

$$\boldsymbol{g}_m \overset{\mathrm{def}}{=} \mathrm{vec}(\boldsymbol{R}_m)=\mathrm{vec}(\boldsymbol{A}_X\boldsymbol{D}_m\boldsymbol{A}_{Y'}^{\mathrm{H}})=(\boldsymbol{A}_{Y'}^{*} * \boldsymbol{A}_X)\boldsymbol{d}_m \tag{6.11}$$

上式在推导过程中用到了如下关系式：

$$\mathrm{vec}(\boldsymbol{KCB}^{\mathrm{H}})=(\boldsymbol{B}^{*} * \boldsymbol{K})\boldsymbol{c} \tag{6.12}$$

式中，$\boldsymbol{K}\in\mathbf{C}^{n\times k}$，$\boldsymbol{B}\in\mathbf{C}^{m\times k}$，$\boldsymbol{c}\in\mathbf{C}^{k}$，$\boldsymbol{C}=\mathrm{diag}(\boldsymbol{c})$。

记 $\boldsymbol{G}\overset{\mathrm{def}}{=}[\boldsymbol{g}_1,\boldsymbol{g}_2,\cdots,\boldsymbol{g}_M]$，则

$$\boldsymbol{G}=(\boldsymbol{A}_{Y'}^{*} * \boldsymbol{A}_X)\boldsymbol{\Lambda}=\boldsymbol{A\Lambda} \tag{6.13}$$

式中，$\boldsymbol{A}=(\boldsymbol{A}_{\mathrm{r}Y'}^{*} * \boldsymbol{A}_{tY}^{*} * \boldsymbol{A}_{rX} * \boldsymbol{A}_{\mathrm{t}X})$，$\boldsymbol{\Lambda}(i,j)=d_{ij}$。

对 $\boldsymbol{G}$ 进行奇异值分解可得

$$\boldsymbol{G}=[\boldsymbol{U}_{\mathrm{s}}\quad \boldsymbol{U}_{\mathrm{n}}]\begin{bmatrix}\boldsymbol{\Sigma}_{\mathrm{s}} & \boldsymbol{0}\\ \boldsymbol{0} & \boldsymbol{0}\end{bmatrix}\begin{bmatrix}\boldsymbol{V}_{\mathrm{s}}^{\mathrm{H}}\\ \boldsymbol{V}_{\mathrm{n}}^{\mathrm{H}}\end{bmatrix} \tag{6.14}$$

式中，$\boldsymbol{U}_{\mathrm{s}}\in\mathbf{C}^{M_{\mathrm{t1}}M_{\mathrm{t2}}M_{\mathrm{r1}}M_{\mathrm{r2}}\times P}$ 和 $\boldsymbol{V}_{\mathrm{s}}\in\mathbf{C}^{M\times P}$ 分别为 $\boldsymbol{G}$ 的非零奇异值对应的左右奇异矩阵，$\boldsymbol{U}_{\mathrm{n}}\in\mathbf{C}^{M_{\mathrm{t1}}M_{\mathrm{t2}}M_{\mathrm{r1}}M_{\mathrm{r2}}\times(M_{\mathrm{t1}}M_{\mathrm{t2}}M_{\mathrm{r1}}M_{\mathrm{r2}}-P)}$ 和 $\boldsymbol{V}_{\mathrm{n}}\in\mathbf{C}^{M\times(M_{\mathrm{t1}}M_{\mathrm{t2}}M_{\mathrm{r1}}M_{\mathrm{r2}}-P)}$ 分别为 $\boldsymbol{G}$ 的零奇异值对应的左右奇异矩阵，$\boldsymbol{\Sigma}_{\mathrm{s}}\in\mathbf{R}^{P\times P}$ 为 $\boldsymbol{G}$ 的非零奇异值组成的对角阵。$\boldsymbol{U}_{\mathrm{s}}=[\boldsymbol{u}_1,\boldsymbol{u}_2,\cdots,\boldsymbol{u}_P]$，$\boldsymbol{\Sigma}_{\mathrm{s}}=\mathrm{diag}[\sigma_1,\sigma_2,\cdots,\sigma_P]$。

根据子空间理论，可知

$$\boldsymbol{U}_{\mathrm{s}}=\boldsymbol{AT} \tag{6.15}$$

式中，$\boldsymbol{T}$ 为一个唯一的非奇异矩阵。

令 $\boldsymbol{J}_{M_{\mathrm{r1}}}^{1}$ 和 $\boldsymbol{J}_{M_{\mathrm{r1}}}^{2}$ 分别 $M_{\mathrm{r1}}\times M_{\mathrm{r1}}$ 维单位阵 $\boldsymbol{I}_{M_{\mathrm{r1}}}$ 的前 $M_{\mathrm{r1}}-1$ 行和后 $M_{\mathrm{r1}}-1$

行，$\boldsymbol{J}_{M_{r2}}^1$ 和 $\boldsymbol{J}_{M_{r2}}^2$ 分别 $M_{r2}\times M_{r2}$ 维单位阵 $\boldsymbol{I}_{M_{r2}}$ 的前 $M_{r2}-1$ 行和后 $M_{r2}-1$ 行，$\boldsymbol{J}_{M_{t1}}^1$ 和 $\boldsymbol{J}_{M_{t1}}^2$ 分别 $M_{t1}\times M_{t1}$ 维单位阵 $\boldsymbol{I}_{M_{t1}}$ 的前 $M_{t1}-1$ 行和后 $M_{t1}-1$ 行，$\boldsymbol{J}_{M_{t2}}^1$ 和 $\boldsymbol{J}_{M_{t2}}^2$ 分别 $M_{t2}\times M_{t2}$ 维单位阵 $\boldsymbol{I}_{M_{t2}}$ 的前 $M_{t2}-1$ 行和后 $M_{t2}-1$ 行，则可定义如下选择矩阵

$$\left.\begin{aligned}
\boldsymbol{W}_{11}&=\boldsymbol{J}_{M_{r2}}^1\otimes\boldsymbol{I}_{M_{t2}}\otimes\boldsymbol{I}_{M_{r1}}\otimes\boldsymbol{I}_{M_{t1}},\boldsymbol{W}_{12}=\boldsymbol{J}_{M_{r2}}^2\otimes\boldsymbol{I}_{M_{t2}}\otimes\boldsymbol{I}_{M_{r1}}\otimes\boldsymbol{I}_{M_{t1}}\\
\boldsymbol{W}_{21}&=\boldsymbol{I}_{M_{r2}}\otimes\boldsymbol{J}_{M_{t2}}^1\otimes\boldsymbol{I}_{M_{r1}}\otimes\boldsymbol{I}_{M_{t1}},\boldsymbol{W}_{22}=\boldsymbol{I}_{M_{r2}}\otimes\boldsymbol{J}_{M_{t2}}^2\otimes\boldsymbol{I}_{M_{r1}}\otimes\boldsymbol{I}_{M_{t1}}\\
\boldsymbol{W}_{31}&=\boldsymbol{I}_{M_{r2}}\otimes\boldsymbol{I}_{M_{t2}}\otimes\boldsymbol{J}_{M_{r1}}^1\otimes\boldsymbol{I}_{M_{t1}},\boldsymbol{W}_{32}=\boldsymbol{I}_{M_{r2}}\otimes\boldsymbol{I}_{M_{t2}}\otimes\boldsymbol{J}_{M_{r1}}^2\otimes\boldsymbol{I}_{M_{t1}}\\
\boldsymbol{W}_{41}&=\boldsymbol{I}_{M_{r2}}\otimes\boldsymbol{I}_{M_{t2}}\otimes\boldsymbol{I}_{M_{r1}}\otimes\boldsymbol{J}_{M_{t1}}^1,\boldsymbol{W}_{42}=\boldsymbol{I}_{M_{r2}}\otimes\boldsymbol{I}_{M_{t2}}\otimes\boldsymbol{I}_{M_{r1}}\otimes\boldsymbol{J}_{M_{t1}}^2
\end{aligned}\right\}\tag{6.16}$$

根据矩阵 Kronecker 积和 Khatri－Rao 积的乘积的性质[182]，可得

$$(\boldsymbol{K}\otimes\boldsymbol{B}\otimes\boldsymbol{C}\otimes\boldsymbol{U})(\boldsymbol{E}*\boldsymbol{F}*\boldsymbol{G}*\boldsymbol{H})=\boldsymbol{KE}*\boldsymbol{BF}*\boldsymbol{CG}*\boldsymbol{UH}\tag{6.17}$$

式中，$\boldsymbol{K}\in\mathbf{C}^{m\times n}$，$\boldsymbol{B}\in\mathbf{C}^{p\times q}$，$\boldsymbol{C}\in\mathbf{C}^{k\times l}$，$\boldsymbol{U}\in\mathbf{C}^{r\times s}$，$\boldsymbol{E}\in\mathbf{C}^{n\times i}$，$\boldsymbol{F}\in\mathbf{C}^{q\times i}$，$\boldsymbol{G}\in\mathbf{C}^{l\times i}$，$\boldsymbol{H}\in\mathbf{C}^{s\times i}$。

利用式(6.17)，分别用 $\boldsymbol{W}_{11}$，$\boldsymbol{W}_{12}$，$\boldsymbol{W}_{21}$，$\boldsymbol{W}_{22}$，$\boldsymbol{W}_{31}$，$\boldsymbol{W}_{32}$，$\boldsymbol{W}_{41}$，$\boldsymbol{W}_{42}$ 左乘 $\boldsymbol{A}$ 可得

$$\left.\begin{aligned}
\boldsymbol{A}_{11}&=\boldsymbol{W}_{11}\boldsymbol{A}=\boldsymbol{J}_{M_{r2}}^1\boldsymbol{A}_{rY'}^*\ *\boldsymbol{A}_{tY}^*\ *\boldsymbol{A}_{rX}*\boldsymbol{A}_{tX}\\
\boldsymbol{A}_{12}&=\boldsymbol{W}_{12}\boldsymbol{A}=\boldsymbol{J}_{M_{r2}}^2\boldsymbol{A}_{rY'}^*\ *\boldsymbol{A}_{tY}^*\ *\boldsymbol{A}_{rX}*\boldsymbol{A}_{tX}
\end{aligned}\right\}\tag{6.18}$$

$$\left.\begin{aligned}
\boldsymbol{A}_{21}&=\boldsymbol{W}_{21}\boldsymbol{A}=\boldsymbol{A}_{rY'}^*\ *\boldsymbol{J}_{M_{t2}}^1\boldsymbol{A}_{tY}^*\ *\boldsymbol{A}_{rX}*\boldsymbol{A}_{tX}\\
\boldsymbol{A}_{22}&=\boldsymbol{W}_{22}\boldsymbol{A}=\boldsymbol{A}_{rY'}^*\ *\boldsymbol{J}_{M_{t2}}^2\boldsymbol{A}_{tY}^*\ *\boldsymbol{A}_{rX}*\boldsymbol{A}_{tX}
\end{aligned}\right\}\tag{6.19}$$

$$\left.\begin{aligned}
\boldsymbol{A}_{31}&=\boldsymbol{W}_{31}\boldsymbol{A}=\boldsymbol{A}_{rY'}^*\ *\boldsymbol{A}_{tY}^*\ *\boldsymbol{J}_{M_{r1}}^1\boldsymbol{A}_{rX}*\boldsymbol{A}_{tX}\\
\boldsymbol{A}_{32}&=\boldsymbol{W}_{32}\boldsymbol{A}=\boldsymbol{A}_{rY'}^*\ *\boldsymbol{A}_{tY}^*\ *\boldsymbol{J}_{M_{r1}}^2\boldsymbol{A}_{rX}*\boldsymbol{A}_{tX}
\end{aligned}\right\}\tag{6.20}$$

$$\left.\begin{aligned}
\boldsymbol{A}_{41}&=\boldsymbol{W}_{41}\boldsymbol{A}=\boldsymbol{A}_{rY'}^*\ *\boldsymbol{A}_{tY}^*\ *\boldsymbol{A}_{rX}*\boldsymbol{J}_{M_{t1}}^1\boldsymbol{A}_{tX}\\
\boldsymbol{A}_{42}&=\boldsymbol{W}_{42}\boldsymbol{A}=\boldsymbol{A}_{rY'}^*\ *\boldsymbol{A}_{tY}^*\ *\boldsymbol{A}_{rX}*\boldsymbol{J}_{M_{t1}}^2\boldsymbol{A}_{tX}
\end{aligned}\right\}\tag{6.21}$$

由 $\boldsymbol{A}_{rY'}$，$\boldsymbol{A}_{tY}$，$\boldsymbol{A}_{rX}$，$\boldsymbol{A}_{tX}$ 的表达式可知

$$\boldsymbol{A}_{12}=\boldsymbol{A}_{11}\boldsymbol{\Phi}_1\tag{6.22}$$

$$\boldsymbol{A}_{22}=\boldsymbol{A}_{21}\boldsymbol{\Phi}_2\tag{6.23}$$

$$\boldsymbol{A}_{32}=\boldsymbol{A}_{31}\boldsymbol{\Phi}_3\tag{6.24}$$

$$\boldsymbol{A}_{42}=\boldsymbol{A}_{41}\boldsymbol{\Phi}_4\tag{6.25}$$

式中，$\boldsymbol{\Phi}_1=\mathrm{diag}[\mathrm{e}^{-\mathrm{j}\pi\cos\beta_{r1}},\mathrm{e}^{-\mathrm{j}\pi\cos\beta_{r2}},\cdots,\mathrm{e}^{-\mathrm{j}\pi\cos\beta_{rp}}]$，$\boldsymbol{\Phi}_2=\mathrm{diag}[\mathrm{e}^{-\mathrm{j}\pi\cos\beta_{t1}},\mathrm{e}^{-\mathrm{j}\pi\cos\beta_{t2}},\cdots,\mathrm{e}^{-\mathrm{j}\pi\cos\beta_{tp}}]$，$\boldsymbol{\Phi}_3=\mathrm{diag}[\mathrm{e}^{-\mathrm{j}\pi\cos\alpha_{r1}},\mathrm{e}^{-\mathrm{j}\pi\cos\alpha_{r2}},\cdots,\mathrm{e}^{-\mathrm{j}\pi\cos\alpha_{rp}}]$，$\boldsymbol{\Phi}_4=\mathrm{diag}[\mathrm{e}^{-\mathrm{j}\pi\cos\alpha_{t1}},\mathrm{e}^{-\mathrm{j}\pi\cos\alpha_{t2}},\cdots,\mathrm{e}^{-\mathrm{j}\pi\cos\alpha_{tp}}]$。

同理，用 $\boldsymbol{W}_{11}$，$\boldsymbol{W}_{12}$，$\boldsymbol{W}_{21}$，$\boldsymbol{W}_{22}$，$\boldsymbol{W}_{31}$，$\boldsymbol{W}_{32}$，$\boldsymbol{W}_{41}$，$\boldsymbol{W}_{42}$ 左乘 $\boldsymbol{U}_s$ 可分别得到 $\boldsymbol{U}_{s11}$，$\boldsymbol{U}_{s12}$，$\boldsymbol{U}_{s21}$，$\boldsymbol{U}_{s22}$，$\boldsymbol{U}_{s31}$，$\boldsymbol{U}_{s32}$，$\boldsymbol{U}_{s41}$，$\boldsymbol{U}_{s42}$。根据式(6.15)、式(6.22)～式(6.25)可

得如下关系式：

$$\boldsymbol{\Psi}_1=(\boldsymbol{U}_{s11}^{H}\boldsymbol{U}_{s11})^{-1}\boldsymbol{U}_{s11}^{H}\boldsymbol{U}_{s12}=\boldsymbol{T}^{-1}\boldsymbol{\Phi}_1\boldsymbol{T} \tag{6.26}$$

$$\boldsymbol{\Psi}_2=(\boldsymbol{U}_{s21}^{H}\boldsymbol{U}_{s21})^{-1}\boldsymbol{U}_{s21}^{H}\boldsymbol{U}_{s22}=\boldsymbol{T}^{-1}\boldsymbol{\Phi}_2\boldsymbol{T} \tag{6.27}$$

$$\boldsymbol{\Psi}_3=(\boldsymbol{U}_{s31}^{H}\boldsymbol{U}_{s31})^{-1}\boldsymbol{U}_{s31}^{H}\boldsymbol{U}_{s32}=\boldsymbol{T}^{-1}\boldsymbol{\Phi}_3\boldsymbol{T} \tag{6.28}$$

$$\boldsymbol{\Psi}_4=(\boldsymbol{U}_{s41}^{H}\boldsymbol{U}_{s41})^{-1}\boldsymbol{U}_{s41}^{H}\boldsymbol{U}_{s42}=\boldsymbol{T}^{-1}\boldsymbol{\Phi}_4\boldsymbol{T} \tag{6.29}$$

对 $\boldsymbol{\Psi}_1$ 进行特征值分解可得其特征值和特征向量分别为 $\hat{\lambda}_{11},\hat{\lambda}_{12},\cdots,\hat{\lambda}_{1P}$ 和 $\hat{\gamma}_{11},\hat{\gamma}_{12},\cdots,\hat{\gamma}_{1P}$，所以可得对目标与接收阵 Y' 轴夹角的估计值为

$$\hat{\beta}_{rp}=\arccos[\text{angle}(\hat{\lambda}_{1p})/\pi],\quad p=1,2,\cdots,P \tag{6.30}$$

由 $\boldsymbol{\Psi}_1$、$\boldsymbol{\Psi}_2$、$\boldsymbol{\Psi}_3$ 和 $\boldsymbol{\Psi}_4$ 的表达式可以看出：对于同一个目标，$\boldsymbol{\Psi}_1$、$\boldsymbol{\Psi}_2$、$\boldsymbol{\Psi}_3$ 和 $\boldsymbol{\Psi}_4$ 具有相同的特征向量。因此，$\boldsymbol{\Psi}_2$、$\boldsymbol{\Psi}_3$ 和 $\boldsymbol{\Psi}_4$ 的特征值可通过式(6.31)求得

$$\hat{\lambda}_{2p}=\hat{\gamma}_{1p}^{H}\boldsymbol{\Psi}_2\hat{\gamma}_{1p},\quad p=1,2,\cdots,P \tag{6.31}$$

$$\hat{\lambda}_{3p}=\hat{\gamma}_{1p}^{H}\boldsymbol{\Psi}_3\hat{\gamma}_{1p},\quad p=1,2,\cdots,P \tag{6.32}$$

$$\hat{\lambda}_{4p}=\hat{\gamma}_{1p}^{H}\boldsymbol{\Psi}_4\hat{\gamma}_{1p},\quad p=1,2,\cdots,P \tag{6.33}$$

从而可得对目标其他三个角度的估计值

$$\hat{\beta}_{tp}=\arccos[\text{angle}(\hat{\lambda}_{2p})/\pi],\quad p=1,2,\cdots,P \tag{6.34}$$

$$\hat{\alpha}_{rp}=\arccos[\text{angle}(\hat{\lambda}_{3p})/\pi],\quad p=1,2,\cdots,P \tag{6.35}$$

$$\hat{\alpha}_{tp}=\arccos[\text{angle}(\hat{\lambda}_{4p})/\pi],\quad p=1,2,\cdots,P \tag{6.36}$$

由上述分析过程可以看出：KR-ESPRIT 算法估计的角度参数可自动配对，无须额外的参数配对过程。

在得到对 $\hat{\alpha}_{rp}$、$\hat{\beta}_{rp}$、$\hat{\alpha}_{tp}$ 及 $\hat{\beta}_{tp}$ 的估计值后，根据式(6.1)，可进一步得到 $\hat{\gamma}_{rp}$ 和 $\hat{\gamma}_{tp}$ 的估计值。

如图 6.1 所示，由正弦定理可得目标与发射和接收阵列的距离

$$\left.\begin{aligned}\hat{R}_{rp}&=\frac{\sin\hat{\alpha}_{tp}}{\sin(\hat{\alpha}_{rp}-\hat{\alpha}_{tp})}D\\ \hat{R}_{tp}&=\frac{\sin(\pi-\hat{\alpha}_{rp})}{\sin(\hat{\alpha}_{rp}-\hat{\alpha}_{tp})}D\end{aligned}\right\},\quad p=1,2,\cdots,P \tag{6.37}$$

因此，根据图中的几何关系，可得目标在空间中的三维坐标为

$$\left.\begin{aligned}\hat{x}_p&=\hat{R}_{tp}\cos\hat{\alpha}_{tp}\\ \hat{y}_p&=\hat{R}_{tp}\cos\hat{\beta}_{tp},\quad p=1,2,\cdots,P\\ \hat{z}_p&=\hat{R}_{tp}\cos\hat{\gamma}_{tp}\end{aligned}\right\}\tag{6.38}$$

或

$$\left.\begin{aligned}\hat{x}_p&=D+\hat{R}_{rp}\cos\hat{\alpha}_{rp}\\ \hat{y}_p&=\hat{R}_{rp}\cos\hat{\beta}_{rp},\quad p=1,2,\cdots,P\\ \hat{z}_p&=\hat{R}_{rp}\cos\hat{\gamma}_{rp}\end{aligned}\right\}\tag{6.39}$$

从而实现了对目标的定位。

6.3.2 算法基本步骤

根据以上分析过程，将本章的 KR - ESPRIT 算法的步骤总结如下：

(1)分别利用式(6.4)、式(6.5)构造虚拟阵列数据向量 $\boldsymbol{r}_X(t_l)$、$\boldsymbol{r}_{Y'}(t_l)$。

(2)根据式(6.7)计算局部协方差矩阵 $\boldsymbol{R}_m$，并利用式(6.11)构造 $\boldsymbol{g}_m$。

(3)利用 $\boldsymbol{g}_m$ 构造 $\boldsymbol{G}$，并对其进行奇异值分解得到其非零奇异值对应的左奇异矩阵 $\boldsymbol{U}_s$。

(4)根据式(6.16)构造选择矩阵 $\boldsymbol{W}_{11},\boldsymbol{W}_{12},\boldsymbol{W}_{21},\boldsymbol{W}_{22},\boldsymbol{W}_{31},\boldsymbol{W}_{32},\boldsymbol{W}_{41},\boldsymbol{W}_{42}$，并将其左乘 $\boldsymbol{U}_s$ 得到 $\boldsymbol{U}_{s11},\boldsymbol{U}_{s12},\boldsymbol{U}_{s21},\boldsymbol{U}_{s22},\boldsymbol{U}_{s31},\boldsymbol{U}_{s32},\boldsymbol{U}_{s41},\boldsymbol{U}_{s42}$。

(5)利用 $\boldsymbol{U}_{s11},\boldsymbol{U}_{s12},\boldsymbol{U}_{s21},\boldsymbol{U}_{s22},\boldsymbol{U}_{s31},\boldsymbol{U}_{s32},\boldsymbol{U}_{s41},\boldsymbol{U}_{s42}$，根据式(6.26)～式(6.29)构造 $\boldsymbol{\Psi}_1$、$\boldsymbol{\Psi}_2$、$\boldsymbol{\Psi}_3$ 和 $\boldsymbol{\Psi}_4$。

(6)对 $\boldsymbol{\Psi}_1$ 进行特征值分解，根据式(6.30)～式(6.36)估计出准平稳目标相对于发射和接收阵列的角度 $\hat{\alpha}_{rp}$，$\hat{\beta}_{rp}$，$\hat{\alpha}_{tp}$ 及 $\hat{\beta}_{tp}$，并利用式(6.1)计算 $\hat{\gamma}_{rp}$ 和 $\hat{\gamma}_{tp}$。

(7)根据式(6.37)计算目标与收发阵列的距离 $\hat{R}_{rp}$ 和 $\hat{R}_{tp}$，并利用式(6.38)或式(6.39)计算目标的空间三维坐标，即可实现对目标的空间定位。

6.4　KR－ESPRIT 算法性能分析与讨论

6.4.1　角度估计的均方根误差理论值分析

由于 KR－ESPRIT 算法对目标的空间定位是基于对目标相对于收发阵列的角度的估计进行的，所以目标的空间定位精度取决于对上述四个角度的估计精度。在这里分析矩阵 $\boldsymbol{\Psi}_1$、$\boldsymbol{\Psi}_2$、$\boldsymbol{\Psi}_3$ 和 $\boldsymbol{\Psi}_4$ 的特征值和特征向量的估计偏差对角度估计性能的影响，同时给出对 $\hat{\alpha}_{rp}$、$\hat{\beta}_{rp}$、$\hat{\alpha}_{tp}$ 及 $\hat{\beta}_{tp}$ 估计均方根误差(RMSE)的理论值。

令 $\lambda_{1p}=\hat{\lambda}_{1p}+\Delta\lambda_{1p}(p=1,2,\cdots,P)$，其中 λ_{1p} 为矩阵 $\boldsymbol{\Psi}_1$ 特征值的真值，$\hat{\lambda}_{1p}$ 为其估计值，$\Delta\lambda_{1p}$ 为其估计误差，则 $\Delta\lambda_{1p}$ 的一阶近似可表示成

$$\Delta\lambda_{1p}=\hat{\boldsymbol{h}}_{1p}\Delta\boldsymbol{\Psi}_1\hat{\boldsymbol{\gamma}}_{1p} \tag{6.40}$$

式中，$\Delta\boldsymbol{\Psi}_1$ 为矩阵 $\boldsymbol{\Psi}_1$ 的估计误差矩阵，$\hat{\boldsymbol{\gamma}}_{1p}$ 为 $\hat{\lambda}_{1p}$ 对应的特征向量，$\hat{\boldsymbol{h}}_{1p}$ 为 $\hat{\lambda}_{1p}$ 对应的左特征向量，即 $\hat{\boldsymbol{\Psi}}_1\hat{\boldsymbol{\gamma}}_{1p}=\hat{\lambda}_{1p}\hat{\boldsymbol{\gamma}}_{1p}$，$\hat{\boldsymbol{h}}_{1p}\hat{\boldsymbol{\Psi}}_1=\hat{\lambda}_{1p}\hat{\boldsymbol{h}}_{1p}$，其中 $\hat{\boldsymbol{\Psi}}_1=(\hat{\boldsymbol{U}}_{s11}^{\mathrm{H}}\hat{\boldsymbol{U}}_{s11})^{-1}\hat{\boldsymbol{U}}_{s11}^{\mathrm{H}}\hat{\boldsymbol{U}}_{s12}$ 为对 $\boldsymbol{\Psi}_1$ 的估计，$\hat{\boldsymbol{U}}_{s11}$ 为对 $\boldsymbol{U}_{s11}$ 的估计，$\hat{\boldsymbol{U}}_{s12}$ 为对 $\boldsymbol{U}_{s12}$ 的估计。而 $\hat{\boldsymbol{\gamma}}_{1p}$ 和 $\hat{\boldsymbol{h}}_{1p}$ 满足

$$\hat{\boldsymbol{h}}_{1p}\hat{\boldsymbol{\gamma}}_{1p}=1 \tag{6.41}$$

根据式(6.26)可知

$$(\hat{\boldsymbol{U}}_{s11}+\Delta\boldsymbol{U}_{s11})(\hat{\boldsymbol{\Psi}}_1+\Delta\boldsymbol{\Psi}_1)=(\hat{\boldsymbol{U}}_{s12}+\Delta\boldsymbol{U}_{s12}) \tag{6.42}$$

将上式展开，忽略其中的二阶项 $\Delta\boldsymbol{U}_{s11}\Delta\boldsymbol{\Psi}_1$，并注意到 $\hat{\boldsymbol{U}}_{s11}\hat{\boldsymbol{\Psi}}_1=\hat{\boldsymbol{U}}_{s12}$，可得 $\Delta\boldsymbol{\Psi}_1$ 的表达式为

$$\Delta\boldsymbol{\Psi}_1\approx\hat{\boldsymbol{U}}_{s11}^{\#}\Delta\boldsymbol{U}_{s12}-\hat{\boldsymbol{U}}_{s11}^{\#}\Delta\boldsymbol{U}_{s11}\hat{\boldsymbol{\Psi}}_1 \tag{6.43}$$

将式(6.43)代入式(6.40)可得

$$\begin{aligned}\Delta\lambda_{1p}&=\hat{\boldsymbol{h}}_{1p}\hat{\boldsymbol{U}}_{s11}^{\#}(\Delta\boldsymbol{U}_{s12}\hat{\boldsymbol{\gamma}}_{1p}-\Delta\boldsymbol{U}_{s11}\hat{\boldsymbol{\Psi}}_1\hat{\boldsymbol{\gamma}}_{1p})\\&=\hat{\boldsymbol{h}}_{1p}\hat{\boldsymbol{U}}_{s11}^{\#}(\Delta\boldsymbol{U}_{s12}\hat{\boldsymbol{\gamma}}_{1p}-\Delta\boldsymbol{U}_{s11}\hat{\lambda}_{1p}\hat{\boldsymbol{\gamma}}_{1p})\end{aligned}$$

$$=\hat{\boldsymbol{h}}_{1p}\hat{\boldsymbol{U}}_{s11}^{\#}(\boldsymbol{W}_{12}-\hat{\lambda}_{1p}\boldsymbol{W}_{11})\Delta\boldsymbol{U}_{s}\hat{\boldsymbol{\gamma}}_{1p}$$
$$=-\hat{\lambda}_{1p}\hat{\boldsymbol{h}}_{1p}\hat{\boldsymbol{U}}_{s11}^{\#}(\boldsymbol{W}_{11}-\hat{\lambda}_{1p}^{*}\boldsymbol{W}_{12})\Delta\boldsymbol{U}_{s}\hat{\boldsymbol{\gamma}}_{1p} \tag{6.44}$$

式中，$\Delta\boldsymbol{U}_s$ 为信号子空间 $\boldsymbol{U}_s$ 的误差矩阵。上式在推导过程中用到了 $|\hat{\lambda}_{1p}|^2=1$。

因此，其均方根误差可表示成

$$\mathrm{E}[|\Delta\lambda_{1p}|^2]=\hat{\boldsymbol{h}}_{1p}\hat{\boldsymbol{U}}_{s11}^{\#}(\boldsymbol{W}_{11}-\hat{\lambda}_{1p}^{*}\boldsymbol{W}_{12})\mathrm{E}[\Delta\boldsymbol{U}_{s}\hat{\boldsymbol{\gamma}}_{1p}\hat{\boldsymbol{\gamma}}_{1p}^{\mathrm{H}}\Delta\boldsymbol{U}_{s}^{\mathrm{H}}]\times$$
$$(\boldsymbol{W}_{11}-\hat{\lambda}_{1p}^{*}\boldsymbol{W}_{12})^{\mathrm{H}}(\hat{\boldsymbol{U}}_{s11}^{\#})^{\mathrm{H}}\hat{\boldsymbol{h}}_{1p}^{\mathrm{H}} \tag{6.45}$$

令 $\eta_{1p}^{\mathrm{H}}=\hat{\boldsymbol{h}}_{1p}\hat{\boldsymbol{U}}_{s11}^{\#}$，$\Delta\boldsymbol{U}_s=[\Delta\boldsymbol{u}_1,\Delta\boldsymbol{u}_2,\cdots,\Delta\boldsymbol{u}_P]$，则上式可进一步推导写成

$$\mathrm{E}[|\Delta\lambda_{1p}|^2]=\eta_{1p}^{\mathrm{H}}[\sum_{j=1}^{P}|\boldsymbol{e}_j\hat{\boldsymbol{\gamma}}_{1p}|^2(\boldsymbol{W}_{11}-\hat{\lambda}_{1p}^{*}\boldsymbol{W}_{12})\mathrm{E}[\Delta\boldsymbol{u}_j\Delta\boldsymbol{u}_j^{\mathrm{H}}]\times$$
$$(\boldsymbol{W}_{11}-\hat{\lambda}_{1p}^{*}\boldsymbol{W}_{12})^{\mathrm{H}}]\eta_{1p} \tag{6.46}$$

式中，$\boldsymbol{e}_j$ 为第 j 个元素为 1，其他元素为 0 的 $1\times P$ 维向量。

根据文献[183]可知

$$\mathrm{E}[\Delta\boldsymbol{u}_k\Delta\boldsymbol{u}_j^{\mathrm{H}}]\approx\frac{\sigma_k}{M}\sum_{P}\frac{\sigma_p}{(\sigma_k-\sigma_p)^2}\boldsymbol{u}_p\boldsymbol{u}_p^{\mathrm{H}}\delta_{kj},\quad k,j=1,2,\cdots,P \tag{6.47}$$

式中，$\delta_{kj}=\begin{cases}1, k=j\\0, k\neq j\end{cases}$。

将式(6.47)代入式(6.46)可得

$$\mathrm{E}[|\Delta\lambda_{1p}|^2]=\eta_{1p}^{\mathrm{H}}(\boldsymbol{W}_{11}-\hat{\lambda}_{1p}^{*}\boldsymbol{W}_{12})[\sum_{j=1}^{P}|\boldsymbol{e}_j\hat{\boldsymbol{\gamma}}_{1p}|^2\frac{\sigma_j}{M}\sum_{P}\frac{\sigma_k}{(\sigma_j-\sigma_k)^2}\boldsymbol{u}_k\boldsymbol{u}_k^{\mathrm{H}}]\times$$
$$(\boldsymbol{W}_{11}-\hat{\lambda}_{1p}^{*}\boldsymbol{W}_{12})^{\mathrm{H}}\eta_{1p} \tag{6.48}$$

而这里需要的是角度 β_{rp}，因为 $\lambda_{1p}=\mathrm{e}^{-\mathrm{j}\pi\cos\beta_{rp}}$，根据文献[184]可知 β_{rp} 估计的 RMSE 的理论值为

$$\mathrm{E}[|\Delta\beta_{rp}|^2]=(\frac{1}{\pi\cos\hat{\beta}_{rp}})^2\frac{\mathrm{E}[|\Delta\lambda_{1p}|^2]-\mathrm{Re}\{(\hat{\lambda}_{1p}^{*})^2\mathrm{E}[(\Delta\lambda_{1p})^2]\}}{2} \tag{6.49}$$

式中

$$\mathrm{E}[(\Delta\lambda_{1p})^2]=\boldsymbol{\eta}_{1p}^{\mathrm{H}}[\sum_{j=1}^{P}\sum_{P}(\boldsymbol{e}_j\hat{\boldsymbol{\gamma}}_{1p}\hat{\boldsymbol{\gamma}}_{1p}^{\mathrm{T}}\boldsymbol{e}_k^{\mathrm{T}})(\boldsymbol{W}_{12}-\hat{\lambda}_{1p}\boldsymbol{W}_{11})\mathrm{E}[\Delta\boldsymbol{u}_j\Delta\boldsymbol{u}_k^{\mathrm{T}}]\times(\boldsymbol{W}_{12}-\hat{\lambda}_{1p}\boldsymbol{W}_{11})^{\mathrm{T}}]\boldsymbol{\eta}_{1p}^{*} \tag{6.50}$$

$$\mathrm{E}[\Delta\boldsymbol{u}_k\Delta\boldsymbol{u}_j^{\mathrm{T}}]\approx-\frac{\sigma_j\sigma_k}{M\,(\sigma_k-\sigma_p)^2}\boldsymbol{u}_j\boldsymbol{u}_k^{\mathrm{T}}(1-\delta_{kj}),\quad k,j=1,2,\cdots,P \tag{6.51}$$

同理，可得对 $\hat{\beta}_{\mathrm{t}p}$ 、$\hat{\alpha}_{\mathrm{r}p}$ 及 $\hat{\alpha}_{\mathrm{t}p}$ 估计 RMSE 的理论值分别为

$$\mathrm{E}[|\Delta\beta_{\mathrm{t}p}|^2]=(\frac{1}{\pi\cos\hat{\beta}_{\mathrm{t}p}})^2\frac{\mathrm{E}[|\Delta\lambda_{2p}|^2]-\mathrm{Re}\{(\hat{\lambda}_{2p}^{*})^2\mathrm{E}[(\Delta\lambda_{2p})^2]\}}{2} \tag{6.52}$$

$$\mathrm{E}[|\Delta\alpha_{\mathrm{r}p}|^2]=(\frac{1}{\pi\cos\hat{\alpha}_{\mathrm{r}p}})^2\frac{\mathrm{E}[|\Delta\lambda_{3p}|^2]-\mathrm{Re}\{(\hat{\lambda}_{3p}^{*})^2\mathrm{E}[(\Delta\lambda_{3p})^2]\}}{2} \tag{6.53}$$

$$\mathrm{E}[|\Delta\alpha_{\mathrm{t}p}|^2]=(\frac{1}{\pi\cos\hat{\alpha}_{\mathrm{t}p}})^2\frac{\mathrm{E}[|\Delta\lambda_{4p}|^2]-\mathrm{Re}\{(\hat{\lambda}_{4p}^{*})^2\mathrm{E}[(\Delta\lambda_{4p})^2]\}}{2} \tag{6.54}$$

式中

$$\mathrm{E}[|\Delta\lambda_{2p}|^2]=\boldsymbol{\eta}_{2p}^{\mathrm{H}}(\boldsymbol{W}_{21}-\hat{\lambda}_{2p}^{*}\boldsymbol{W}_{22})\left[\sum_{j=1}^{P}|\boldsymbol{e}_j\hat{\boldsymbol{\gamma}}_{1p}|^2\frac{\sigma_j}{M}\sum_{P}\frac{\sigma_k}{(\sigma_j-\sigma_k)^2}\boldsymbol{u}_k\boldsymbol{u}_k^{\mathrm{H}}\right]\times(\boldsymbol{W}_{21}-\hat{\lambda}_{2p}^{*}\boldsymbol{W}_{22})^{\mathrm{H}}\boldsymbol{\eta}_{2p} \tag{6.55}$$

$$\mathrm{E}[(\Delta\lambda_{2p})^2]=\boldsymbol{\eta}_{2p}^{\mathrm{H}}\left[\sum_{j=1}^{P}\sum_{P}(\boldsymbol{e}_j\hat{\boldsymbol{\gamma}}_{1p}\hat{\boldsymbol{\gamma}}_{1p}^{\mathrm{T}}\mathrm{e}_k^{\mathrm{T}})(\boldsymbol{W}_{22}-\hat{\lambda}_{2p}\boldsymbol{W}_{21})\mathrm{E}[\Delta\boldsymbol{u}_j\Delta\boldsymbol{u}_k^{\mathrm{T}}](\boldsymbol{W}_{22}-\hat{\lambda}_{2p}\boldsymbol{W}_{21})^{\mathrm{T}}\right]\boldsymbol{\eta}_{2p}^{*} \tag{6.56}$$

$$\boldsymbol{\eta}_{2p}^{\mathrm{H}}=\hat{\boldsymbol{h}}_{1p}\hat{\boldsymbol{U}}_{\mathrm{s}21}^{\#} \tag{6.57}$$

$$\mathrm{E}[|\Delta\lambda_{3p}|^2]=\boldsymbol{\eta}_{3p}^{\mathrm{H}}(\boldsymbol{W}_{31}-\hat{\lambda}_{3p}^{*}\boldsymbol{W}_{32})\left[\sum_{j=1}^{P}|\boldsymbol{e}_j\hat{\boldsymbol{\gamma}}_{1p}|^2\frac{\sigma_j}{M}\sum_{P}\frac{\sigma_k}{(\sigma_j-\sigma_k)^2}\boldsymbol{u}_k\boldsymbol{u}_k^{\mathrm{H}}\right]\times(\boldsymbol{W}_{31}-\hat{\lambda}_{3p}^{*}\boldsymbol{W}_{32})^{\mathrm{H}}\boldsymbol{\eta}_{3p} \tag{6.58}$$

$$\mathrm{E}[(\Delta\lambda_{3p})^2]=\boldsymbol{\eta}_{3p}^{\mathrm{H}}\left[\sum_{j=1}^{P}\sum_{P}(\boldsymbol{e}_j\hat{\boldsymbol{\gamma}}_{1p}\hat{\boldsymbol{\gamma}}_{1p}^{\mathrm{T}}\boldsymbol{e}_k^{\mathrm{T}})(\boldsymbol{W}_{32}-\hat{\lambda}_{3p}\boldsymbol{W}_{31})\mathrm{E}[\Delta\boldsymbol{u}_j\Delta\boldsymbol{u}_k^{\mathrm{T}}](\boldsymbol{W}_{32}-\hat{\lambda}_{3p}\boldsymbol{W}_{31})^{\mathrm{T}}\right]\boldsymbol{\eta}_{3p}^{*} \tag{6.59}$$

$$\eta_{3p}^{\mathrm{H}}=\hat{\boldsymbol{h}}_{1p}\hat{\boldsymbol{U}}_{s31}^{\#} \tag{6.60}$$

$$\mathrm{E}[|\Delta\lambda_{4p}|^2]=\eta_{4p}^{\mathrm{H}}(\boldsymbol{W}_{41}-\hat{\lambda}_{4p}^{*}\boldsymbol{W}_{42})\left[\sum_{j=1}^{P}|\boldsymbol{e}_j\hat{\boldsymbol{\gamma}}_{1p}|^2\frac{\sigma_j}{M}\sum_{P}\frac{\sigma_k}{(\sigma_j-\sigma_k)^2}\boldsymbol{u}_k\boldsymbol{u}_k^{\mathrm{H}}\right]\times (\boldsymbol{W}_{41}-\hat{\lambda}_{4p}^{*}\boldsymbol{W}_{42})^{\mathrm{H}}\eta_{4p} \tag{6.61}$$

$$\mathrm{E}[(\Delta\lambda_{4p})^2]=\eta_{4p}^{\mathrm{H}}\left[\sum_{j=1}^{P}\sum_{P}(\boldsymbol{e}_j\hat{\boldsymbol{\gamma}}_{1p}\hat{\boldsymbol{\gamma}}_{1p}^{\mathrm{T}}\boldsymbol{e}_k^{\mathrm{T}})(\boldsymbol{W}_{42}-\hat{\lambda}_{4p}\boldsymbol{W}_{41})\mathrm{E}[\Delta\boldsymbol{u}_j\Delta\boldsymbol{u}_k^{\mathrm{T}}](\boldsymbol{W}_{42}-\hat{\lambda}_{4p}\boldsymbol{W}_{41})^{\mathrm{T}}\right]\eta_{4p}^{*} \tag{6.62}$$

$$\eta_{2p}^{\mathrm{H}}=\hat{\boldsymbol{h}}_{1p}\hat{\boldsymbol{U}}_{s41}^{\#} \tag{6.63}$$

由式(6.49)和式(6.52)～式(6.54)可以看出:角度估计的 RMSE 与目标的角度是息息相关的,当目标角度为 90°,即目标处于阵列的法线方向时,其 RMSE 最小,随着其与阵列法线方向夹角的增大,其 RMSE 亦随之增大,这一点可从后面的仿真实验看出。

6.4.2 最大可定位目标数

对于具有 M_{t} 个发射阵元、M_{r} 个接收阵元的双基地 MIMO 雷达系统,采用文献[157]的算法,最多可定位 $M_{\mathrm{t}}(M_{\mathrm{r}}-1)$ 个非相干平稳目标;采用文献[158]的算法,最多可定位 M_{r} 个非相干平稳目标;采用文献[159]的算法,若 $M_{\mathrm{r}}=M_{\mathrm{r1}}+M_{\mathrm{r2}}-1$,则其最多可定位 $\min[M_{\mathrm{t}}(M_{\mathrm{r1}}-1),M_{\mathrm{t}}(M_{\mathrm{r2}}-1)]$ 个非相干平稳目标;而采用本章的 KR－ESPRIT 算法,若 $M_{\mathrm{t}}=M_{\mathrm{t1}}+M_{\mathrm{t2}}-1$,$M_{\mathrm{r}}=M_{\mathrm{r1}}+M_{\mathrm{r2}}-1$,则其最多可定位 $\min[(M_{\mathrm{t1}}-1)M_{\mathrm{t2}}M_{\mathrm{r1}}M_{\mathrm{r2}},M_{\mathrm{t1}}(M_{\mathrm{t2}}-1)M_{\mathrm{r1}}M_{\mathrm{r2}},M_{\mathrm{t1}}M_{\mathrm{t2}}(M_{\mathrm{r1}}-1)M_{\mathrm{r2}},M_{\mathrm{t1}}M_{\mathrm{t2}}M_{\mathrm{r1}}(M_{\mathrm{r2}}-1)]$ 个非相干准平稳目标。不同算法最多可定位目标数的比较见表 6.1。从表中数据可以看出,在不同的双基地 MIMO 雷达系统配置中,本章 KR－ESPRIT 算法可定位的目标数要远大于文献[157－159]的算法,且其可定位的目标数大于收发阵元的个数,具有很强的目标过载能力。

表 6.1 不同算法最多可定位目标数的比较

双基地 MIMO 雷达配置						最多可定位目标数			
M_{t}	M_{r}	M_{t1}	M_{t2}	M_{r1}	M_{r2}	KR－ESPRIT 算法	文献[159]算法	文献[158]算法	文献[157]算法
3	3	2	2	2	2	8	3	3	6

续表

<table>
<tr><th colspan="6">双基地 MIMO 雷达配置</th><th colspan="4">最多可定位目标数</th></tr>
<tr><th>M_t</th><th>M_r</th><th>M_{t1}</th><th>M_{t2}</th><th>M_{r1}</th><th>M_{r2}</th><th>KR - ESPRIT 算法</th><th>文献[159]算法</th><th>文献[158]算法</th><th>文献[157]算法</th></tr>
<tr><td rowspan="2">3</td><td rowspan="2">4</td><td>2</td><td>2</td><td>2</td><td>3</td><td>12</td><td>3</td><td rowspan="2">4</td><td rowspan="2">9</td></tr>
<tr><td>2</td><td>2</td><td>3</td><td>2</td><td>12</td><td>3</td></tr>
<tr><td rowspan="6">5</td><td rowspan="6">4</td><td>2</td><td>4</td><td>2</td><td>3</td><td>24</td><td>5</td><td rowspan="6">4</td><td rowspan="6">15</td></tr>
<tr><td>2</td><td>4</td><td>3</td><td>2</td><td>24</td><td>5</td></tr>
<tr><td>3</td><td>3</td><td>2</td><td>3</td><td>27</td><td>5</td></tr>
<tr><td>3</td><td>3</td><td>3</td><td>2</td><td>27</td><td>5</td></tr>
<tr><td>4</td><td>2</td><td>2</td><td>3</td><td>24</td><td>5</td></tr>
<tr><td>4</td><td>2</td><td>3</td><td>2</td><td>24</td><td>5</td></tr>
</table>

6.5　计算机仿真结果

为了验证本章算法的有效性，做如下计算机仿真。仿真过程中，取发射阵元数 $M_t=5(M_{t1}=3, M_{t2}=3)$，接收阵元数 $M_r=6(M_{r1}=3, M_{r2}=4)$，收发阵列的基线长度 $D=10\ 000$ m。假设空间中存在三个准平稳目标，其坐标 (x, y, z) 及对应的角度参数 $(\alpha_t, \beta_t, \gamma_t, \alpha_r, \beta_r, \gamma_r)$ 分别如下：目标 1 的坐标为 (3 600，3 000，3 747)m，角度为 (53.13°，60°，51.35°，143.13°，67.97°，62.08°)；目标 2 的坐标为 (10 600，1 910，2 234)m，角度为 (15.5°，80°，78.28°，78.46°，50.45°，41.87°)；目标 3 的坐标为 (−600，−1 910，2 234)m，角度为 (101.54°，129.55°，41.87°，164.5°，100°，78.28°)。容易验证这三个目标处在双基地 MIMO 雷达的同一距离单元内，即这三个目标到发射机和接收机的“距离和”相等。并假设位于 X 轴的接收阵列的阵列噪声与位于 Y' 轴的接收阵列的阵列噪声是相关的，其协方差矩阵 $\boldsymbol{Q}_{XY'}$ 的第 (m, n) 元素为 $0.9^{|m-n|}\mathrm{e}^{\mathrm{j}\pi(m-n)/2}$。

仿真 1：算法对目标角度的估计和空间定位结果

仿真中取信噪比 SNR＝10 dB，$N=128$，$M=50$。图 6.2 所示为 KR - ESPRIT算法对上述三个准平稳目标角度估计结果。图 6.3(a)给出了利用式(6.38)对目标进行空间定位结果，图 6.3(b)给出了利用式(6.39)对目标进行空间定位结果，其皆为 50 次 Monte - Carlo 实验的结果。

由图 6.2 可以看出,本章算法能够同时准确地估计出多个准平稳目标相对于双基地 MIMO 雷达收发阵列的角度参数,且估计结果可自动配对,克服了分维 ESPRIT 算法存在的参数配对问题。

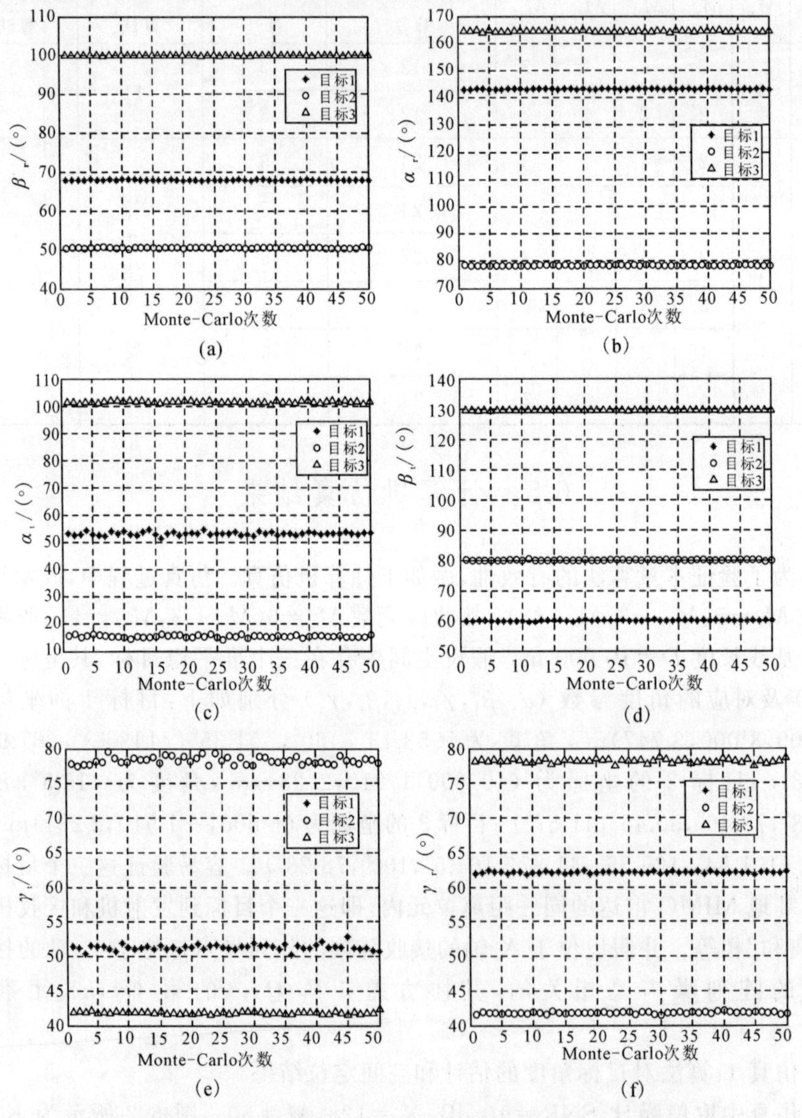

图 6.2 KR - ESPRIT 算法对目标角度的估计结果

(a)对 β_r 的估计结果; (b)对 α_r 的估计结果; (c)对 α_t 的估计结果;

(d)对 β_t 的估计结果; (e)对 γ_t 的估计结果; (f)对 γ_r 的估计结果

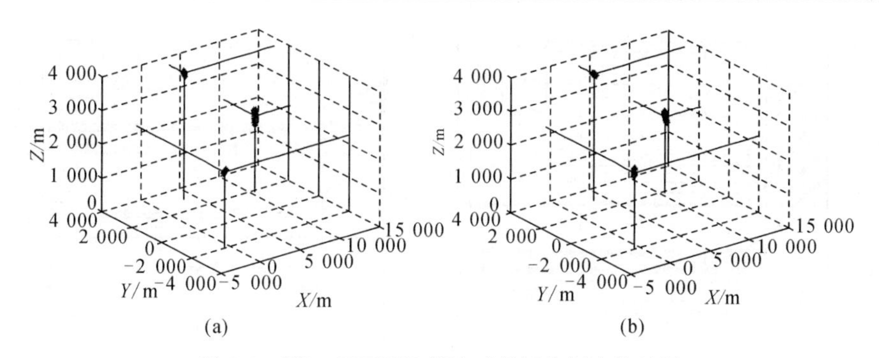

图 6.3　KR - ESPRIT 算法对目标空间定位结果

(a)利用式(6.38)定位结果；　(b)利用式(6.39)定位结果

仿真 2:算法统计性能随信噪比的变化曲线

本仿真主要考察 KR - ESPRIT 算法在不同信噪比情况下的统计性能。定义对目标角度 α_t 估计的均方根误差为 $\mathrm{RMSE}(\alpha_t)=\sqrt{\mathrm{E}[(\hat{\alpha}_t-\alpha_t)^2]}$，其他角度的 RMSE 的定义与 α_t 相似，并定义对目标定位的 RMSE 为 $\mathrm{RMSE}(x,y,z)=\sqrt{\mathrm{E}[(\hat{x}-x)^2+(\hat{y}-y)^2+(\hat{z}-z)^2]}$。图 6.4 所示为 $N=128$，$M=50$，信噪比从 0 dB 按步长 1 dB 变化到 30 dB 时，KR - ESPRIT 算法对目标角度估计的 RMSE 随 SNR 变化曲线；图 6.5 则给出了对目标的定位误差随 SNR 变化曲线，其均为 500 次 Monte - Carlo 实验的仿真结果。

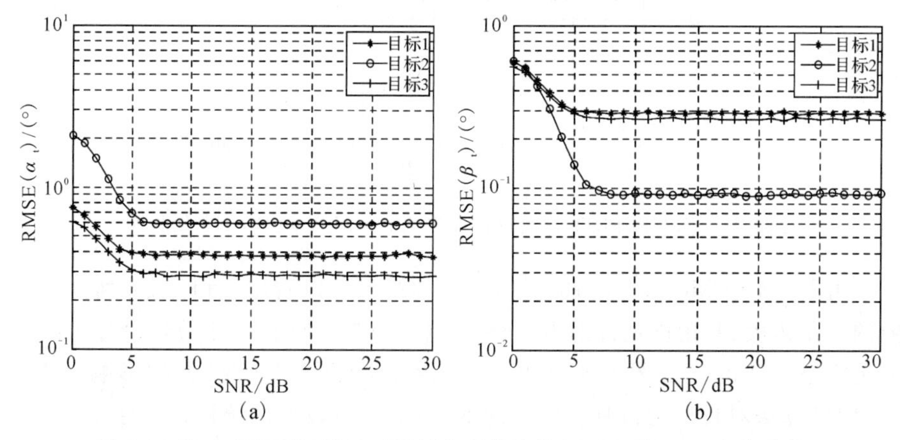

图 6.4　KR - ESPRIT 算法对目标角度估计的 RMSE 随 SNR 变化曲线

(a)α_t 估计的 RMSE；　(b)β_t 估计的 RMSE

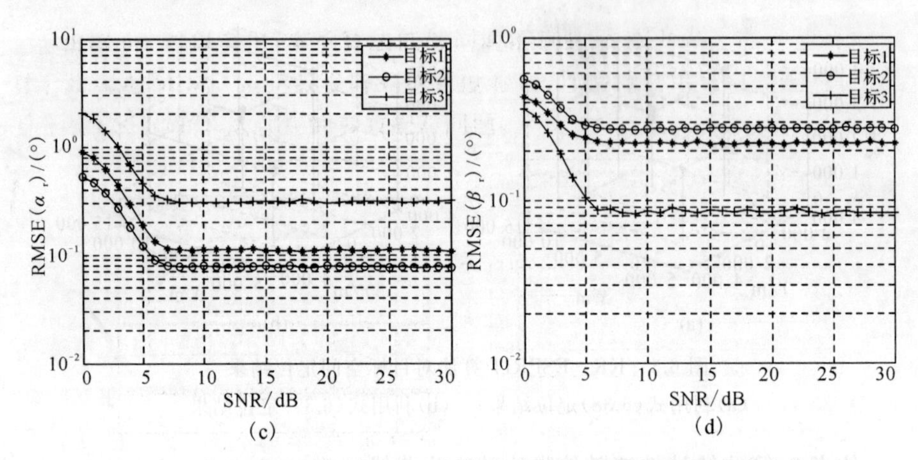

续图 6.4　KR－ESPRIT 算法对目标角度估计的 RMSE 随 SNR 变化曲线

(c)α_r 估计的 RMSE；　(d)β_r 估计的 RMSE

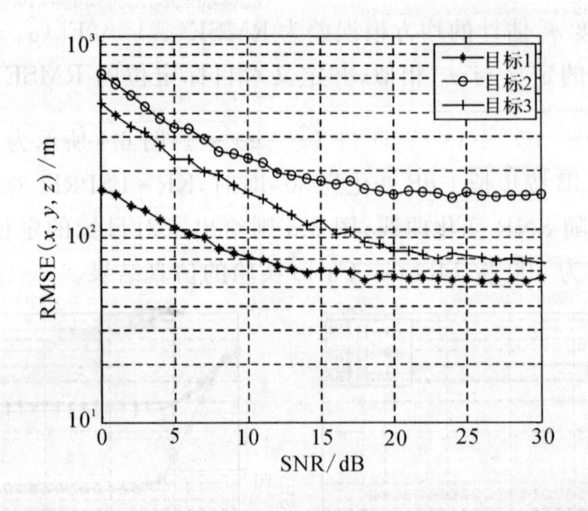

图 6.5　KR－ESPRIT 算法对目标定位的 RMSE 随 SNR 变化曲线

由图 6.4 中 Monte－Carlo 仿真实验的结果可以看出，目标与阵列法线方向的夹角越大，其角度估计的 RMSE 也越大，这与前面 6.4.1 节理论分析的结果是完全一致的。从图 6.5 可以看出，由于克服了空间噪声的影响，KR－ESPRIT算法对目标定位具有较小的 RMSE，具有较好的统计估计性能。

仿真 3：算法统计性能随 N 的变化曲线

本仿真主要考察 KR－ESPRIT 算法在不同准平稳快拍数情况下的统计性能。图 6.6 所示为 SNR＝10 dB，M＝50，N 从 10 按步长 10 变化到 200 时，

KR - ESPRIT 算法对目标定位的 RMSE 随 N 变化曲线，其为 500 次 Monte - Carlo 实验的仿真结果。

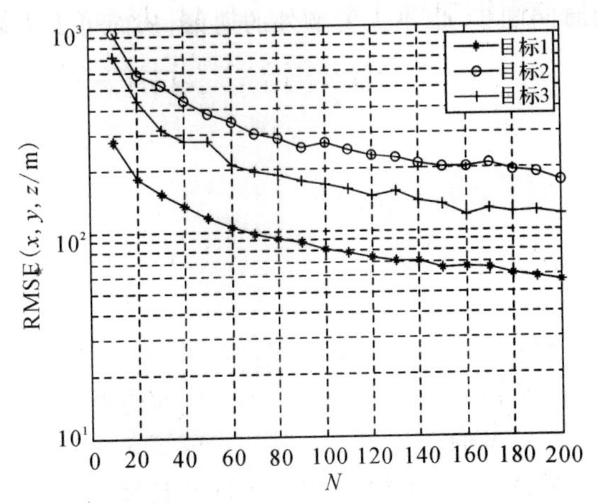

图 6.6　KR - ESPRIT 算法对目标定位的 RMSE 随 N 变化曲线

从 Monte - Carlo 实验的结果可以看出，本章算法目标定位的 RMSE 随着准平稳快拍数 N 的增大而减小。当 N 较小时，KR - ESPRIT 算法仍具有较高的定位精度。

6.6　小　　结

本章针对准平稳目标空间定位问题，本章给出了一种 Khatri - Rao ESPRIT(KR - ESPRIT)算法。该算法利用目标的准平稳特性和 ESPRIT 方法来估计目标相对于发射阵列和接收阵列的二维角度，进而通过收发阵列的几何关系计算出目标的三维坐标，从而实现对准平稳目标的空间定位。理论分析和计算机仿真结果表明本章算法具有下述特点：

(1)由于发射信号是相互正交的信号集，所以该算法可完全对消空间阵列噪声，可适用于更广泛的未知噪声背景和低信噪比环境。

(2)利用目标的准平稳特性，算法最多可定位 $\min[(M_{t1}-1)M_{t2}M_{r1}M_{r2}, M_{t1}(M_{t2}-1)M_{r1}M_{r2}, M_{t1}M_{t2}(M_{r1}-1)M_{r2}, M_{t1}M_{t2}M_{r1}(M_{r2}-1)]$ 个非相干准平稳目标。相比其他空间定位算法，该算法可定位更多的目标。

(3)算法角度估计的均方根误差理论值与目标与阵列法线方向的夹角有关，当目标角度为 90°，即目标处于阵列的法线方向时，其 RMSE 最小，随着其与阵列法线方向夹角的增大，其 RMSE 亦随之增大。

(4)算法不需要多维谱峰搜索和参数配对,具有较小的运算量。

(5)算法不需要估计发射阵－目标－接收阵的距离和,所以不需要发射阵和接收阵之间的时间同步,也不需要额外的通信,从而可大大简化系统设备。

第 7 章　双基地 MIMO 雷达目标定位及幅相误差自校正

7.1　引　　言

由于双基地 MIMO 雷达的回波信号中包含了目标相对于发射阵列的发射角及相对于接收阵列的到达角信息，因此，可通过估计目标的 DOD 和 DOA 来实现对目标的交叉定位[122-149]。这些算法都是以发射和接收阵列流型精确已知为前提的，因而性能优良。在实际的工程应用中，由于各种误差（阵元幅相误差、阵元位置误差、阵元间互耦等）的存在，双基地 MIMO 雷达的发射和接收阵列流形往往会出现一定程度的偏差或扰动，而上述的各种定位算法对模型误差的鲁棒性很差，微小的模型扰动往往会带来目标定位性能的急剧恶化。因此，研究对误差鲁棒的目标定位算法及简便有效的阵列校正方法在双基地 MIMO 雷达实际应用中具有重要意义。

阵元通道的幅相误差是一种与方位无关的复增益误差，它通常是由于接收通道内放大器的增益不一致造成的。传统相控阵雷达由于发射波形相同或者采用单个天线发射，阵元通道的幅相误差主要是由接收阵列引入的。而对于 MIMO 雷达由于其发射端采用多个发射阵元发射相互正交的信号，所以其阵元通道的幅相误差除了通过接收阵列引入，还会通过发射阵元引入，从而使得其发射和接收阵列的幅相误差耦合到一起，这就增加了系统幅相误差的复杂度，对 MIMO 雷达的多目标定位和通道幅相误差的校正给出了更高的要求。为了解决这个问题，文献[185]建立了多载频 MIMO 雷达的幅相误差模型，给出了对信号预处理后等效阵列的联合幅相误差进行整体估计来实现误差校正的思想，并针对单辅助目标的情况给出了两种误差估计方法：子空间拟合法和最大似然法。其中子空间拟合法利用信号子空间与阵列流形张成空间对应的系列方程求解，而最大似然法利用似然函数最大来得到幅相误差。但该算法对辅助目标方位信息的精确性有较高的要求，当辅助目标的方位信息有偏差时，该算法会带来较大的偏差。文献[186]利用三次迭代最小二乘算法估计存在幅相误差条件下的收发阵列流形，根据信号子空间和噪声子空间的正交性，无须幅相误差的任何信息，采用 MUSIC - like 算法得到目标的 DOD 和 DOA，且角度自动配对；然后针对 MIMO 雷达孔径扩展的特点，分别通过第一个发射阵元和第一个接收阵元的数据估计收发阵列的幅相误差。然而，该算法需要进行迭代运算和一维谱峰搜索，计算量较大；此外，其假设将收发阵列的第一个阵元的幅相误差均归一化为 1，这与实际情况是不相符的。

收发阵列的幅相误差的存在破坏了双基地 MIMO 雷达的旋转不变性，使得小运算量的 ESPRIT 算法无法直接用于估计目标的 DOD 和 DOA。针对这一问题，本章给出了一种基于辅助阵元法[187]（Instrumental Sensors Method，ISM）的 ESPRIT 类（ESPRIT - like）算法。通过在发射端和接收端分别设置若干个精确校正的辅助阵元，该算法可实现对目标收发方位角和收发阵列的幅相误差系数的无模糊联合估计。其在角度估计过程中无须任何收发阵列幅相误差系数信息，无须任何谱峰搜索，具有较小的运算量。

7.2 收发阵列存在幅相误差条件下双基地 MIMO 雷达数据模型

考虑一发射阵列和接收阵列均为均匀线阵的双基地 MIMO 雷达系统，其中发射阵元数为 M_{t}，各发射阵元同时发射同频相互正交的相位编码信号；接收阵元数为 M_{r}，且发射和接收阵元间距均为 $\lambda/2$。设发射阵和接收阵之间的基线距离为 D，满足 $D \gg \lambda$，并假设在雷达系统的远场同一距离单元内存在 P 个目标，其相对于发射及接收阵列的方位角为 (φ_p,θ_p)，$p=1,2,\cdots,P$。设 $\boldsymbol{\Gamma}_{\mathrm{t}}$ 和 $\boldsymbol{\Gamma}_{\mathrm{r}}$ 分别表示发射和接收阵列的幅相误差矩阵，其可表示为

$$\left.\begin{aligned}\boldsymbol{\Gamma}_{\mathrm{t}}&=\mathrm{diag}\left[\rho_{\mathrm{t}1}\mathrm{e}^{\mathrm{j}\varphi_{\mathrm{t}1}},\rho_{\mathrm{t}2}\mathrm{e}^{\mathrm{j}\varphi_{\mathrm{t}2}},\cdots,\rho_{\mathrm{t}M_{\mathrm{t}}}\mathrm{e}^{\mathrm{j}\varphi_{\mathrm{t}M_{\mathrm{t}}}}\right]\\\boldsymbol{\Gamma}_{\mathrm{r}}&=\mathrm{diag}\left[\rho_{\mathrm{r}1}\mathrm{e}^{\mathrm{j}\varphi_{\mathrm{r}1}},\rho_{\mathrm{r}2}\mathrm{e}^{\mathrm{j}\varphi_{\mathrm{r}2}},\cdots,\rho_{\mathrm{r}M_{\mathrm{r}}}\mathrm{e}^{\mathrm{j}\varphi_{\mathrm{r}M_{\mathrm{r}}}}\right]\end{aligned}\right\}\tag{7.1}$$

式中，$\mathrm{diag}[\cdot]$ 表示由矢量为主对角线元素构成对角矩阵，$\rho_{\mathrm{t}m},\varphi_{\mathrm{t}m},m=1,2,\cdots,M_{\mathrm{t}}$ 分别为第 m 个发射阵元对应的幅度和相位误差，$\rho_{\mathrm{r}n},\varphi_{\mathrm{r}n},n=1,2,\cdots,M_{\mathrm{r}}$ 分别为第 n 个接收阵元对应的幅度和相位误差。由于阵元通道幅相误差改变了理想的发射和接收阵列导向矢量，此时发射和接收阵列实际的导向矢量为 $\boldsymbol{b}_{\mathrm{t}}(\varphi_p)=\boldsymbol{\Gamma}_{\mathrm{t}}\boldsymbol{a}_{\mathrm{t}}(\varphi_p)$，$\boldsymbol{b}_{\mathrm{r}}(\theta_p)=\boldsymbol{\Gamma}_{\mathrm{r}}\boldsymbol{a}_{\mathrm{r}}(\theta_p)$。根据式(2.4)的双基地 MIMO 雷达信号模型，此时匹配滤波器组的输出可表示为

$$\boldsymbol{y}_a(t_l)=\boldsymbol{B}_a\boldsymbol{\alpha}(t_l)+\boldsymbol{n}_a(t_l),l=1,2,\cdots,L\tag{7.2}$$

式中，$\boldsymbol{B}_a=\boldsymbol{B}_{a\mathrm{r}}*\boldsymbol{B}_{a\mathrm{t}}=[\boldsymbol{b}_a(\varphi_1,\theta_1),\boldsymbol{b}_a(\varphi_2,\theta_2),\cdots,\boldsymbol{b}_a(\varphi_P,\theta_P)]$，$\boldsymbol{B}_{a\mathrm{r}}=\boldsymbol{\Gamma}_{\mathrm{r}}\boldsymbol{A}_{\mathrm{r}}$，$\boldsymbol{A}_{\mathrm{r}}=[\boldsymbol{a}_{\mathrm{r}}(\theta_1),\boldsymbol{a}_{\mathrm{r}}(\theta_2),\cdots,\boldsymbol{a}_{\mathrm{r}}(\theta_P)]$，$\boldsymbol{a}_{\mathrm{r}}(\theta_p)=$

$[1,\mathrm{e}^{-\mathrm{j}\pi\sin\theta_p},\cdots,\mathrm{e}^{-\mathrm{j}\pi(M_r-1)\sin\theta_p}]^{\mathrm{T}}$，$\boldsymbol{B}_{at}=\boldsymbol{\Gamma}_t\boldsymbol{A}_t$，$\boldsymbol{A}_t=[\boldsymbol{a}_t(\varphi_1),\boldsymbol{a}_t(\varphi_2),\cdots,\boldsymbol{a}_t(\varphi_P)]$，$\boldsymbol{a}_t(\varphi_p)=[1,\mathrm{e}^{-\mathrm{j}\pi\sin\varphi_p},\cdots,\mathrm{e}^{-\mathrm{j}\pi(M_t-1)\sin\varphi_p}]^{\mathrm{T}}$，$\boldsymbol{b}_a(\varphi_p,\theta_p)=\boldsymbol{b}_r(\theta_p)\otimes\boldsymbol{b}_t(\varphi_p)$，$\boldsymbol{n}_a(t_l)$ 是经过匹配滤波器后的虚拟噪声，其为均值为 0，方差为 $\sigma^2\boldsymbol{I}_{M_tM_r}$ 的高斯白噪声。

为了满足参数估计的唯一性，假设误差扰动后的阵列流形 $\{b_a(\varphi,\theta):-\pi/2\leqslant\varphi\leqslant\pi/2,-\pi/2\leqslant\theta\leqslant\pi/2\}$ 满足无秩 M_tM_r-1 模糊，即任意 M_t 个发射阵元幅相误差和 M_r 个阵元接收幅相误差扰动后的导向矢量 $b_a(\varphi,\theta)$ 线性独立。

7.3　基于 ISM 的 ESPRIT-like 算法

7.3.1　基于 ISM 的幅相误差数据模型

为了避免发射和接收阵列的幅相误差的影响，这里采用 ISM 分别在发射和接收端设置若干精确校正的阵元，并分别以引入的第一个发射和接收的辅助阵元为参考。假设引入的辅助发射和接收阵元数分别为 $N_t,N_r(N_t,N_r\geqslant 2)$，辅助阵元同原有阵元的间距及辅助阵元之间的间距均为 $\lambda/2$，其示意图如图 7.1 所示，则此时的数据模型可表示成

$$\tilde{\boldsymbol{y}}_a(t_l)=\tilde{\boldsymbol{B}}_a\alpha(t_l)+\tilde{\boldsymbol{n}}_a(t_l),\quad l=1,2,\cdots,L \tag{7.3}$$

式中，$\tilde{\boldsymbol{B}}_a=\tilde{\boldsymbol{B}}_{ar}*\tilde{\boldsymbol{B}}_{at}=[\tilde{\boldsymbol{B}}_a(\varphi_1,\theta_1),\tilde{\boldsymbol{B}}_a(\varphi_2,\theta_2),\cdots,\tilde{\boldsymbol{B}}_a(\varphi_P,\theta_P)]$，$\tilde{\boldsymbol{B}}_{ar}=\tilde{\boldsymbol{\Gamma}}_r\tilde{\boldsymbol{a}}_r$，$\tilde{\boldsymbol{\Gamma}}_r=\mathrm{diag}[\overbrace{1,\ \cdots,\ 1}^{N_r},\rho_{r1}\mathrm{e}^{\mathrm{j}\varphi_{r1}},\ \cdots,\ \rho_{rM_r}\mathrm{e}^{\mathrm{j}\varphi_{rM_r}}]$，$\tilde{\boldsymbol{a}}_r=[\tilde{\boldsymbol{a}}_r(\theta_1),\tilde{\boldsymbol{a}}_r(\theta_2),\cdots,\tilde{\boldsymbol{a}}_r(\theta_P)]$，$\tilde{\boldsymbol{a}}_r(\theta_p)=[1,\mathrm{e}^{-\mathrm{j}\pi\sin\theta_p},\cdots,\mathrm{e}^{-\mathrm{j}\pi(N_r+M_r-1)\sin\theta_p}]^{\mathrm{T}}$，$\tilde{\boldsymbol{B}}_{at}=\tilde{\boldsymbol{\Gamma}}_t\tilde{\boldsymbol{a}}_t$，$\tilde{\boldsymbol{\Gamma}}_t=\mathrm{diag}[\overbrace{1,\ \cdots,\ 1}^{N_t},\rho_{t1}\mathrm{e}^{\mathrm{j}\varphi_{t1}},\ \cdots,\ \rho_{tM_t}\mathrm{e}^{\mathrm{j}\varphi_{tM_t}}]$，$\tilde{\boldsymbol{a}}_t=[\tilde{\boldsymbol{a}}_t(\varphi_1),\tilde{\boldsymbol{a}}_t(\varphi_2),\cdots,\tilde{\boldsymbol{a}}_t(\varphi_P)]$，$\tilde{\boldsymbol{a}}_t(\varphi_p)=[1,\mathrm{e}^{-\mathrm{j}\pi\sin\varphi_p},\cdots,\mathrm{e}^{-\mathrm{j}\pi(N_t+M_t-1)\sin\varphi_p}]^{\mathrm{T}}$，$\tilde{\boldsymbol{n}}_a(t_l)$ 是经过匹配滤波器后的整个双基地 MIMO 雷达系统的虚拟噪声，其为均值为 0，方差为 $\sigma^2\boldsymbol{I}_{M_tM_r}$ 的高斯白噪声。

因此，其数据协方差矩阵可表示为

$$\boldsymbol{R}_a=\mathrm{E}[\tilde{\boldsymbol{y}}_a(t_l)\tilde{\boldsymbol{y}}_a^{\mathrm{H}}(t_l)]=\tilde{\boldsymbol{B}}_a\boldsymbol{R}_a\tilde{\boldsymbol{B}}_a^{\mathrm{H}}+\sigma^2\boldsymbol{I}_{(N_t+M_t)\times(N_r+M_r)} \tag{7.4}$$

对 $\boldsymbol{R}_a$ 进行特征值分解可得相应的信号子空间 $\boldsymbol{U}_{as}$ 和噪声子空间 $\boldsymbol{U}_{an}$。根据式(2.8)可知，$\boldsymbol{U}_{as}$ 与 $\tilde{\boldsymbol{B}}_a$ 具有如下关系：

$$\boldsymbol{U}_{as} = \widetilde{\boldsymbol{B}}_a \boldsymbol{T} = (\widetilde{\boldsymbol{\Gamma}}_{\mathrm{r}} \widetilde{\boldsymbol{a}}_{\mathrm{r}} * \widetilde{\boldsymbol{\Gamma}}_{\mathrm{t}} \widetilde{\boldsymbol{a}}_{\mathrm{t}}) \boldsymbol{T} \tag{7.5}$$

式中,$\boldsymbol{T}$ 为一个唯一的非奇异矩阵。

在有限次脉冲数情况下,只能得到协方差矩阵的估计值

$$\hat{\boldsymbol{R}}_a = \frac{1}{L} \sum_{l=1}^{L} \widetilde{\boldsymbol{y}}_a(t_l) \widetilde{\boldsymbol{y}}_a^{\mathrm{H}}(t_l) = \hat{\boldsymbol{U}}_{as} \hat{\boldsymbol{\Lambda}}_{as} \hat{\boldsymbol{U}}_{as}^{\mathrm{H}} + \hat{\boldsymbol{U}}_{an} \hat{\boldsymbol{\Lambda}}_{an} \hat{\boldsymbol{U}}_{an}^{\mathrm{H}} \tag{7.6}$$

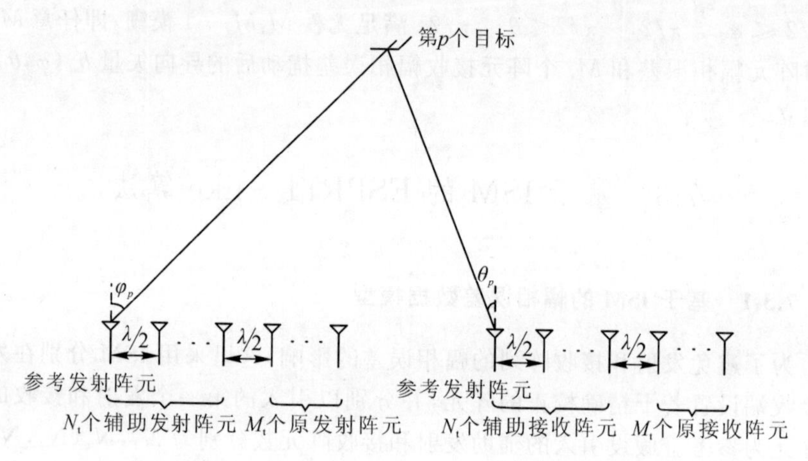

图 7.1　基于 ISM 的双基地 MIMO 雷达系统示意图

7.3.2　算法基本原理

定义矩阵

$$\left.\begin{aligned} \boldsymbol{B}_{\mathrm{r}1} &= \widetilde{\boldsymbol{a}}_{\mathrm{r}1} * \widetilde{\boldsymbol{\Gamma}}_{\mathrm{t}} \widetilde{\boldsymbol{a}}_{\mathrm{t}} \\ \boldsymbol{B}_{\mathrm{r}2} &= \widetilde{\boldsymbol{a}}_{\mathrm{r}2} * \widetilde{\boldsymbol{\Gamma}}_{\mathrm{t}} \widetilde{\boldsymbol{a}}_{\mathrm{t}} \end{aligned}\right\} \tag{7.7}$$

$$\left.\begin{aligned} \boldsymbol{B}_{\mathrm{t}1} &= \widetilde{\boldsymbol{\Gamma}}_{\mathrm{r}} \widetilde{\boldsymbol{a}}_{\mathrm{r}} * \widetilde{\boldsymbol{a}}_{\mathrm{t}1} \\ \boldsymbol{B}_{\mathrm{t}2} &= \widetilde{\boldsymbol{\Gamma}}_{\mathrm{r}} \widetilde{\boldsymbol{a}}_{\mathrm{r}} * \widetilde{\boldsymbol{a}}_{\mathrm{t}2} \end{aligned}\right\} \tag{7.8}$$

式中,$\widetilde{\boldsymbol{a}}_{\mathrm{r}1}$ 和 $\widetilde{\boldsymbol{a}}_{\mathrm{r}2}$ 分别为 $\widetilde{\boldsymbol{a}}_{\mathrm{r}}$ 的前 $N_{\mathrm{r}}+M_{\mathrm{r}}-1$ 行和后 $N_{\mathrm{r}}+M_{\mathrm{r}}-1$ 行,$\widetilde{\boldsymbol{a}}_{\mathrm{t}1}$ 和 $\widetilde{\boldsymbol{a}}_{\mathrm{t}2}$ 分别为 $\widetilde{\boldsymbol{a}}_{\mathrm{t}}$ 的前 $N_{\mathrm{t}}+M_{\mathrm{t}}-1$ 行和后 $N_{\mathrm{t}}+M_{\mathrm{t}}-1$ 行。

则其满足

$$\boldsymbol{B}_{\mathrm{r}2} = \boldsymbol{B}_{\mathrm{r}1} \boldsymbol{\Phi}_{\mathrm{r}}, \boldsymbol{B}_{\mathrm{t}2} = \boldsymbol{B}_{\mathrm{t}1} \boldsymbol{\Phi}_{\mathrm{t}} \tag{7.9}$$

式中,$\boldsymbol{\Phi}_{\mathrm{r}} = \mathrm{diag}[\mathrm{e}^{-\mathrm{j}\pi\sin\theta_1}, \cdots, \mathrm{e}^{-\mathrm{j}\pi\sin\theta_P}]$,$\boldsymbol{\Phi}_{\mathrm{t}} = \mathrm{diag}[\mathrm{e}^{-\mathrm{j}\pi\sin\varphi_1}, \cdots, \mathrm{e}^{-\mathrm{j}\pi\sin\varphi_P}]$。

令 $\boldsymbol{U}_{\mathrm{r}1}$ 和 $\boldsymbol{U}_{\mathrm{r}2}$ 的构造方式与 $\boldsymbol{B}_{\mathrm{r}1}$ 和 $\boldsymbol{B}_{\mathrm{r}2}$ 相同,$\boldsymbol{U}_{\mathrm{t}1}$ 和 $\boldsymbol{U}_{\mathrm{t}2}$ 的构造方式与 $\boldsymbol{B}_{\mathrm{t}1}$ 和 $\boldsymbol{B}_{\mathrm{t}2}$ 相同。根据式(7.5)可知,$\boldsymbol{U}_{\mathrm{r}1}$ 、$\boldsymbol{U}_{\mathrm{r}2}$ 和 $\boldsymbol{U}_{\mathrm{t}1}$ 、$\boldsymbol{U}_{\mathrm{t}2}$ 满足

$$\left.\begin{aligned}\boldsymbol{U}_{r1}=(\boldsymbol{\Gamma}_{r1}\otimes\boldsymbol{I}_{N_t+M_t})\boldsymbol{B}_{r1}\boldsymbol{T},\boldsymbol{U}_{r2}=(\boldsymbol{\Gamma}_{r2}\otimes\boldsymbol{I}_{N_t+M_t})\boldsymbol{B}_{r2}T\\ \boldsymbol{U}_{t1}=(\boldsymbol{I}_{N_r+M_r}\otimes\boldsymbol{\Gamma}_{t1})\boldsymbol{B}_{t1}\boldsymbol{T},\boldsymbol{U}_{t2}=(\boldsymbol{I}_{N_r+M_r}\otimes\boldsymbol{\Gamma}_{t2})\boldsymbol{B}_{t2}\boldsymbol{T}\end{aligned}\right\}\tag{7.10}$$

式中，$\boldsymbol{\Gamma}_{r1}=\mathrm{diag}(\boldsymbol{d}_{r1})$，$\boldsymbol{d}_{r1}=[\overbrace{1,\ \cdots,\ 1}^{N_r},\rho_{r1}e^{j\varphi_{r1}},\ \cdots,\ \rho_{r(M_r-1)}e^{j\varphi_{r(M_r-1)}}]^{T}$，$\boldsymbol{\Gamma}_{r2}=\mathrm{diag}(\boldsymbol{d}_{r2})$，$\boldsymbol{d}_{r2}=[\overbrace{1,\ \cdots,\ 1}^{N_r-1},\rho_{r1}e^{j\varphi_{r1}},\ \cdots,\ \rho_{rM_r}e^{j\varphi_{rM_r}}]^{T}$，$\boldsymbol{\Gamma}_{t1}=\mathrm{diag}(\boldsymbol{d}_{t1})$，$\boldsymbol{d}_{t1}=[\overbrace{1,\ \cdots,\ 1}^{N_t},\ \rho_{t1}e^{j\varphi_{t1}},\ \cdots,\ \rho_{t(M_t-1)}e^{j\varphi_{t(M_t-1)}}]^{T}$，$\boldsymbol{\Gamma}_{t2}=\mathrm{diag}(\boldsymbol{d}_{t2})$，$\boldsymbol{d}_{t2}=[\overbrace{1,\ \cdots,\ 1}^{N_t-1},\rho_{t1}e^{j\varphi_{t1}},\ \cdots,\ \rho_{tM_t}e^{j\varphi_{tM_t}}]^{T}$。

根据式(7.9)和式(7.10)可得

$$\left.\begin{aligned}\boldsymbol{\Gamma}_{r12}\boldsymbol{U}_{r2}=\boldsymbol{U}_{r1}\boldsymbol{T}^{-1}\boldsymbol{\Phi}_{r}\boldsymbol{T}=\boldsymbol{U}_{r1}\boldsymbol{\Psi}_{r}\\ \boldsymbol{\Gamma}_{t12}\boldsymbol{U}_{t2}=\boldsymbol{U}_{t1}\boldsymbol{T}^{-1}\boldsymbol{\Phi}_{t}\boldsymbol{T}=\boldsymbol{U}_{t1}\boldsymbol{\Psi}_{t}\end{aligned}\right\}\tag{7.11}$$

式中，$\boldsymbol{\Gamma}_{r12}=(\boldsymbol{\Gamma}_{r1}\otimes\boldsymbol{I}_{N_t+M_t})(\boldsymbol{\Gamma}_{r2}\otimes\boldsymbol{I}_{N_t+M_t})^{-1}=\mathrm{diag}(\boldsymbol{c}_r)$，$\boldsymbol{c}_r=(\boldsymbol{d}_{r1}\odot\boldsymbol{d}_{r2}^{*}\odot\boldsymbol{g}_r)\otimes\mathrm{vecd}(\boldsymbol{I}_{N_t+M_t})$，$\boldsymbol{g}_r=[\overbrace{1,\ \cdots,\ 1}^{N_r-1},\dfrac{1}{\rho_{r1}^{2}},\ \cdots,\ \dfrac{1}{\rho_{rM_r}^{2}}]^{T}$，$\boldsymbol{\Gamma}_{t12}=(\boldsymbol{I}_{N_r+M_r}\otimes\boldsymbol{\Gamma}_{t1})(\boldsymbol{I}_{N_r+M_r}\otimes\boldsymbol{\Gamma}_{t2})^{-1}=\mathrm{diag}(\boldsymbol{c}_t)$，$\boldsymbol{c}_t=\mathrm{vecd}(\boldsymbol{I}_{N_r+M_r})\otimes(\boldsymbol{d}_{t1}\odot\boldsymbol{d}_{t2}^{*}\odot\boldsymbol{g}_t)$，$\boldsymbol{g}_t=\left[\overbrace{1,\ \cdots,\ 1}^{N_t-1},\dfrac{1}{\rho_{t1}^{2}},\ \cdots,\ \dfrac{1}{\rho_{tM_t}^{2}}\right]^{T}$，$\boldsymbol{\Psi}_r=\boldsymbol{T}^{-1}\boldsymbol{\Phi}_r\boldsymbol{T}$，$\boldsymbol{\Psi}_t=\boldsymbol{T}^{-1}\boldsymbol{\Phi}_t\boldsymbol{T}$，$\mathrm{vecd}(\cdot)$ 表示由矩阵提取其对角元素构成列矢量。

由于 $\boldsymbol{\Gamma}_{r12}$、$\boldsymbol{\Psi}_r$、$\boldsymbol{\Gamma}_{t12}$ 和 $\boldsymbol{\Psi}_t$ 是未知的，所以它们可通过如下的带约束的优化问题来求解：

$$\left.\begin{aligned}\{\hat{\boldsymbol{c}}_r,\hat{\boldsymbol{\Psi}}_r\}=\arg\min_{\boldsymbol{c}_r,\boldsymbol{\Psi}_r}\|\mathrm{diag}(\boldsymbol{c}_r)\boldsymbol{U}_{r2}-\boldsymbol{U}_{r1}\boldsymbol{\Psi}_r\|_F^2\ \text{s.t.}\ \boldsymbol{e}_1^{T}\boldsymbol{c}_r=1\\ \{\hat{\boldsymbol{c}}_t,\hat{\boldsymbol{\Psi}}_t\}=\arg\min_{\boldsymbol{c}_t,\boldsymbol{\Psi}_t}\|\mathrm{diag}(\boldsymbol{c}_t)\boldsymbol{U}_{t2}-\boldsymbol{U}_{t1}\boldsymbol{\Psi}_t\|_F^2\ \text{s.t.}\ \boldsymbol{e}_1'^{T}\boldsymbol{c}_t=1\end{aligned}\right\}\tag{7.12}$$

式中，$\boldsymbol{e}_1=[1,\overbrace{0,\ \cdots,\ 0}^{(N_r+M_r-1)\times(N_t+M_t)}]^{T}$，$\boldsymbol{e}_1'=[1,\overbrace{0,\ \cdots,\ 0}^{(N_r+M_r)\times(N_t+M_t-1)}]^{T}$，$\|\cdot\|_F$ 表示求矩阵的 Frobenius 范数。

基于最小均方误差准则，可得式(7.12)的解为

$$\left.\begin{aligned}\hat{\boldsymbol{\Psi}}_r=(\boldsymbol{U}_{r1}^{H}\boldsymbol{U}_{r1})^{-1}\boldsymbol{U}_{r1}^{H}\mathrm{diag}(\boldsymbol{c}_r)\boldsymbol{U}_{r2}\\ \hat{\boldsymbol{\Psi}}_t=(\boldsymbol{U}_{t1}^{H}\boldsymbol{U}_{t1})^{-1}\boldsymbol{U}_{t1}^{H}\mathrm{diag}(\boldsymbol{c}_t)\boldsymbol{U}_{t2}\end{aligned}\right\}\tag{7.13}$$

将式(7.13)代入式(7.12)可得

$$\left.\begin{aligned}\hat{\boldsymbol{c}}_{\mathrm{r}} &= \arg\min_{\boldsymbol{c}_{\mathrm{r}}} \|\boldsymbol{P}_{U_{\mathrm{r1}}}^{\perp}\operatorname{diag}(\boldsymbol{c}_{\mathrm{r}})\boldsymbol{U}_{\mathrm{r2}}\|_{\mathrm{F}}^{2}\ \text{s.t.}\ \boldsymbol{e}_{1}^{\mathrm{T}}\boldsymbol{c}_{\mathrm{r}}=1\\ \hat{\boldsymbol{c}}_{\mathrm{t}} &= \arg\min_{\boldsymbol{c}_{\mathrm{t}}} \|\boldsymbol{P}_{U_{\mathrm{t1}}}^{\perp}\operatorname{diag}(\boldsymbol{c}_{\mathrm{t}})\boldsymbol{U}_{\mathrm{t2}}\|_{\mathrm{F}}^{2}\ \text{s.t.}\ \boldsymbol{e}'^{\mathrm{T}}_{1}\boldsymbol{c}_{\mathrm{t}}=1\end{aligned}\right\} \tag{7.14}$$

式中，$\boldsymbol{P}_{U_{\mathrm{r1}}}^{\perp}=\boldsymbol{I}_{(N_{\mathrm{t}}+M_{\mathrm{t}})(N_{\mathrm{r}}+M_{\mathrm{r}}-1)}-\boldsymbol{U}_{\mathrm{r1}}(\boldsymbol{U}_{\mathrm{r1}}^{\mathrm{H}}\boldsymbol{U}_{\mathrm{r1}})^{-1}\boldsymbol{U}_{\mathrm{r1}}^{\mathrm{H}}$，$\boldsymbol{P}_{U_{\mathrm{t1}}}^{\perp}=\boldsymbol{I}_{(N_{\mathrm{t}}+M_{\mathrm{t}}-1)(N_{\mathrm{r}}+M_{\mathrm{r}})}-\boldsymbol{U}_{\mathrm{t1}}(\boldsymbol{U}_{\mathrm{t1}}^{\mathrm{H}}\boldsymbol{U}_{\mathrm{t1}})^{-1}\boldsymbol{U}_{\mathrm{t1}}^{\mathrm{H}}$。

因为

$$\begin{aligned}\|\boldsymbol{P}_{U_{\mathrm{r1}}}^{\perp}\operatorname{diag}(\boldsymbol{c}_{\mathrm{r}})\boldsymbol{U}_{\mathrm{r2}}\|_{\mathrm{F}}^{2} &= \operatorname{tr}\{\boldsymbol{U}_{\mathrm{r2}}^{\mathrm{H}}\operatorname{diag}(\boldsymbol{c}_{\mathrm{r}}^{\mathrm{H}})(\boldsymbol{P}_{U_{\mathrm{r1}}}^{\perp})^{\mathrm{H}}\boldsymbol{P}_{U_{\mathrm{r1}}}^{\perp}\operatorname{diag}(\boldsymbol{c}_{\mathrm{r}})\boldsymbol{U}_{\mathrm{r2}}\}\\ &= \operatorname{tr}\{\boldsymbol{U}_{\mathrm{r2}}\boldsymbol{U}_{\mathrm{r2}}^{\mathrm{H}}\operatorname{diag}(\boldsymbol{c}_{\mathrm{r}}^{\mathrm{H}})\boldsymbol{P}_{U_{\mathrm{r1}}}^{\perp}\operatorname{diag}(\boldsymbol{c}_{\mathrm{r}})\}\\ &= \boldsymbol{c}_{\mathrm{r}}^{\mathrm{H}}[\boldsymbol{P}_{U_{\mathrm{r1}}}^{\perp}\odot(\boldsymbol{U}_{\mathrm{r2}}\boldsymbol{U}_{\mathrm{r2}}^{\mathrm{H}})^{\mathrm{T}}]\boldsymbol{c}_{\mathrm{r}}\\ &= \boldsymbol{c}_{\mathrm{r}}^{\mathrm{H}}\boldsymbol{Q}_{\mathrm{r}}\boldsymbol{c}_{\mathrm{r}}\end{aligned} \tag{7.15}$$

式中，$\boldsymbol{Q}_{\mathrm{r}}=\boldsymbol{P}_{U_{\mathrm{r1}}}^{\perp}\odot(\boldsymbol{U}_{\mathrm{r2}}\boldsymbol{U}_{\mathrm{r2}}^{\mathrm{H}})^{\mathrm{T}}$，$\operatorname{tr}\{\cdot\}$ 表示矩阵求迹。式(7.15)的推导过程中用到了关系式：

$$(\boldsymbol{P}_{U_{\mathrm{r1}}}^{\perp})^{\mathrm{H}}\boldsymbol{P}_{U_{\mathrm{r1}}}^{\perp}=\boldsymbol{P}_{U_{\mathrm{r1}}}^{\perp} \tag{7.16}$$

$$\operatorname{tr}(\boldsymbol{AMB}^{\mathrm{T}}\boldsymbol{M})=\boldsymbol{m}^{\mathrm{T}}(\boldsymbol{A}\odot\boldsymbol{B})\boldsymbol{m} \tag{7.17}$$

其中，$\boldsymbol{A}$、$\boldsymbol{B}$ 为 $n\times n$ 正方矩阵，$\boldsymbol{M}=\operatorname{diag}(\boldsymbol{m})$，$\boldsymbol{m}$ 为 $n\times 1$ 向量。

同理可得

$$\|\boldsymbol{P}_{U_{\mathrm{t1}}}^{\perp}\operatorname{diag}(\boldsymbol{c}_{\mathrm{t}})\boldsymbol{U}_{\mathrm{t2}}\|_{\mathrm{F}}^{2}=\boldsymbol{c}_{\mathrm{t}}^{\mathrm{H}}[\boldsymbol{P}_{U_{\mathrm{t1}}}^{\perp}\odot(\boldsymbol{U}_{\mathrm{t2}}\boldsymbol{U}_{\mathrm{t2}}^{\mathrm{H}})^{\mathrm{T}}]\boldsymbol{c}_{\mathrm{t}}=\boldsymbol{c}_{\mathrm{t}}^{\mathrm{H}}\boldsymbol{Q}_{\mathrm{t}}\boldsymbol{c}_{\mathrm{t}} \tag{7.18}$$

式中，$\boldsymbol{Q}_{\mathrm{t}}=\boldsymbol{P}_{U_{\mathrm{t1}}}^{\perp}\odot(\boldsymbol{U}_{\mathrm{t2}}\boldsymbol{U}_{\mathrm{t2}}^{\mathrm{H}})^{\mathrm{T}}$。

将式(7.15)、式(7.18)代入式(7.14)可得

$$\left.\begin{aligned}\hat{\boldsymbol{c}}_{\mathrm{r}} &= \arg\min_{c_r}\boldsymbol{c}_{\mathrm{r}}^{\mathrm{H}}\boldsymbol{Q}_{\mathrm{r}}\boldsymbol{c}_{\mathrm{r}}\ \text{s.t.}\ \boldsymbol{e}_{1}^{\mathrm{T}}\boldsymbol{c}_{\mathrm{r}}=1\\ \hat{\boldsymbol{c}}_{\mathrm{t}} &= \arg\min_{\boldsymbol{c}_{\mathrm{t}}}\boldsymbol{c}_{\mathrm{t}}^{\mathrm{H}}\boldsymbol{Q}_{\mathrm{t}}\boldsymbol{c}_{\mathrm{t}}\ \text{s.t.}\ \boldsymbol{e}'^{\mathrm{T}}_{1}\boldsymbol{c}_{\mathrm{t}}=1\end{aligned}\right\} \tag{7.19}$$

采用 Lagrange 算子法对式(7.19)进行求解，可得

$$\left.\begin{aligned}\hat{\boldsymbol{c}}_{\mathrm{r}} &= \boldsymbol{Q}_{\mathrm{r}}^{-1}\boldsymbol{e}_{1}/\boldsymbol{e}_{1}^{\mathrm{T}}\boldsymbol{Q}_{\mathrm{r}}^{-1}\boldsymbol{e}_{1}\\ \hat{\boldsymbol{c}}_{\mathrm{t}} &= \boldsymbol{Q}_{\mathrm{t}}^{-1}\boldsymbol{e}'_{1}/\boldsymbol{e}'^{\mathrm{T}}_{1}\boldsymbol{Q}_{\mathrm{t}}^{-1}\boldsymbol{e}'_{1}\end{aligned}\right\} \tag{7.20}$$

根据 $\boldsymbol{c}_{\mathrm{r}}$ 和 $\boldsymbol{c}_{\mathrm{t}}$ 的表达式可得对 $\tilde{\boldsymbol{\Gamma}}_{\mathrm{r}}$ 和 $\tilde{\boldsymbol{\Gamma}}_{\mathrm{t}}$ 的估计值为

$$\hat{\tilde{\boldsymbol{\Gamma}}}_{\mathrm{r}}(i,i)=\begin{cases}1, & i=1,2,\cdots,N_{\mathrm{r}}\\ \dfrac{1}{\dfrac{1}{(N_{\mathrm{t}}+M_{\mathrm{t}})}\displaystyle\sum_{j=1}^{N_{\mathrm{t}}+M_{\mathrm{t}}}\prod_{k=N_{\mathrm{r}}}^{i-1}\hat{c}_{\mathrm{r}}[(k-1)(N_{\mathrm{t}}+M_{\mathrm{t}})+j]}, & N_{\mathrm{r}}+1\leqslant i\leqslant N_{\mathrm{r}}+M_{\mathrm{r}}\end{cases} \tag{7.21}$$

$$\hat{\tilde{\boldsymbol{\Gamma}}}_{\mathrm{t}}(i,i)=\begin{cases}1, & i=1,2,\cdots,N_{\mathrm{t}}\\ \dfrac{1}{\dfrac{1}{N_{\mathrm{r}}+M_{\mathrm{r}}}\sum\limits_{j=1}^{N_{\mathrm{r}}+M_{\mathrm{r}}}\prod\limits_{k=N_{\mathrm{t}}}^{i-1}\hat{c}_{\mathrm{t}}[k+(j-1)(N_{\mathrm{t}}+M_{\mathrm{t}}-1)]}, & N_{\mathrm{t}}+1\leqslant i\leqslant N_{\mathrm{t}}+M_{\mathrm{t}}\end{cases}\tag{7.22}$$

将式(7.20)代入式(7.13)可得对 $\boldsymbol{\Psi}_{\mathrm{r}}$ 和 $\boldsymbol{\Psi}_{\mathrm{t}}$ 的估计值为

$$\left.\begin{aligned}\hat{\boldsymbol{\Psi}}_{\mathrm{r}}&=(\boldsymbol{U}_{\mathrm{r1}}^{\mathrm{H}}\boldsymbol{U}_{\mathrm{r1}})^{-1}\boldsymbol{U}_{\mathrm{r1}}^{\mathrm{H}}\mathrm{diag}\left(\frac{\boldsymbol{Q}_{\mathrm{r}}^{-1}\boldsymbol{e}_{1}}{\boldsymbol{e}_{1}^{\mathrm{T}}\boldsymbol{Q}_{\mathrm{r}}^{-1}\boldsymbol{e}_{1}}\right)\boldsymbol{U}_{\mathrm{r2}}\\ \hat{\boldsymbol{\Psi}}_{\mathrm{t}}&=(\boldsymbol{U}_{\mathrm{t1}}^{\mathrm{H}}\boldsymbol{U}_{\mathrm{t1}})^{-1}\boldsymbol{U}_{\mathrm{t1}}^{\mathrm{H}}\mathrm{diag}\left(\frac{\boldsymbol{Q}_{\mathrm{t}}^{-1}\boldsymbol{e}'_{1}}{\boldsymbol{e}'^{\mathrm{T}}_{1}\boldsymbol{Q}_{\mathrm{t}}^{-1}\boldsymbol{e}'_{1}}\right)\boldsymbol{U}_{\mathrm{t2}}\end{aligned}\right\}\tag{7.23}$$

对 $\hat{\boldsymbol{\Psi}}_{\mathrm{r}}$ 进行特征值分解可得其特征值和特征向量分别为 $\hat{\lambda}_{\mathrm{r1}},\hat{\lambda}_{\mathrm{r2}},\cdots,\hat{\lambda}_{\mathrm{r}p}$ 和 $\hat{\boldsymbol{\gamma}}_{1},\hat{\boldsymbol{\gamma}}_{2},\cdots,\hat{\boldsymbol{\gamma}}_{P}$，所以可得对目标 DOA 的估计值为

$$\hat{\theta}_{p}=-\arcsin[\mathrm{angle}(\hat{\lambda}_{\mathrm{r}p})/\pi],\quad p=1,2,\cdots,P\tag{7.24}$$

由 $\boldsymbol{\Psi}_{\mathrm{r}}$ 和 $\boldsymbol{\Psi}_{\mathrm{t}}$ 的表达式可以看出：对于同一个目标，$\boldsymbol{\Psi}_{\mathrm{r}}$ 和 $\boldsymbol{\Psi}_{\mathrm{t}}$ 具有相同的特征向量。因此，$\hat{\boldsymbol{\Psi}}_{\mathrm{t}}$ 特征值可通过式(7.25)求得：

$$\hat{\lambda}_{\mathrm{t}p}=\hat{\boldsymbol{\gamma}}_{p}^{\mathrm{H}}\hat{\boldsymbol{\Psi}}_{\mathrm{t}}\hat{\boldsymbol{\gamma}}_{p},\quad p=1,2,\cdots,P\tag{7.25}$$

从而可得对目标 DOD 的估计值为

$$\hat{\varphi}_{p}=-\arcsin[\mathrm{angle}(\hat{\lambda}_{\mathrm{t}p})/\pi],\quad p=1,2,\cdots,P\tag{7.26}$$

需指出的是：通过式(7.25)可避免对 $\hat{\boldsymbol{\Psi}}_{\mathrm{t}}$ 进行特征值分解，从而降低算法的计算量；同时，其还可实现对估计出的目标 DODs 和 DOAs 的自动配对。

7.3.3　算法基本步骤

根据以上分析过程，将本章的基于 ISM 的 ESPRIT - like 算法的步骤总结如下：

(1)根据式(7.6)估计虚拟阵列的数据协方差矩阵 $\hat{\boldsymbol{R}}_{a}$，并对其进行特征分解得信号子空间 $\hat{\boldsymbol{U}}_{\mathrm{s}}$。

(2)由 $\hat{\boldsymbol{U}}_{\mathrm{s}}$ 构造 $\hat{\boldsymbol{U}}_{\mathrm{r1}}$ 和 $\hat{\boldsymbol{U}}_{\mathrm{r2}}$ 及 $\hat{\boldsymbol{U}}_{\mathrm{t1}}$ 和 $\hat{\boldsymbol{U}}_{\mathrm{t2}}$。

(3)利用 $\hat{\boldsymbol{U}}_{\mathrm{r1}}$ 和 $\hat{\boldsymbol{U}}_{\mathrm{r2}}$ 及 $\hat{\boldsymbol{U}}_{\mathrm{t1}}$ 和 $\hat{\boldsymbol{U}}_{\mathrm{t2}}$，根据 $\boldsymbol{Q}_{\mathrm{r}}$、$\boldsymbol{Q}_{\mathrm{t}}$ 的表达式构造 $\hat{\boldsymbol{Q}}_{\mathrm{r}}$、$\hat{\boldsymbol{Q}}_{\mathrm{t}}$。

(4)根据式(7.20)～式(7.22)可得到对发射和接收阵列幅相误差矩阵的估计值$\hat{\tilde{\boldsymbol{\Gamma}}}_{\mathrm{t}}$ 和$\hat{\tilde{\boldsymbol{\Gamma}}}_{\mathrm{r}}$。

(5)根据(7.23)～式(7.26)可分别得对目标 DOA 估计值$\hat{\theta}_p(p=1,2,\cdots,P)$ 和 DOD 的估计值$\hat{\varphi}_p(p=1,2,\cdots,P)$。

7.4 算法性能的讨论与分析

7.4.1 算法性能的定性讨论

通过上节对算法的原理描述,可以得出下述定性结论:

(1)算法在进行发射和接收幅相误差校正过程中,无须任何精确校正的辅助目标,避免了辅助目标收发方位角误差对幅相误差参数估计的影响。

(2)由于辅助发射和接收阵元引入的误差自由度约束,本章算法克服了通常均匀线阵阵列校正中的模糊问题。由于均匀线阵理想的导向矢量为范德蒙矢量,当发射和接收阵列的幅相误差矢量 $\mathrm{vecd}[\boldsymbol{\Gamma}_{\mathrm{t}}]$ 和 $\mathrm{vecd}[\boldsymbol{\Gamma}_{\mathrm{r}}]$ 都具有范德蒙特性时,二维方位估计与幅相误差参数估计就会出现模糊,导致目标二维方位估计的偏差。但在本章算法中,由于引入了精确校正的辅助发射和接收阵元,发射阵列扰动矢量 $\mathrm{vecd}[\tilde{\boldsymbol{\Gamma}}_{\mathrm{t}}]$ 的前 N_{t} 个元素和接收阵列扰动矢量 $\mathrm{vecd}[\tilde{\boldsymbol{\Gamma}}_{\mathrm{r}}]$ 的前 N_{t} 个元素均为 1,其不可能具有范德蒙性(除非阵元无扰动,$\mathrm{vecd}[\tilde{\boldsymbol{\Gamma}}_{\mathrm{t}}]$ 和 $\mathrm{vecd}[\tilde{\boldsymbol{\Gamma}}_{\mathrm{r}}]$ 的元素均为 1)。所以本章算法消除了通常双基地 MIMO 雷达扰动参数估计时由收发方位参数与幅相误差参数耦合引起的模糊问题。

(3)算法的运算量小,无须任何的迭代和谱峰搜索过程,避免了高维、多模非线性搜索问题和局部收敛问题。

(4)算法的实现中没有使用扰动导向矢量的一阶泰勒近似来对参数估计问题进行简化,所以无须对阵列幅相误差进行微扰动假设,更加符合实际的误差模型。

7.4.2 收发方位角估计和幅相误差估计的克拉美-罗界(CRB)

发射和接收阵列幅相误差的存在对算法的估计性能有多大影响,必须计算其估计的方差,CRB 给出了无偏参数估计协方差矩阵的下界。为了计算收发方位参数与发射和接收阵元幅相误差系数联合估计对应的 CRB 表达式，分别把发射和接收阵元幅度和相位误差看作未知参数，此时共有 $2P+2M_{\mathrm{t}}+2M_{\mathrm{r}}$ 个未知实参数(分别为 P 个目标的 DOD、P 个目标的 DOA、M_{t} 个发射阵列幅度误差系数、M_{t} 个发射阵列相位误差系数、M_{r} 个接收阵列幅度误差系数、M_{r} 个接收阵列相位误差系数)，可写成矢量形式为

$$\boldsymbol{\eta}=[\varphi_1,\varphi_2,\cdots,\varphi_P,\theta_1,\theta_2,\cdots,\theta_P,\rho_{\mathrm{t}1},\rho_{\mathrm{t}2},\cdots,\rho_{\mathrm{t}M_{\mathrm{t}}},\phi_{\mathrm{t}1},\phi_{\mathrm{t}2},\cdots,\phi_{\mathrm{t}M_{\mathrm{t}}},\rho_{\mathrm{r}1},\rho_{\mathrm{r}2},\cdots,\rho_{\mathrm{r}M_{\mathrm{r}}},\phi_{\mathrm{r}1},\phi_{\mathrm{r}2},\cdots,\phi_{\mathrm{r}M_{\mathrm{r}}}]^{\mathrm{T}} \tag{7.27}$$

假设虚拟阵列数据 $\tilde{\boldsymbol{y}}_a(t_l)$ 是一个零均值的复高斯矢量，则目标收发方位参数与发射和接收阵列互耦联合估计对应的 CRB 可由式(7.28)表示：

$$\mathrm{E}[(\hat{\boldsymbol{\eta}}-\boldsymbol{\eta}_0)(\hat{\boldsymbol{\eta}}-\boldsymbol{\eta}_0)^{\mathrm{T}}]\geqslant \mathbf{CRB}=\boldsymbol{F}^{-1} \tag{7.28}$$

其中，$\boldsymbol{F}$ 为 $(2P+2M_{\mathrm{t}}+2M_{\mathrm{r}})\times(2P+2M_{\mathrm{t}}+2M_{\mathrm{r}})$ 阶 Fisher 信息矩阵，其可分块表示为

$$\boldsymbol{F}=\begin{bmatrix}\boldsymbol{F}_{\varphi\varphi} & \boldsymbol{F}_{\varphi\theta} & \boldsymbol{F}_{\varphi\rho_{\mathrm{t}}} & \boldsymbol{F}_{\varphi\phi_{\mathrm{t}}} & \boldsymbol{F}_{\varphi\rho_{\mathrm{r}}} & \boldsymbol{F}_{\varphi\phi_{\mathrm{r}}}\\ \boldsymbol{F}_{\theta\varphi} & \boldsymbol{F}_{\theta\theta} & \boldsymbol{F}_{\theta\rho_{\mathrm{t}}} & \boldsymbol{F}_{\theta\phi_{\mathrm{t}}} & \boldsymbol{F}_{\theta\rho_{\mathrm{r}}} & \boldsymbol{F}_{\theta\phi_{\mathrm{r}}}\\ \boldsymbol{F}_{\rho_{\mathrm{t}}\varphi} & \boldsymbol{F}_{\rho_{\mathrm{t}}\theta} & \boldsymbol{F}_{\rho_{\mathrm{t}}\rho_{\mathrm{t}}} & \boldsymbol{F}_{\rho_{\mathrm{t}}\phi_{\mathrm{t}}} & \boldsymbol{F}_{\rho_{\mathrm{t}}\rho_{\mathrm{r}}} & \boldsymbol{F}_{\rho_{\mathrm{t}}\phi_{\mathrm{r}}}\\ \boldsymbol{F}_{\phi_{\mathrm{t}}\varphi} & \boldsymbol{F}_{\phi_{\mathrm{t}}\theta} & \boldsymbol{F}_{\phi_{\mathrm{t}}\rho_{\mathrm{t}}} & \boldsymbol{F}_{\phi_{\mathrm{t}}\phi_{\mathrm{t}}} & \boldsymbol{F}_{\phi_{\mathrm{t}}\rho_{\mathrm{r}}} & \boldsymbol{F}_{\phi_{\mathrm{t}}\phi_{\mathrm{r}}}\\ \boldsymbol{F}_{\rho_{\mathrm{r}}\varphi} & \boldsymbol{F}_{\rho_{\mathrm{r}}\theta} & \boldsymbol{F}_{\rho_{\mathrm{r}}\rho_{\mathrm{t}}} & \boldsymbol{F}_{\rho_{\mathrm{r}}\phi_{\mathrm{t}}} & \boldsymbol{F}_{\rho_{\mathrm{r}}\rho_{\mathrm{r}}} & \boldsymbol{F}_{\rho_{\mathrm{r}}\phi_{\mathrm{r}}}\\ \boldsymbol{F}_{\phi_{\mathrm{r}}\varphi} & \boldsymbol{F}_{\phi_{\mathrm{r}}\theta} & \boldsymbol{F}_{\phi_{\mathrm{r}}\rho_{\mathrm{t}}} & \boldsymbol{F}_{\phi_{\mathrm{r}}\phi_{\mathrm{t}}} & \boldsymbol{F}_{\phi_{\mathrm{r}}\rho_{\mathrm{r}}} & \boldsymbol{F}_{\phi_{\mathrm{r}}\phi_{\mathrm{r}}}\end{bmatrix} \tag{7.29}$$

式中，$\boldsymbol{F}_{\varphi\varphi}$ 为 DOD 估计块，$\boldsymbol{F}_{\theta\theta}$ 为 DOA 估计块，$\boldsymbol{F}_{\rho_{\mathrm{t}}\rho_{\mathrm{t}}}$ 和 $\boldsymbol{F}_{\phi_{\mathrm{t}}\phi_{\mathrm{t}}}$ 分别为发射阵列幅度和相位误差系数估计块，$\boldsymbol{F}_{\rho_{\mathrm{r}}\rho_{\mathrm{r}}}$ 和 $\boldsymbol{F}_{\phi_{\mathrm{r}}\phi_{\mathrm{r}}}$ 分别为接收阵列幅度和相位误差系数估计块，其余为相应参数估计的互相关块。需指出的是，若假定一些参数已知(如发射或接收阵列的幅相误差系数)，则应消去其在 $\boldsymbol{F}$ 中相应的行和列。

当脉冲数 L 趋于无穷大时，第 m 个参数估计的 CRB 是 Fisher 矩阵逆的第 m 个对角元素，即

$$\mathbf{CRB}(\eta_m)=\boldsymbol{F}^{-1}[\eta]_{mm} \tag{7.30}$$

$\boldsymbol{F}$ 矩阵的元素可表示为

$$\boldsymbol{F}_{mn}=-\mathrm{E}\{\frac{\partial^2\zeta}{\partial\eta_m\partial\eta_n}\} \tag{7.31}$$

式中，ζ 为概率密度函数的自然对数，即

$$\zeta(\boldsymbol{\eta})=-L\cdot\ln[\det(\boldsymbol{R}_a)]-\sum_{l=1}^{L}\tilde{\boldsymbol{y}}_a^{\mathrm{H}}(t_l)\boldsymbol{R}_a^{-1}\tilde{\boldsymbol{y}}_a(t_l)$$

$$=-L\cdot\mathrm{tr}[\boldsymbol{R}_a^{-1}\hat{\boldsymbol{R}}_a]-L\cdot\ln[\det(\boldsymbol{R}_a)] \tag{7.32}$$

其中

$$\hat{\boldsymbol{R}}_a=\frac{1}{L}\sum_{l=1}^{L}\tilde{\boldsymbol{y}}_a(t_l)\tilde{\boldsymbol{y}}_a^{\mathrm{H}}(t_l) \tag{7.33}$$

根据矩阵求导公式：

$$\frac{\partial\boldsymbol{R}_a^{-1}}{\partial\eta_m}=-\boldsymbol{R}_a^{-1}\frac{\partial\boldsymbol{R}^a}{\partial\eta_m}\boldsymbol{R}_a^{-1},\frac{\partial\ln[\det(\boldsymbol{R}_a)]}{\partial\eta_m}=\mathrm{tr}\left\{\boldsymbol{R}_a^{-1}\frac{\partial\boldsymbol{R}_a}{\partial\eta_m}\right\} \tag{7.34}$$

可以得到 ζ 对 η_m 的偏导数为

$$\begin{aligned}\frac{\partial\zeta}{\partial\eta_m}&=L\cdot\mathrm{tr}\left\{\boldsymbol{R}_a^{-1}\frac{\partial\boldsymbol{R}_a}{\partial\eta_m}\boldsymbol{R}_a^{-1}\hat{\boldsymbol{R}}_a\right\}-L\cdot\mathrm{tr}\left\{\boldsymbol{R}_a^{-1}\frac{\partial\boldsymbol{R}_a}{\partial\eta_m}\right\}\\&=L\cdot\mathrm{tr}\left\{\boldsymbol{R}_a^{-1}\frac{\partial\boldsymbol{R}_a}{\partial\eta_m}(\boldsymbol{R}_a^{-1}\hat{\boldsymbol{R}}_a-\boldsymbol{I}_{\tilde{M}_t\tilde{M}_r})\right\}\end{aligned} \tag{7.35}$$

其中，$\tilde{M}_t=M_t+N_t$，$\tilde{M}_r=M_r+N_r$。

求 ζ 的二阶偏导，可得

$$\frac{\partial^2\zeta}{\partial\eta_m\partial\eta_n}=L\cdot\mathrm{tr}\left\{\frac{\partial}{\partial\eta_n}\left[\boldsymbol{R}_a^{-1}\frac{\partial\boldsymbol{R}_a}{\partial\eta_m}\right](\boldsymbol{R}_a^{-1}\hat{\boldsymbol{R}}_a-\boldsymbol{I}_{\tilde{M}_t\tilde{M}_r})+\boldsymbol{R}_a^{-1}\frac{\partial\boldsymbol{R}_a}{\partial\eta_m}\left[-\boldsymbol{R}_a^{-1}\frac{\partial\boldsymbol{R}_a}{\partial\eta_n}\boldsymbol{R}_a^{-1}\hat{\boldsymbol{R}}_a\right]\right\} \tag{7.36}$$

对式(7.36)两边求期望，可得

$$\boldsymbol{F}_{mn}=-\mathrm{E}\left\{\frac{\partial^2\zeta}{\partial\eta_m\partial\eta_n}\right\}=L\cdot\mathrm{tr}\left\{\boldsymbol{R}_a^{-1}\frac{\partial\boldsymbol{R}_a}{\partial\eta_m}\boldsymbol{R}_a^{-1}\frac{\partial\boldsymbol{R}_a}{\partial\eta_n}\right\} \tag{7.37}$$

求 $\boldsymbol{R}_a$ 对 η_m 的偏导数，有

$$\frac{\partial\boldsymbol{R}_a}{\partial\eta_m}=\boldsymbol{D}_m\boldsymbol{R}_\alpha\tilde{\boldsymbol{B}}_a^{\mathrm{H}}+\tilde{\boldsymbol{B}}_a\boldsymbol{R}_\alpha\boldsymbol{D}_m^{\mathrm{H}} \tag{7.38}$$

其中

$$\boldsymbol{D}_m=\frac{\partial\tilde{\boldsymbol{B}}_a}{\partial\eta_m}=\frac{\partial[\tilde{\boldsymbol{\Gamma}}_r\tilde{\boldsymbol{a}}_r*\tilde{\boldsymbol{\Gamma}}_t\tilde{\boldsymbol{a}}_t]}{\partial\eta_m} \tag{7.39}$$

将式(7.38)代入式(7.36)后化简可得

$$\boldsymbol{F}_{mn}=2L\cdot\mathrm{Re}\{\mathrm{tr}\{\boldsymbol{R}_a^{-1}\boldsymbol{D}_m\boldsymbol{R}_\alpha\tilde{\boldsymbol{B}}_a^{\mathrm{H}}\boldsymbol{R}_a^{-1}\tilde{\boldsymbol{B}}_a\boldsymbol{R}_\alpha\boldsymbol{D}_n^{\mathrm{H}}\}+\mathrm{tr}\{\boldsymbol{R}_a^{-1}\boldsymbol{D}_m\boldsymbol{R}_\alpha\tilde{\boldsymbol{B}}_a^{\mathrm{H}}\boldsymbol{R}_a^{-1}\boldsymbol{D}_n\boldsymbol{R}_\alpha\tilde{\boldsymbol{B}}_a^{\mathrm{H}}\}\} \tag{7.40}$$

为了便于求解，现在给出更为详细的表达式。

1. 关于 DOD 和 DOA 的 Fisher 信息子矩阵

根据式(7.39)及 $\tilde{\boldsymbol{a}}_t$ 的表达式，可得 $\tilde{\boldsymbol{B}}_a$ 对 φ_m 的偏导为

$$\frac{\partial \widetilde{\boldsymbol{B}}_a}{\partial \varphi_m}=(\widetilde{\boldsymbol{\Gamma}}_{\mathrm{r}}\widetilde{\boldsymbol{a}}_{\mathrm{r}} * \widetilde{\boldsymbol{\Gamma}}_{\mathrm{t}}\dot{\widetilde{\boldsymbol{A}}}_{\mathrm{t}})\boldsymbol{e}_m\boldsymbol{e}_m^{\mathrm{T}},\quad m=1,2,\cdots,P \tag{7.41}$$

式中，$\dot{\widetilde{\boldsymbol{A}}}_{\mathrm{t}}=[\widetilde{\boldsymbol{a}}_{\mathrm{t}}(\varphi_1)\odot\widetilde{\boldsymbol{d}}_{\mathrm{t}}(\varphi_1),\widetilde{\boldsymbol{a}}_{\mathrm{t}}(\varphi_2)\odot\widetilde{\boldsymbol{d}}_{\mathrm{t}}(\varphi_2),\cdots,\widetilde{\boldsymbol{a}}_{\mathrm{t}}(\varphi_P)\odot\widetilde{\boldsymbol{d}}_{\mathrm{t}}(\varphi_P)]$，$\widetilde{\boldsymbol{d}}_{\mathrm{t}}(\varphi_p)=[0,-\mathrm{j}\pi\cos\varphi_p,\cdots,-\mathrm{j}\pi(\widetilde{M}_{\mathrm{t}}-1)\cos\varphi_p]^{\mathrm{T}}$，$\boldsymbol{e}_m$ 为单位矩阵 $\boldsymbol{I}_P$ 的第 m 列。

记 $\boldsymbol{E}_{\mathrm{t}}=\widetilde{\boldsymbol{\Gamma}}_{\mathrm{r}}\widetilde{\boldsymbol{a}}_{\mathrm{r}} * \widetilde{\boldsymbol{\Gamma}}_{\mathrm{t}}\dot{\widetilde{\boldsymbol{A}}}_{\mathrm{t}}$，将式(7.41)代入式(7.40)可得

$$\begin{aligned}\boldsymbol{F}_{\varphi_m\varphi_n}&=2L\cdot\mathrm{Re}\{\mathrm{tr}\{\boldsymbol{R}_a^{-1}\boldsymbol{E}_{\mathrm{t}}\boldsymbol{e}_m\boldsymbol{e}_m^{\mathrm{T}}\boldsymbol{R}_\alpha\widetilde{\boldsymbol{B}}_a^{\mathrm{H}}\boldsymbol{R}_a^{-1}\widetilde{\boldsymbol{B}}_a\boldsymbol{R}_\alpha\boldsymbol{e}_n\boldsymbol{e}_n^{\mathrm{T}}\boldsymbol{E}_{\mathrm{t}}^{\mathrm{H}}\}+\\&\qquad\mathrm{tr}\{\boldsymbol{R}_a^{-1}\boldsymbol{E}_{\mathrm{t}}\boldsymbol{e}_m\boldsymbol{e}_m^{\mathrm{T}}\boldsymbol{R}_\alpha\widetilde{\boldsymbol{B}}_a^{\mathrm{H}}\boldsymbol{R}_a^{-1}\boldsymbol{E}_{\mathrm{t}}\boldsymbol{e}_n\boldsymbol{e}_n^{\mathrm{T}}\boldsymbol{R}_\alpha\widetilde{\boldsymbol{B}}_a^{\mathrm{H}}\}\}\\&=2L\cdot\mathrm{Re}\{\boldsymbol{e}_m^{\mathrm{T}}\boldsymbol{R}_\alpha\widetilde{\boldsymbol{B}}_a^{\mathrm{H}}\boldsymbol{R}_c^{-1}\widetilde{\boldsymbol{B}}_a\boldsymbol{R}_\alpha\boldsymbol{e}_n\boldsymbol{e}_n^{\mathrm{T}}\boldsymbol{E}_{\mathrm{t}}^{\mathrm{H}}\boldsymbol{R}_a^{-1}\boldsymbol{E}_{\mathrm{t}}\boldsymbol{e}_m+\\&\qquad\boldsymbol{e}_m^{\mathrm{T}}\boldsymbol{R}_\alpha\widetilde{\boldsymbol{B}}_a^{\mathrm{H}}\boldsymbol{R}_a^{-1}\boldsymbol{E}_{\mathrm{t}}\boldsymbol{e}_n\boldsymbol{e}_n^{\mathrm{T}}\boldsymbol{R}_\alpha\widetilde{\boldsymbol{B}}_a^{\mathrm{H}}\boldsymbol{R}_a^{-1}\boldsymbol{E}_{\mathrm{t}}\boldsymbol{e}_m\}\end{aligned} \tag{7.42}$$

将上式写成矩阵形式可表示为

$$\begin{aligned}\boldsymbol{F}_{\varphi\varphi}=2L\cdot\mathrm{Re}\{&(\boldsymbol{R}_\alpha\widetilde{\boldsymbol{B}}_a^{\mathrm{H}}\boldsymbol{R}_a^{-1}\widetilde{\boldsymbol{B}}_a\boldsymbol{R}_\alpha)\odot(\boldsymbol{E}_{\mathrm{t}}^{\mathrm{H}}\boldsymbol{R}_a^{-1}\boldsymbol{E}_{\mathrm{t}})^{\mathrm{T}}+\\&(\boldsymbol{R}_\alpha\widetilde{\boldsymbol{B}}_a^{\mathrm{H}}\boldsymbol{R}_a^{-1}\boldsymbol{E}_{\mathrm{t}})\odot(\boldsymbol{R}_\alpha\widetilde{\boldsymbol{B}}_a^{\mathrm{H}}\boldsymbol{R}_a^{-1}\boldsymbol{E}_{\mathrm{t}})^{\mathrm{T}}\}\end{aligned} \tag{7.43}$$

式(7.43)即为关于 DOD 的 Fisher 矩阵。同理，可知关于 DOA 的 Fisher 矩阵及 DOD 和 DOA 之间的 Fisher 矩阵分别为

$$\begin{aligned}\boldsymbol{F}_{\theta\theta}=2L\cdot\mathrm{Re}\{&(\boldsymbol{R}_\alpha\widetilde{\boldsymbol{B}}_a^{\mathrm{H}}\boldsymbol{R}_a^{-1}\widetilde{\boldsymbol{B}}_a\boldsymbol{R}_\alpha)\odot(\boldsymbol{E}_{\mathrm{r}}^{\mathrm{H}}\boldsymbol{R}_a^{-1}\boldsymbol{E}_{\mathrm{r}})^{\mathrm{T}}+\\&(\boldsymbol{R}_\alpha\widetilde{\boldsymbol{B}}_a^{\mathrm{H}}\boldsymbol{R}_a^{-1}\boldsymbol{E}_{\mathrm{r}})\odot(\boldsymbol{R}_\alpha\widetilde{\boldsymbol{B}}_a^{\mathrm{H}}\boldsymbol{R}_a^{-1}\boldsymbol{E}_{\mathrm{r}})^{\mathrm{T}}\}\end{aligned} \tag{7.44}$$

$$\begin{aligned}\boldsymbol{F}_{\varphi\theta}=2L\cdot\mathrm{Re}\{&(\boldsymbol{R}_\alpha\widetilde{\boldsymbol{B}}_a^{\mathrm{H}}\boldsymbol{R}_a^{-1}\widetilde{\boldsymbol{B}}_a\boldsymbol{R}_\alpha)\odot(\boldsymbol{E}_{\mathrm{r}}^{\mathrm{H}}\boldsymbol{R}_a^{-1}\boldsymbol{E}_{\mathrm{t}})^{\mathrm{T}}+\\&(\boldsymbol{R}_\alpha\widetilde{\boldsymbol{B}}_a^{\mathrm{H}}\boldsymbol{R}_a^{-1}\boldsymbol{E}_{\mathrm{r}})\odot(\boldsymbol{R}_\alpha\widetilde{\boldsymbol{B}}_a^{\mathrm{H}}\boldsymbol{R}_a^{-1}\boldsymbol{E}_{\mathrm{t}})^{\mathrm{T}}\}\end{aligned} \tag{7.45}$$

$$\begin{aligned}\boldsymbol{F}_{\theta\varphi}=2L\cdot\mathrm{Re}\{&(\boldsymbol{R}_\alpha\widetilde{\boldsymbol{B}}_a^{\mathrm{H}}\boldsymbol{R}_a^{-1}\widetilde{\boldsymbol{B}}_a\boldsymbol{R}_\alpha)\odot(\boldsymbol{E}_{\mathrm{t}}^{\mathrm{H}}\boldsymbol{R}_a^{-1}\boldsymbol{E}_{\mathrm{r}})^{\mathrm{T}}+\\&(\boldsymbol{R}_\alpha\widetilde{\boldsymbol{B}}_a^{\mathrm{H}}\boldsymbol{R}_a^{-1}\boldsymbol{E}_{\mathrm{t}})\odot(\boldsymbol{R}_\alpha\widetilde{\boldsymbol{B}}_a^{\mathrm{H}}\boldsymbol{R}_a^{-1}\boldsymbol{E}_{\mathrm{r}})^{\mathrm{T}}\}\end{aligned} \tag{7.46}$$

式中，$\boldsymbol{E}_{\mathrm{r}}=\widetilde{\boldsymbol{\Gamma}}_{\mathrm{r}}\dot{\widetilde{\boldsymbol{A}}}_{\mathrm{r}} * \widetilde{\boldsymbol{\Gamma}}_{\mathrm{t}}\widetilde{\boldsymbol{a}}_{\mathrm{t}}$，$\dot{\widetilde{\boldsymbol{A}}}_{\mathrm{r}}=[\widetilde{\boldsymbol{a}}_{\mathrm{r}}(\theta_1)\odot\widetilde{\boldsymbol{d}}_{\mathrm{r}}(\theta_1),\widetilde{\boldsymbol{a}}_{\mathrm{r}}(\theta_2)\odot\widetilde{\boldsymbol{d}}_{\mathrm{r}}(\theta_2),\cdots,\widetilde{\boldsymbol{a}}_{\mathrm{r}}(\theta_P)\odot\widetilde{\boldsymbol{d}}_{\mathrm{r}}(\theta_P)]$，$\widetilde{\boldsymbol{d}}_{\mathrm{r}}(\theta_p)=[0,-\mathrm{j}\pi\cos\theta_p,\cdots,-\mathrm{j}\pi(\widetilde{M}_{\mathrm{r}}-1)\cos\theta_p]^{\mathrm{T}}$。

2.关于发射、接收阵列幅度和相位误差系数的 Fisher 信息子矩阵

由于辅助发射和接收阵元是精确校正的，在幅相误差矩阵 $\widetilde{\boldsymbol{\Gamma}}_{\mathrm{t}}$ 和 $\widetilde{\boldsymbol{\Gamma}}_{\mathrm{r}}$ 中它们对应的对角元素应为 1，因此可当作已知参数。由式(7.3)和式(7.39)可得

$$\boldsymbol{E}_{\rho_{\mathrm{t}m}}=\frac{\partial\widetilde{\boldsymbol{B}}_a}{\partial\rho_{\mathrm{t}m}}=\widetilde{\boldsymbol{\Gamma}}_{\mathrm{r}}\widetilde{\boldsymbol{a}}_{\mathrm{r}} * [\boldsymbol{e}'_{m+N_{\mathrm{t}}}\boldsymbol{e}'^{\mathrm{T}}_{m+N_{\mathrm{t}}}\widetilde{\boldsymbol{\Gamma}}_{\rho_{\mathrm{t}}}\widetilde{\boldsymbol{a}}_{\mathrm{t}}]$$

$$=[\boldsymbol{I}_{\widetilde{M}_r}\otimes(\boldsymbol{e}'_{m+N_t}\boldsymbol{e}'^{T}_{m+N_t})](\widetilde{\boldsymbol{\Gamma}}_r\widetilde{\boldsymbol{a}}_r*\widetilde{\boldsymbol{\Gamma}}_{\rho_t}\widetilde{\boldsymbol{a}}_t),\quad m=1,2,\cdots,M_t \tag{7.47}$$

式中，$\boldsymbol{e}'_{m+N_t}$ 为单位矩阵 $\boldsymbol{I}_{\widetilde{M}_t}$ 的第 $m+N_t$ 列。

$$\widetilde{\boldsymbol{\Gamma}}_{\rho_t}=\mathrm{diag}[\overbrace{0,\ 0,\ \cdots\ 0,}^{N_t}\ \mathrm{e}^{j\phi_{t1}},\mathrm{e}^{j\phi_{t2}},\cdots,\mathrm{e}^{j\phi_{tM_t}}] \tag{7.48}$$

将式(7.47)代入式(7.40)后可得发射阵列幅度误差系数的 Fisher 信息子矩阵为

$$\begin{aligned}\boldsymbol{F}_{\rho_{tm}\rho_{tn}}=&2L\cdot\mathrm{Re}\{\mathrm{tr}\{\boldsymbol{R}_a^{-1}\boldsymbol{E}_{\rho_{tm}}\boldsymbol{R}_\alpha\widetilde{\boldsymbol{B}}_a^{H}\boldsymbol{R}_a^{-1}\widetilde{\boldsymbol{B}}_a\boldsymbol{R}_\alpha\boldsymbol{E}_{\rho_{tn}}^{H}\}+\\&\mathrm{tr}\{\boldsymbol{R}_a^{-1}\boldsymbol{E}_{\rho_{tm}}\boldsymbol{R}_\alpha\widetilde{\boldsymbol{B}}_a^{H}\boldsymbol{R}_a^{-1}\boldsymbol{E}_{\rho_{tn}}\boldsymbol{R}_\alpha\widetilde{\boldsymbol{B}}_a^{H}\}\}\end{aligned} \tag{7.49}$$

同理，可以得到其他关于幅相误差系数的 Fisher 信息子矩阵。为了节省篇幅，这里只给出 $\boldsymbol{F}_{\phi_{tm}\phi_{tn}}$，$\boldsymbol{F}_{\rho_{rm}\rho_{rn}}$ 和 $\boldsymbol{F}_{\phi_{rm}\phi_{rn}}$ 的表达式，分别为

$$\boldsymbol{F}_{\phi_{tm}\phi_{tn}}=2L\cdot\mathrm{Re}\{\mathrm{tr}\{\boldsymbol{R}_a^{-1}\boldsymbol{E}_{\phi_{tm}}\boldsymbol{R}_\alpha\widetilde{\boldsymbol{B}}_a^{H}\boldsymbol{R}_a^{-1}\widetilde{\boldsymbol{B}}_a\boldsymbol{R}_\alpha\boldsymbol{E}_{\phi_{tn}}^{H}\}+\mathrm{tr}\{\boldsymbol{R}_a^{-1}\boldsymbol{E}_{\phi_{tm}}\boldsymbol{R}_\alpha\widetilde{\boldsymbol{B}}_a^{H}\boldsymbol{R}_a^{-1}\boldsymbol{E}_{\phi_{tn}}\boldsymbol{R}_\alpha\widetilde{\boldsymbol{B}}_a^{H}\}\} \tag{7.50}$$

$$\boldsymbol{F}_{\rho_{rm}\rho_{rn}}=2L\cdot\mathrm{Re}\{\mathrm{tr}\{\boldsymbol{R}_a^{-1}\boldsymbol{E}_{\rho_{rm}}\boldsymbol{R}_\alpha\widetilde{\boldsymbol{B}}_a^{H}\boldsymbol{R}_a^{-1}\widetilde{\boldsymbol{B}}_a\boldsymbol{R}_\alpha\boldsymbol{E}_{\rho_{rn}}^{H}\}+\mathrm{tr}\{\boldsymbol{R}_a^{-1}\boldsymbol{E}_{\rho_{rm}}\boldsymbol{R}_\alpha\widetilde{\boldsymbol{B}}_a^{H}\boldsymbol{R}_a^{-1}\boldsymbol{E}_{\rho_{rn}}\boldsymbol{R}_\alpha\widetilde{\boldsymbol{B}}_a^{H}\}\} \tag{7.51}$$

$$\boldsymbol{F}_{\phi_{rm}\phi_{rn}}=2L\cdot\mathrm{Re}\{\mathrm{tr}\{\boldsymbol{R}_a^{-1}\boldsymbol{E}_{\phi_{rm}}\boldsymbol{R}_\alpha\widetilde{\boldsymbol{B}}_a^{H}\boldsymbol{R}_a^{-1}\widetilde{\boldsymbol{B}}_a\boldsymbol{R}_\alpha E_{\phi_{rn}}^{H}\}+\mathrm{tr}\{\boldsymbol{R}_a^{-1}\boldsymbol{E}_{\phi_{rm}}\boldsymbol{R}_\alpha\widetilde{\boldsymbol{B}}_a^{H}\boldsymbol{R}_a^{-1}\boldsymbol{E}_{\phi_{rn}}\boldsymbol{R}_\alpha\widetilde{\boldsymbol{B}}_a^{H}\}\} \tag{7.52}$$

其中

$$\begin{aligned}\boldsymbol{E}_{\phi_{tm}}=&\frac{\partial\widetilde{\boldsymbol{B}}_a}{\partial\phi_{tm}}=\widetilde{\boldsymbol{\Gamma}}_r\widetilde{\boldsymbol{A}}_r*[\boldsymbol{e}'_{m+N_t}\boldsymbol{e}'^{T}_{m+N_t}\widetilde{\boldsymbol{\Gamma}}_{\phi_t}\widetilde{\boldsymbol{A}}_t]\\=&[\boldsymbol{I}_{\widetilde{M}_r}\otimes(\boldsymbol{e}'_{m+N_t}\boldsymbol{e}'^{T}_{m+N_t})](\widetilde{\boldsymbol{\Gamma}}_r\widetilde{\boldsymbol{A}}_r*\widetilde{\boldsymbol{\Gamma}}_{\phi_t}\widetilde{\boldsymbol{A}}_t),\quad m=1,2,\cdots,M_t\end{aligned} \tag{7.53}$$

$$\begin{aligned}\boldsymbol{E}_{\rho_{rm}}=&\frac{\partial\widetilde{\boldsymbol{B}}_a}{\partial\rho_{rm}}=[\boldsymbol{e}''_{m+N_r}\boldsymbol{e}''^{T}_{m+N_r}\widetilde{\boldsymbol{\Gamma}}_{\rho_r}\widetilde{\boldsymbol{A}}_r]*\widetilde{\boldsymbol{\Gamma}}_t\widetilde{\boldsymbol{A}}_t\\=&[(\boldsymbol{e}''_{m+N_r}\boldsymbol{e}''^{T}_{m+N_r})\otimes\boldsymbol{I}_{\widetilde{M}_t}](\widetilde{\boldsymbol{\Gamma}}_{\rho_r}\widetilde{\boldsymbol{A}}_r*\widetilde{\boldsymbol{\Gamma}}_t\widetilde{\boldsymbol{A}}_t),\quad m=1,2,\cdots,M_r\end{aligned} \tag{7.54}$$

$$\begin{aligned}\boldsymbol{E}_{\phi_{rm}}=&\frac{\partial\widetilde{\boldsymbol{B}}_a}{\partial\varphi_{rm}}=[\boldsymbol{e}''_{m+N_r}\boldsymbol{e}''^{T}_{m+N_r}\widetilde{\boldsymbol{\Gamma}}_{\phi_r}\widetilde{\boldsymbol{A}}_r]*\widetilde{\boldsymbol{\Gamma}}_t\widetilde{\boldsymbol{A}}_t\\=&[(\boldsymbol{e}''_{m+N_r}\boldsymbol{e}''^{T}_{m+N_r})\otimes\boldsymbol{I}_{\widetilde{M}_t}](\widetilde{\boldsymbol{\Gamma}}_{\phi_r}\widetilde{\boldsymbol{A}}_r*\widetilde{\boldsymbol{\Gamma}}_t\widetilde{\boldsymbol{A}}_t),\quad m=1,2,\cdots,M_r\end{aligned} \tag{7.55}$$

式中，$\boldsymbol{e}''_{m+N_\mathrm{r}}$ 为单位矩阵 $\boldsymbol{I}_{\widetilde{M}_\mathrm{r}}$ 的第 $m+N_\mathrm{r}$ 列。

$$\widetilde{\boldsymbol{\Gamma}}_{\phi_\mathrm{t}}=\mathrm{j}\times\mathrm{diag}[\overbrace{0,\ 0,\ \cdots,\ 0,}^{N_\mathrm{t}}\ \rho_{\mathrm{t}1}\mathrm{e}^{\mathrm{j}\phi_{\mathrm{t}1}},\rho_{\mathrm{t}2}\mathrm{e}^{\mathrm{j}\phi_{\mathrm{t}2}},\cdots,\rho_{\mathrm{t}M_\mathrm{t}}\mathrm{e}^{\mathrm{j}\phi_{\mathrm{t}M_\mathrm{t}}}] \tag{7.56}$$

$$\widetilde{\boldsymbol{\Gamma}}_{\rho_\mathrm{r}}=\mathrm{diag}[\overbrace{0,\ 0,\ \cdots\ 0,}^{N_\mathrm{r}}\ \mathrm{e}^{\mathrm{j}\phi_{\mathrm{r}1}},\mathrm{e}^{\mathrm{j}\phi_{\mathrm{r}2}},\cdots,\mathrm{e}^{\mathrm{j}\phi_{\mathrm{r}M_\mathrm{r}}}] \tag{7.57}$$

$$\widetilde{\boldsymbol{\Gamma}}_{\phi_\mathrm{r}}=\mathrm{j}\times\mathrm{diag}[\overbrace{0,\ 0,\ \cdots\ 0,}^{N_\mathrm{r}}\ \rho_{\mathrm{r}1}\mathrm{e}^{\mathrm{j}\phi_{\mathrm{r}1}},\rho_{\mathrm{r}2}\mathrm{e}^{\mathrm{j}\phi_{\mathrm{r}2}},\cdots,\rho_{\mathrm{r}M_\mathrm{r}}\mathrm{e}^{\mathrm{j}\phi_{\mathrm{r}M_\mathrm{r}}}] \tag{7.58}$$

3. 关于收发方位角和幅相误差系数交叉项的 Fisher 信息子矩阵

类似于前面的过程，可以得到

$$\begin{aligned}\boldsymbol{F}_{\varphi_m\rho_{\mathrm{t}n}}=2L\cdot\mathrm{Re}\{&\boldsymbol{e}_m^\mathrm{T}\boldsymbol{R}_\alpha\widetilde{\boldsymbol{B}}_a^\mathrm{H}\boldsymbol{R}_a^{-1}\widetilde{\boldsymbol{B}}_a\boldsymbol{R}_\alpha\boldsymbol{E}_{\rho_{\mathrm{t}n}}^\mathrm{H}\boldsymbol{R}_a^{-1}\boldsymbol{E}_\mathrm{t}\boldsymbol{e}_m+\\&\boldsymbol{e}_m^\mathrm{T}\boldsymbol{R}_\alpha\widetilde{\boldsymbol{B}}_a^\mathrm{H}\boldsymbol{R}_a^{-1}\boldsymbol{E}_{\rho_{\mathrm{t}n}}\boldsymbol{R}_\alpha\widetilde{\boldsymbol{B}}_a^\mathrm{H}\boldsymbol{R}_a^{-1}\boldsymbol{E}_\mathrm{t}\boldsymbol{e}_m\}\end{aligned} \tag{7.59}$$

$$\begin{aligned}\boldsymbol{F}_{\rho_{\mathrm{t}m}\varphi_n}=2L\cdot\mathrm{Re}\{&\boldsymbol{e}_n^\mathrm{T}\boldsymbol{E}_\mathrm{t}^\mathrm{H}\boldsymbol{R}_a^{-1}\boldsymbol{E}_{\rho_{\mathrm{t}m}}\boldsymbol{R}_\alpha\widetilde{B}_a^\mathrm{H}\boldsymbol{R}_a^{-1}\widetilde{\boldsymbol{B}}_a\boldsymbol{R}_\alpha e_m+\\&\boldsymbol{e}_n^\mathrm{T}\boldsymbol{R}_\alpha\widetilde{\boldsymbol{B}}_a^\mathrm{H}\boldsymbol{R}_a^{-1}\boldsymbol{E}_{\rho_{\mathrm{t}m}}\boldsymbol{R}_\alpha\widetilde{\boldsymbol{B}}_a^\mathrm{H}\boldsymbol{R}_a^{-1}\boldsymbol{E}_\mathrm{t}\boldsymbol{e}_n\}\end{aligned} \tag{7.60}$$

将式(7.59)和式(7.60)写成矢量形式为

$$\begin{aligned}\boldsymbol{F}_{\varphi\rho_{\mathrm{t}n}}=2L\cdot\mathrm{Re}\{&\mathrm{vecd}[\boldsymbol{R}_\alpha\widetilde{\boldsymbol{B}}_a^\mathrm{H}\boldsymbol{R}_a^{-1}\widetilde{\boldsymbol{B}}_a\boldsymbol{R}_\alpha\boldsymbol{E}_{\rho_{\mathrm{t}n}}^\mathrm{H}\boldsymbol{R}_a^{-1}\boldsymbol{E}_\mathrm{t}]+\\&\mathrm{vecd}[\boldsymbol{R}_\alpha\widetilde{\boldsymbol{B}}_a^\mathrm{H}\boldsymbol{R}_a^{-1}\boldsymbol{E}_{\rho_{\mathrm{t}n}}\boldsymbol{R}_\alpha\widetilde{\boldsymbol{B}}_a^\mathrm{H}\boldsymbol{R}_a^{-1}\boldsymbol{E}_\mathrm{t}]\}\end{aligned} \tag{7.61}$$

$$\begin{aligned}\boldsymbol{F}_{\rho_{\mathrm{t}m}\varphi}=2L\cdot\mathrm{Re}\{&\mathrm{vecd}[\boldsymbol{R}_\alpha\widetilde{\boldsymbol{B}}_a^\mathrm{H}\boldsymbol{R}_a^{-1}\widetilde{\boldsymbol{B}}_a\boldsymbol{R}_\alpha\boldsymbol{E}_{\rho_{\mathrm{t}m}}^\mathrm{H}\boldsymbol{R}_a^{-1}\boldsymbol{E}_\mathrm{t}]+\\&\mathrm{vecd}[\boldsymbol{R}_\alpha\widetilde{\boldsymbol{B}}_a^\mathrm{H}\boldsymbol{R}_a^{-1}\boldsymbol{E}_{\rho_{\mathrm{t}m}}\boldsymbol{R}_\alpha\widetilde{\boldsymbol{B}}_a^\mathrm{H}\boldsymbol{R}_a^{-1}\boldsymbol{E}_\mathrm{t}]\}\end{aligned} \tag{7.62}$$

同理，可以得到关于收发方位角和幅相误差系数交叉项的 Fisher 子矩阵 $\boldsymbol{F}_{\varphi\phi_{\mathrm{t}n}}$，$\boldsymbol{F}_{\phi_{\mathrm{t}m}\varphi}$，$\boldsymbol{F}_{\varphi\rho_{\mathrm{r}n}}$，$\boldsymbol{F}_{\rho_{\mathrm{r}m}\varphi}$，$\boldsymbol{F}_{\varphi\phi_{\mathrm{r}n}}$，$\boldsymbol{F}_{\phi_{\mathrm{r}m}\varphi}$，$\boldsymbol{F}_{\theta\rho_{\mathrm{t}n}}$，$\boldsymbol{F}_{\rho_{\mathrm{t}m}\theta}$，$\boldsymbol{F}_{\theta\phi_{\mathrm{t}n}}$，$\boldsymbol{F}_{\phi_{\mathrm{t}m}\theta}$，$\boldsymbol{F}_{\theta\rho_{\mathrm{r}n}}$，$\boldsymbol{F}_{\rho_{\mathrm{r}m}\theta}$，$\boldsymbol{F}_{\theta\phi_{\mathrm{r}n}}$，$\boldsymbol{F}_{\phi_{\mathrm{r}m}\theta}$ 的表达式。

为了可以直观地看出幅相误差对目标收发方位角的影响，将 $\boldsymbol{F}$ 矩阵分块为

$$\boldsymbol{F}=\begin{bmatrix}\boldsymbol{F}_{\eta_1\eta_1} & \boldsymbol{F}_{\eta_1\eta_2}\\ \boldsymbol{F}_{\eta_1\eta_2}^\mathrm{T} & \boldsymbol{F}_{\eta_2\eta_2}\end{bmatrix} \tag{7.63}$$

式中，$\boldsymbol{\eta}_1=[\varphi_1,\varphi_2,\cdots,\varphi_P,\theta_1,\theta_2,\cdots,\theta_P]^\mathrm{T}$，$\boldsymbol{\eta}_2=[\rho_{\mathrm{t}1},\rho_{\mathrm{t}2},\cdots,\rho_{\mathrm{t}M_\mathrm{t}},\phi_{\mathrm{t}1},\phi_{\mathrm{t}2},\cdots,\phi_{\mathrm{t}M_\mathrm{t}},\rho_{\mathrm{r}1},\rho_{\mathrm{r}2},\cdots,\rho_{\mathrm{r}M_\mathrm{r}},\phi_{\mathrm{r}1},\phi_{\mathrm{r}2},\cdots,\phi_{\mathrm{r}M_\mathrm{r}}]^\mathrm{T}$，则有

$$\mathbf{CRB}(\boldsymbol{\varphi},\boldsymbol{\theta})=[\boldsymbol{F}^{-1}]_{2P\times 2P}=(\boldsymbol{F}_{\eta_1\eta_1}-\boldsymbol{F}_{\eta_1\eta_2}\boldsymbol{F}_{\eta_2\eta_2}^{-1}\boldsymbol{F}_{\eta_1\eta_2}^\mathrm{T})^{-1} \tag{7.64}$$

由于 $\boldsymbol{F}_{\eta_1\eta_2}\boldsymbol{F}_{\eta_2\eta_2}^{-1}\boldsymbol{F}_{\eta_1\eta_2}^\mathrm{T}$ 为正定矩阵，则有

$$\mathbf{CRB}(\boldsymbol{\varphi},\boldsymbol{\theta})=[\boldsymbol{F}^{-1}]_{2P\times 2P}=(\boldsymbol{F}_{\eta_1\eta_1}-\boldsymbol{F}_{\eta_1\eta_2}\boldsymbol{F}_{\eta_2\eta_2}^{-1}\boldsymbol{F}_{\eta_1\eta_2}^\mathrm{T})^{-1}$$

$$\geqslant (\boldsymbol{F}_{\eta_1\eta_1})^{-1} = \mathbf{CRB}_{\mathrm{cal}}(\boldsymbol{\varphi},\boldsymbol{\theta}) \tag{7.65}$$

式中，$\mathbf{CRB}_{\mathrm{cal}}(\boldsymbol{\varphi},\boldsymbol{\theta})$ 表示发射和接收阵列幅相误差已知时收发方位角估计的 CRB。由式(7.65)可以看出，当同时估计目标收发方位角和收发阵列幅相误差系数时，CRB 变大，即收发方位角估计性能变差，而 $\boldsymbol{F}_{\eta_1\eta_2}\boldsymbol{F}_{\eta_2\eta_2}^{-1}\boldsymbol{F}_{\eta_1\eta_2}^{\mathrm{T}}$ 表示由于缺少收发幅相误差信息而产生的性能损失，下节的仿真结果将证实这一点。

记 $\boldsymbol{G}=\boldsymbol{F}^{-1}$，定义目标收发方位角的 CRB 为

$$\mathrm{CRB}_{\varphi,\theta} = \sqrt{\frac{1}{2P}\sum_{i=1}^{2P}\boldsymbol{G}_{ii}} \tag{7.66}$$

此外，为了衡量算法估计收发阵列幅相误差的性能，这里采用相对误差来表示。因此，发射阵列和接收阵列幅度和相位误差系数的 CRB 可分别定义为

$$\mathrm{CRB}_{\rho_{\mathrm{t}}} = \sqrt{\frac{1}{\|\boldsymbol{\rho}_{\mathrm{t}}\|^2}\sum_{i=2P+1}^{2P+M_{\mathrm{t}}}\boldsymbol{G}_{ii}} \times 100\% \tag{7.67}$$

$$\mathrm{CRB}_{\phi_{\mathrm{t}}} = \sqrt{\frac{1}{\|\boldsymbol{\phi}_{\mathrm{t}}\|^2}\sum_{i=2P+M_{\mathrm{t}}+1}^{2P+2M_{\mathrm{t}}}\boldsymbol{G}_{ii}} \times 100\% \tag{7.68}$$

$$\mathrm{CRB}_{\rho_{\mathrm{r}}} = \sqrt{\frac{1}{\|\boldsymbol{\rho}_{\mathrm{r}}\|^2}\sum_{i=2P+2M_{\mathrm{t}}+1}^{2P+2M_{\mathrm{t}}+M_{\mathrm{r}}}\boldsymbol{G}_{ii}} \times 100\% \tag{7.69}$$

$$\mathrm{CRB}_{\phi_{\mathrm{r}}} = \sqrt{\frac{1}{\|\boldsymbol{\phi}_{\mathrm{r}}\|^2}\sum_{i=2P+2M_{\mathrm{t}}+M_{\mathrm{r}}}^{2P+2M_{\mathrm{t}}+2M_{\mathrm{r}}}\boldsymbol{G}_{ii}} \times 100\% \tag{7.70}$$

7.5 计算机仿真结果

为了验证本章算法的有效性，做如下计算机仿真。仿真过程中，取发射阵元数 $M_{\mathrm{t}}=5$，接收阵元数 $M_{\mathrm{r}}=4$，原有发射阵列的幅度误差系数为 $\boldsymbol{\rho}_{\mathrm{t}}=[1.21,1.1,0.89,1.35,0.92]$，相位误差系数为 $\boldsymbol{\phi}_{\mathrm{t}}=[0.12,1.35,0.98,2.65,1.97]$(rad)；原有接收阵列的幅度误差系数为 $\boldsymbol{\rho}_{\mathrm{r}}=[0.94,1.23,1.49,0.75]$，相位误差系数为 $\boldsymbol{\phi}_{\mathrm{r}}=[1.12,2.35,0.58,0.65]$(rad)。假设空间中同一距离单元内存在 3 个目标，其收发方位角为(10°,20°)，(−8°,30°)，(0°,45°)。发射阵列各阵元发射相互正交的相位编码信号，在每个脉冲重复周期内的快拍数为 $K=256$。为叙述方便，以下称本章算法为 ESPRIT - like 算法，文献[186]的算法为 MUSIC - like 算法。

仿真 1：ESPRIT - like 算法对目标定位及幅相误差系数估计结果

仿真过程中取引入的辅助发射和接收阵元数分别为 $N_{\mathrm{t}}=3$，$N_{\mathrm{r}}=2$，信噪

比 SNR=10 dB,脉冲数 L=256。图 7.2 给出了本章的 ESPRIT - like 算法对多目标定位结果,ESPRIT - like 算法估计出的发射和接收阵列的发射和幅相误差系数的均值和 RMSE,其均为 50 次 Monte - Carlo 实验的统计结果见表 7.1。

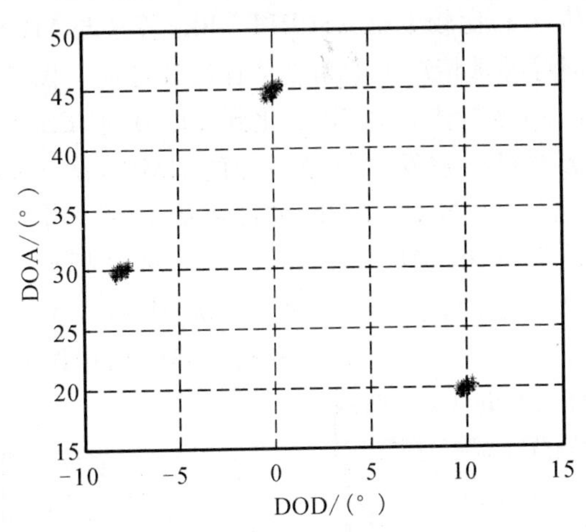

图 7.2　SNR=10 dB,L=256 条件下,ESPRIT - like 算法多目标定位结果

表 7.1　SNR=10 dB,L=128 条件下,ESPRIT - like 算法对幅相误差系数估计结果

幅相误差系数真值	幅度误差均值	幅度误差 RMSE	相位误差均值/rad	相位误差 RMSE/rad
$\boldsymbol{\Gamma}_t(1) = 1.21 \times e^{j0.12}$	1.228 4	0.022 9	0.121 1	0.013 0
$\boldsymbol{\Gamma}_t(2) = 1.1 \times e^{j1.35}$	1.134 4	0.042 1	1.353 0	0.026 6
$\boldsymbol{\Gamma}_t(3) = 0.89 \times e^{j0.98}$	0.932 7	0.052 4	0.983 6	0.040 3
$\boldsymbol{\Gamma}_t(4) = 1.35 \times e^{j2.65}$	1.382 5	0.058 3	2.655 1	0.053 1
$\boldsymbol{\Gamma}_t(5) = 0.92 \times e^{j1.97}$	0.955 6	0.092 5	1.977 5	0.068 1
$\boldsymbol{\Gamma}_r(1) = 0.94 \times e^{j1.12}$	0.959 4	0.023 5	1.122 1	0.013 0
$\boldsymbol{\Gamma}_r(2) = 1.23 \times e^{j2.35}$	1.251 6	0.061 5	2.353 3	0.024 5
$\boldsymbol{\Gamma}_r(3) = 1.49 \times e^{j0.58}$	1.515 4	0.081 3	0.584 8	0.036 3
$\boldsymbol{\Gamma}_r(4) = 0.75 \times e^{j0.65}$	0.775 7	0.078 0	0.657 0	0.048 6

由图 7.2 可以看出:在发射和接收阵列均存在幅相误差的情况下,ESPRIT - like 算法可较为精确地估计出目标的 DOD 和 DOA,且估计出的参数可自动配对,因此,可实现对多目标的定位。而从表 7.1 可看出:本章算法

亦可精确地估计出发射和接收阵列的幅度、相位误差系数，从而可进一步实现对双基地 MIMO 雷达的幅相误差自校正。

仿真 2：算法收发方位角估计统计性能

条件设置同仿真 1，比较本章 ESPRIT - like 算法与 MUSIC - like 算法在不同信噪比和不同脉冲数情况下的角度估计统计性能。图 7.3 所示为脉冲数 $L=256$，信噪比从 0 dB 按步长 2 dB 变化到 40 dB 时，ESPRIT - like 算法和 MUSIC - like 算法对目标收发方位角估计的 RMSE 随 SNR 变化的比较曲线；图 7.4 所示为信噪比 SNR=10 dB，脉冲数从 10 按步长 100 变化到 5 000 时，ESPRIT - like 算法和 MUSIC - like 算法对目标收发方位角估计的 RMSE 随脉冲数变化的比较曲线，其为 500 次 Monte - Carlo 实验的仿真结果。图 7.3 和图 7.4 中同时给出了发射和接收阵列幅相误差系数已知及未知时收发方位角估计的理论 CRB 曲线。

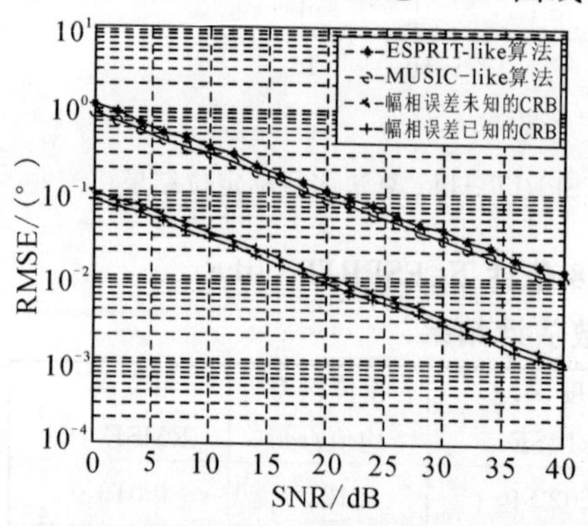

图 7.3　算法的 RMSE 随 SNR 变化曲线

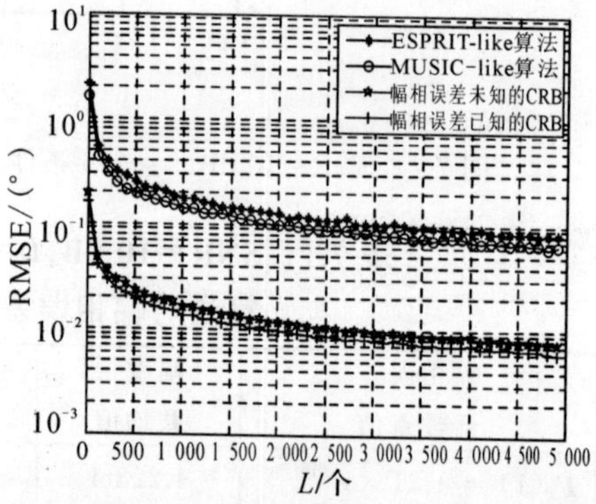

图 7.4　算法的 RMSE 随脉冲数 L 变化曲线

从 Monte - Carlo 仿真实验的结果可以看出，ESPRIT - like 算法在估计目标收发方位角时不需要任何幅相误差信息，即可达到较好的估计性能，与 MUSIC - like 算法相比，在较低信噪比或较小脉冲数情况下，ESPRIT - like 算法的 RMSE 要稍大于 MUSIC - like 算法，但随着信噪比和脉冲数的增大，两者的性能趋于一致。但须看到本章 ESPRIT - like 算法是在无需任何迭代和谱峰搜索的情况下完成收发方位角估计的，大大降低了算法的运算量。

仿真 3：算法幅相误差自校正性能

为了便于分析，分别定义发射和接收阵列幅度、相位误差系数校正误差为：$\Delta\boldsymbol{\rho}_{\mathrm{t}}=\|\hat{\boldsymbol{\rho}}_{\mathrm{t}}-\boldsymbol{\rho}_{\mathrm{t}}\|_2/\|\boldsymbol{\rho}_{\mathrm{t}}\|_2\times100\%$，$\Delta\boldsymbol{\phi}_{\mathrm{t}}=\|\hat{\boldsymbol{\phi}}_{\mathrm{t}}-\boldsymbol{\phi}_{\mathrm{t}}\|_2/\|\boldsymbol{\phi}_{\mathrm{t}}\|_2\times100\%$，$\Delta\boldsymbol{\rho}_{\mathrm{r}}=\|\hat{\boldsymbol{\rho}}_{\mathrm{r}}-\boldsymbol{\rho}_{\mathrm{r}}\|_2/\|\boldsymbol{\rho}_{\mathrm{r}}\|_2\times100\%$，$\Delta\boldsymbol{\phi}_{\mathrm{r}}=\|\hat{\boldsymbol{\phi}}_{\mathrm{r}}-\boldsymbol{\phi}_{\mathrm{r}}\|_2/\|\boldsymbol{\phi}_{\mathrm{r}}\|_2\times$

100%，其中 $\hat{\boldsymbol{\rho}}_t$，$\hat{\boldsymbol{\phi}}_t$ 和 $\boldsymbol{\rho}_t$，$\boldsymbol{\phi}_t$ 分别代表发射阵列幅度和相位误差系数的估值及真值，$\hat{\boldsymbol{\rho}}_r$，$\hat{\boldsymbol{\phi}}_r$ 和 $\boldsymbol{\rho}_r$，$\boldsymbol{\phi}_r$ 分别代表接收阵列幅度和相位误差系数的估值及真值，$\|\cdot\|_2$ 表示向量的 l_2 范数。图 7.5 所示为脉冲数 $L=256$，信噪比从 0 dB按步长 2 dB 变化到 40 dB 时，ESPRIT－like 算法及 MUSIC－like 算法的发射和接收阵列幅度、相位误差系数校正误差随 SNR 变化的曲线；图 7.6 所示为信噪比 SNR＝10 dB，脉冲数从 100 按步长 100 变化到 3 000 时，ESPRIT－like 算法及 MUSIC－like 算法的发射和接收阵列幅度、相位误差系数校正误差随脉冲数变化的比较曲线。图 7.5 和图 7.6 中同时给出了发射和接收阵列幅度、相位误差系数估计的理论 CRB 曲线。

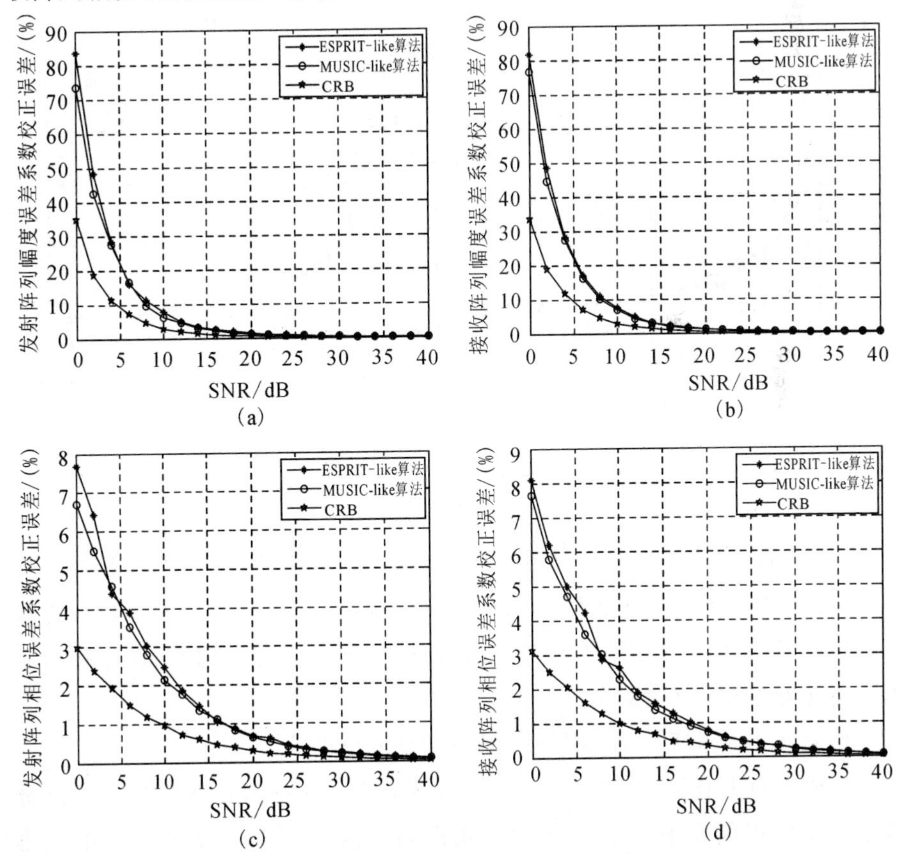

图 7.5　幅相误差系数校正误差随 SNR 变化曲线

(a)发射阵列幅度误差系数校正误差；(b)接收阵列幅度误差系数校正误差；
(c)发射阵列相位误差系数校正误差；(d)接收阵列相位误差系数校正误差

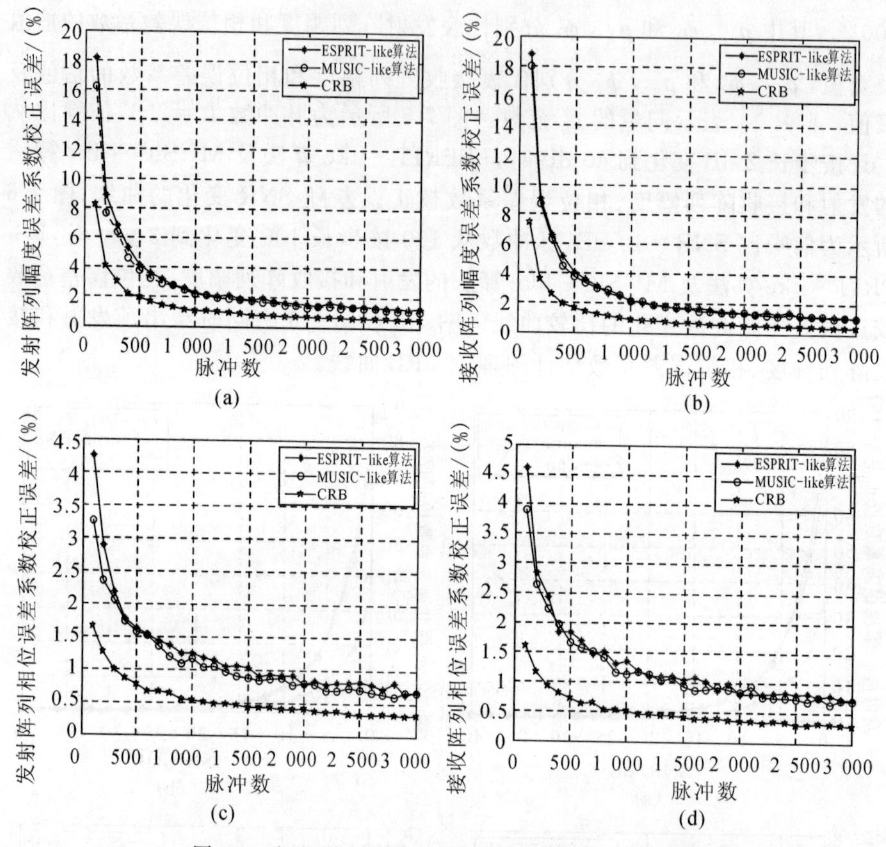

图 7.6　幅相误差系数校正误差随脉冲数变化曲线

(a)发射阵列幅度误差系数校正误差；　(b)接收阵列幅度误差系数校正误差；

(c)发射阵列相位误差系数校正误差；　(d)接收阵列相位误差系数校正误差

由图 7.5～图 7.6 可以看出，ESPRIT - like 算法的幅相误差系数校正误差与 MUSIC - like 算法基本相当。随着 SNR 的增大，幅相校正误差接近于 0，这意味着幅相误差矩阵接近于真值。

仿真 4：校正前后二维 MUSIC 算法的空间谱曲线

考察本章 ESPRIT - like 算法的幅相误差自校正结果。图 7.7～图 7.9 分别给出了校正前发射和接收阵列幅相误差矩阵已知和未知情况下的二维 MUSIC 算法的空间谱曲线及其对应的等高线图及采用本章算法 ESPRIT - like 对双基地 MIMO 雷达进行幅相误差自校正后的二维 MUSIC 算法的空间谱曲线及其对应的等高线图。

由图 7.7～图 7.9 可以看出，校正前幅相误差矩阵未知情况下，二维 MUSIC 算法的空间谱变化平缓，在空间中目标方位处无法形成的谱峰，从而不能有效分辨这 3 个目标。而采用 ESPRIT - like 算法校正后与校正前幅相误差矩阵已知的情况相同，均可在目标收发方位处形成明显而尖锐的谱峰，能较好的分辨这 3 个目标。

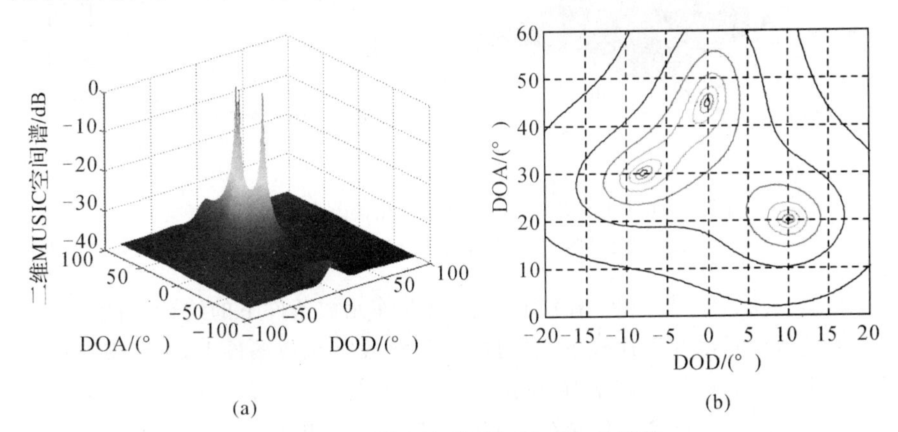

图 7.7　校正前幅相误差矩阵已知的情况

(a)二维 MUSIC 空间谱图；(b)对应的等高线图

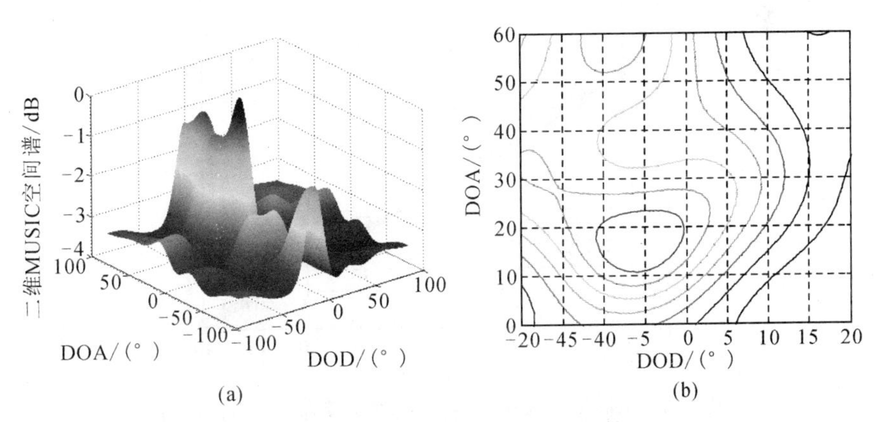

图 7.8　校正前幅相误差矩阵未知的情况

(a)二维 MUSIC 空间谱图；(b)对应的等高线图

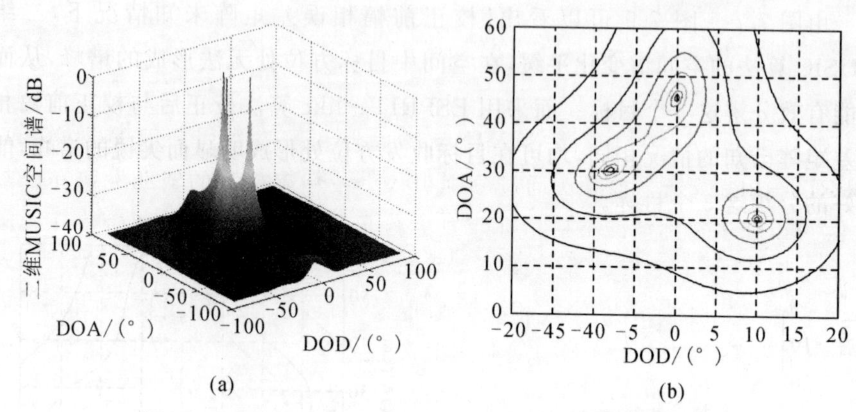

图 7.9　采用 ESPRIT - like 算法幅相误差自校正后的情况

(a)二维 MUSIC 空间谱图；　(b)对应的等高线图

仿真 5：ESPRIT - like 算法在不同辅助阵元数条件下的统计性能

此仿真的目的在于比较不同辅助发射、接收阵元数条件下，本章 ESPRIT - like 算法的统计性能。图 7.10 所示为 $N_t=2, N_r=2$、$N_t=3, N_r=4$ 和 $N_t=6, N_r=5$ 时，算法收发方位角的 RMSE 随 SNR 变化曲线。

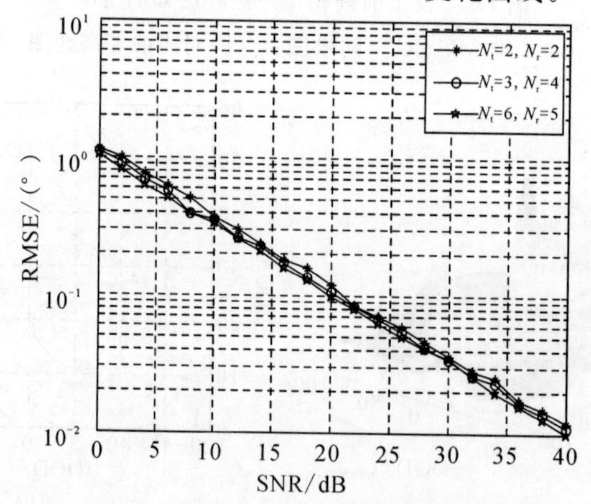

图 7.10　不同辅助阵元数条件下，算法收发方位角估计的 RMSE 随 SNR 变化曲线

从图 7.10 可以看出，随着辅助阵元数的增加，算法的收发方位角的统计性能稍有改善，但相比辅助阵元数增加所付出的代价，这种改善是可以忽略的。因此，在实际应用中，只需取 $N_t=2, N_r=2$ 即可。

7.6　小　　结

本章给出了用于双基地 MIMO 雷达发射和接收阵列幅相误差校正的 ESPRIT - like 算法。该算法通过分别引入少量精确校正的辅助发射和接收阵元,可以在多目标情况下对目标收发方位角和其对应的发射和接收阵元幅相误差进行无模糊联合估计。现将本章的主要工作和结论作下述总结:

(1)建立了基于 ISM 的幅相误差数据模型,通过在扰动发射和接收阵列中分别引入少量的精确校正的辅助发射和接收阵元,基于 ESPRIT 算法的原理,给出了双基地 MIMO 雷达多目标定位和幅相误差自校正的 ESPRIT - like 算法,其在角度估计和幅相误差自校正过程中无需任何收发阵列幅相误差系数信息。

(2)辅助阵元的引入避免了通常自校正算法的参数估计模糊,而且算法的运算量小,无需任何迭代和谱峰搜索过程,不存在参数联合估计的局部收敛问题。此外,该算法无需使用对阵列误差的微扰动及第一个收发阵元的幅相误差进行归一化的假设,更加符合实际的误差模型。

(3)对 ESPRIT - like 算法参数的估计性能进行了定性讨论,并给出了参数联合估计的 CRB 的计算公式。

(4)由于辅助阵元的增加只能稍微改善算法的统计性能,所以从节省辅助阵元的角度出发,在实际应用中,只需取 $N_t=2$,$N_r=2$ 即可。

(5)计算机仿真实验表明,ESPRIT - like 算法具有优良的目标定位及幅相误差自校正性能。

第8章　双基地MIMO雷达目标定位及互耦自校正

8.1　引　言

上一章讨论并解决了双基地MIMO雷达收发阵列在幅相误差条件下的多目标定位和幅相误差估计问题。除了阵元幅相误差外，阵列误差还包括阵列互耦、阵元位置误差等。与其他阵列误差相比，阵元间的互耦效应与发射和接收阵列的电磁特性密切相关，由于其复杂性，其校正和补偿一直未找到简单有效的解决办法。文献[188]研究了发射天线阵列互耦校正问题，该算法需要若干方位已知或未知的校正源。SIAR作为MIMO雷达的雏形，是一种可行的MIMO雷达方案。针对这种雷达，文献[189]给出利用直达波对SIAR进行互耦校正，其采用迭代算法求解互耦估计的最小二乘解，但该算法对迭代初值的选取比较敏感，且计算量大。文献[190]讨论了一种基于子空间理论，利用直达波进行双/多基地综合脉冲孔径地波雷达互耦估计的算法。

与传统相控阵雷达不同，双基地MIMO雷达各个发射阵元发射的是一组相互独立的波形，在接收端通过一组匹配滤波器对接收数据进行匹配滤波，这将导致发射阵列的互耦系数、接收阵列的互耦系数、目标的DOD和DOA耦合在一起，若要对目标进行定位及互耦自校正，必须对其进行解耦。文献[191]利用Capon谱估计，将求解互耦系数转化为线性约束二次最小化问题，采用迭代的方式进行校正，该算法不需要校正源及特征值分解。但是该算法在进行目标定位时需要二维谱峰搜索，并且需要进行多次迭代，运算量很大。因此，该方法在实际的工程应用中无法进行实时处理。

针对这一问题，本章利用均匀线阵互耦系数矩阵的带状、对称Toeplitz特性，给出了两种双基地MIMO雷达多目标定位及互耦自校正算法，即基于降维的双基地MIMO雷达多目标定位及互耦自校正算法和基于ESPRIT的双基地MIMO雷达多目标定位及互耦自校正算法。这两种算法均可将对目标收发方位角估计与互耦参数估计相“去耦”，不需要任何互耦系数矩阵信息；同时，基于目标收发方位角的精确估计，算法还可以精确地估计出发射和接收互耦系数矩阵，从而实现双基地 MIMO 雷达的互耦自校正。另外，这两种算法对目标收发方位角与互耦矩阵的联合估计均不涉及高维的非线性优化搜索，其中基于降维的算法只需一维搜索，而基于 ESPRIT 的算法则无需任何谱峰搜索。因而，本章两种算法都具有较小的运算量，但基于 ESPRIT 的算法的运算量要小于基于降维的算法的运算量。

8.2　收发阵列互耦条件下双基地 MIMO 雷达数据模型

考虑一发射阵列和接收阵列均为均匀线阵的双基地 MIMO 雷达系统，其中发射阵元数为 M_{t}，各发射阵元同时发射同频相互正交的相位编码信号；接收阵元数为 M_{r}，且发射和接收阵元间距均为 $\lambda/2$（λ 为载波波长）。设发射阵和接收阵之间的基线距离为 D，满足 $D \gg \lambda$，并假设在雷达系统的远场同一距离单元内存在 P 个目标，其相对于发射及接收阵列的方位角为 (φ_p, θ_p)，$p=1,2,\cdots,P$。设 $\boldsymbol{C}_{\mathrm{t}}$ 和 $\boldsymbol{C}_{\mathrm{r}}$ 分别表示发射和接收阵列的互耦系数矩阵，由均匀线阵的特性可知，可以用一带状循环、对称 Toeplitz 矩阵进行建模。若发射和接收阵列的互耦自由度分别为 $q_{\mathrm{t}}, q_{\mathrm{r}}$（$q_{\mathrm{t}} < M_{\mathrm{t}}, q_{\mathrm{r}} < M_{\mathrm{r}}$），则 $\boldsymbol{C}_{\mathrm{t}}$ 和 $\boldsymbol{C}_{\mathrm{r}}$ 的循环矢量可以表示为

$$\boldsymbol{c}_{\mathrm{t}} = [c_{\mathrm{t}1}, \cdots, c_{\mathrm{t}q_{\mathrm{t}}}, 0, \cdots, 0], 0 < |c_{\mathrm{t}q_{\mathrm{t}}}| < \cdots < c_{\mathrm{t}1} = 1 \tag{8.1}$$

$$\boldsymbol{c}_{\mathrm{r}} = [c_{\mathrm{r}1}, \cdots, c_{\mathrm{r}q_{\mathrm{r}}}, 0, \cdots, 0], 0 < |c_{\mathrm{r}q_{\mathrm{r}}}| < \cdots < c_{\mathrm{r}1} = 1 \tag{8.2}$$

相应地，$\boldsymbol{C}_{\mathrm{t}}$ 和 $\boldsymbol{C}_{\mathrm{r}}$ 可表示为

$$\boldsymbol{C}_{\mathrm{t}} = \mathrm{toeplitz}(c_{\mathrm{t}}, c_{\mathrm{t}}), \boldsymbol{C}_{\mathrm{r}} = \mathrm{toeplitz}(c_{\mathrm{r}}, c_{\mathrm{r}}) \tag{8.3}$$

其中，$\mathrm{toeplitz}(\boldsymbol{c}, \boldsymbol{c})$ 表示由矢量 $\boldsymbol{c}$ 形成 Toeplitz 矩阵。由于互耦改变了理想的发射和接收阵列导向矢量，此时发射和接收阵列实际的导向矢量为 $\boldsymbol{a}_{\mathrm{t}}(\varphi_p, \boldsymbol{c}_{\mathrm{t}}) = \boldsymbol{C}_{\mathrm{t}}\boldsymbol{a}_{\mathrm{t}}(\varphi_p), \boldsymbol{a}_{\mathrm{r}}(\theta_p, \boldsymbol{c}_{\mathrm{r}}) = \boldsymbol{C}_{\mathrm{r}}\boldsymbol{a}_{\mathrm{r}}(\theta_p)$。根据式(2.4)的双基地 MIMO 雷达信号模型，此时匹配滤波器组的输出可表示为

$$\boldsymbol{y}_c(t_l) = \boldsymbol{B}_c\boldsymbol{\alpha}(t_l) + \boldsymbol{n}_c(t_l), \quad l = 1, 2, \cdots, L \tag{8.4}$$

式中，$\boldsymbol{B}_c = \boldsymbol{B}_{\mathrm{cr}} * \boldsymbol{B}_{\mathrm{ct}} = [\boldsymbol{b}_c(\varphi_1, \theta_1, \boldsymbol{c}_{\mathrm{t}}, \boldsymbol{c}_{\mathrm{r}}), \boldsymbol{b}_c(\varphi_2, \theta_2, \boldsymbol{c}_{\mathrm{t}}, \boldsymbol{c}_{\mathrm{r}}), \cdots, \boldsymbol{b}_c(\varphi_P, \theta_P, \boldsymbol{c}_{\mathrm{t}}, \boldsymbol{c}_{\mathrm{r}})]$，$\boldsymbol{B}_{cr} = \boldsymbol{C}_{\mathrm{r}}\boldsymbol{A}_{\mathrm{r}}$，$\boldsymbol{A}_{\mathrm{r}} = [\boldsymbol{a}_{\mathrm{r}}(\theta_1), \boldsymbol{a}_{\mathrm{r}}(\theta_2), \cdots, \boldsymbol{a}_{\mathrm{r}}(\theta_P)]$，$\boldsymbol{a}_{\mathrm{r}}(\theta_p) = [1, \mathrm{e}^{-\mathrm{j}\pi\sin\theta_p}, \cdots, \mathrm{e}^{-\mathrm{j}\pi(M_{\mathrm{r}}-1)\sin\theta_p}]^{\mathrm{T}}$，$\boldsymbol{B}_{ct} = \boldsymbol{C}_{\mathrm{t}}\boldsymbol{A}_{\mathrm{t}}$，$\boldsymbol{A}_{\mathrm{t}} = [\boldsymbol{a}_{\mathrm{t}}(\varphi_1), \boldsymbol{a}_{\mathrm{t}}(\varphi_2), \cdots, \boldsymbol{a}_{\mathrm{t}}(\varphi_P)]$，$\boldsymbol{a}_{\mathrm{t}}(\varphi_p) = [1, \mathrm{e}^{-\mathrm{j}\pi\sin\varphi_p}, \cdots, \mathrm{e}^{-\mathrm{j}\pi(M_{\mathrm{t}}-1)\sin\varphi_p}]^{\mathrm{T}}$，$\boldsymbol{b}_c(\varphi_p, \theta_p, \boldsymbol{c}_{\mathrm{t}}, \boldsymbol{c}_{\mathrm{r}}) = [\boldsymbol{C}_{\mathrm{r}}\boldsymbol{a}_{\mathrm{r}}(\theta_p)] \otimes [\boldsymbol{C}_{\mathrm{t}}\boldsymbol{a}_{\mathrm{t}}(\varphi_p)]$，$\boldsymbol{n}_c(t_l)$ 是经过匹配滤波器后的虚拟噪声，其为均值为 0、方差为 $\sigma^2\boldsymbol{I}_{M_{\mathrm{t}}M_{\mathrm{r}}}$ 的高斯白噪声。

因此，虚拟阵列的数据协方差矩阵可表示为

$$\boldsymbol{R}_c = \mathrm{E}[\boldsymbol{y}_c(t_l)\boldsymbol{y}_c^{\mathrm{H}}(t_l)] = \boldsymbol{B}_c\boldsymbol{R}_\alpha\boldsymbol{B}_c^{\mathrm{H}} + \sigma^2\boldsymbol{I}_{M_{\mathrm{t}}\times M_{\mathrm{r}}} \tag{8.5}$$

对 $\boldsymbol{R}_c$ 进行特征值分解可得相应的信号子空间 $\boldsymbol{U}_s$ 和噪声子空间 $\boldsymbol{U}_n$。根据式(2.8)可知，$\boldsymbol{U}_s$ 与 $\boldsymbol{B}_c$ 具有如下关系：

$$\boldsymbol{U}_s = \boldsymbol{B}_c\boldsymbol{T} = (\boldsymbol{B}_{cr} * \boldsymbol{B}_{ct})\boldsymbol{T} \tag{8.6}$$

式中，$\boldsymbol{T}$ 为一个唯一的非奇异矩阵。

在有限次脉冲数情况下，只能得到协方差矩阵的估计值为

$$\hat{\boldsymbol{R}}_c = \frac{1}{L}\sum_{l=1}^{L}\boldsymbol{y}_c(t_l)\boldsymbol{y}_c{}^{\mathrm{H}}(t_l) = \hat{\boldsymbol{U}}_s\hat{\boldsymbol{\Lambda}}_s\hat{\boldsymbol{U}}_s^{\mathrm{H}} + \hat{\boldsymbol{U}}_n\hat{\boldsymbol{\Lambda}}_n\hat{\boldsymbol{U}}_n^{\mathrm{H}} \tag{8.7}$$

8.3 基于降维的双基地 MIMO 雷达目标定位及互耦自校正算法

文献[191]的算法在估计目标的 DOD 和 DOA 过程中，需要进行二维谱峰搜索，而二维谱峰搜索所需要的计算量是非常大的，这也限制了该算法在实际中的应用。针对这个问题，本节利用 Kronecker 积的性质，研究了基于降维的双基地 MIMO 雷达多目标定位和互耦自校正算法。该降维算法将文献[191]的算法的二维谱峰搜索降为一维的谱峰搜索，从而降低了算法的计算量。

8.3.1 算法基本原理

对于互耦存在的虚拟阵列导向矢量 $\boldsymbol{b}_c(\varphi,\theta,\boldsymbol{c}_t,\boldsymbol{c}_r)$ 通过矩阵运算可以表示为

$$\boldsymbol{b}_c(\varphi,\theta,\tilde{\boldsymbol{c}}_t,\tilde{\boldsymbol{c}}_r) = \{\boldsymbol{T}_r[\boldsymbol{a}_r(\theta)]\tilde{\boldsymbol{c}}_r\}\otimes\{\boldsymbol{T}_t[\boldsymbol{a}_t(\varphi)]\tilde{\boldsymbol{c}}_t\} \tag{8.8}$$

其中，$\tilde{\boldsymbol{c}}_r = [c_{r1},\cdots,c_{rq_r}]$，$\tilde{\boldsymbol{c}}_t = [c_{t1},\cdots,c_{tq_t}]$，$M_r\times q_r$ 矩阵 $\boldsymbol{T}_r[\boldsymbol{a}_r(\theta)]$ 和 $M_t\times q_t$ 矩阵 $\boldsymbol{T}_t[\boldsymbol{a}_t(\varphi)]$ 可以表示为

$$\boldsymbol{T}_r[\boldsymbol{a}_r(\theta)] = \boldsymbol{T}_{r1}[\boldsymbol{a}_r(\theta)] + \boldsymbol{T}_{r2}[\boldsymbol{a}_r(\theta)] \tag{8.9}$$

$$\boldsymbol{T}_{r1}[\boldsymbol{a}_r(\theta)]_{i,j} = \begin{cases}[\boldsymbol{a}_r(\theta)]_{i+j-1}, & i+j\leqslant M_r+1\\ 0, & \text{其他}\end{cases}$$

$$\boldsymbol{T}_{r2}[\boldsymbol{a}_r(\theta)]_{i,j} = \begin{cases}[\boldsymbol{a}_r(\theta)]_{i-j+1}, & i\geqslant j\geqslant 2\\ 0, & \text{其他}\end{cases} \tag{8.10}$$

$$\boldsymbol{T}_t[\boldsymbol{a}_t(\varphi)] = \boldsymbol{T}_{t1}[\boldsymbol{a}_t(\varphi)] + \boldsymbol{T}_{t2}[\boldsymbol{a}_t(\varphi)] \tag{8.11}$$

$$\boldsymbol{T}_{t1}[\boldsymbol{a}_t(\varphi)]_{i,j} = \begin{cases}[\boldsymbol{a}_t(\varphi)]_{i+j-1}, & i+j\leqslant M_t+1\\ 0, & \text{其他}\end{cases}$$

$$\boldsymbol{T}_{t2}[\boldsymbol{a}_t(\varphi)]_{i,j} = \begin{cases}[\boldsymbol{a}_t(\varphi)]_{i-j+1}, & i\geqslant j\geqslant 2\\ 0, & \text{其他}\end{cases} \tag{8.12}$$

根据 Kronecker 乘积的性质[182]可将式(8.8)表示成

$$\begin{aligned}\boldsymbol{b}_c(\varphi,\theta,\tilde{\boldsymbol{c}}_t,\tilde{\boldsymbol{c}}_r)&=\{\boldsymbol{T}_r[\boldsymbol{a}_r(\theta)]\otimes\boldsymbol{T}_t[\boldsymbol{a}_t(\varphi)]\}\{\tilde{\boldsymbol{c}}_r\otimes\tilde{\boldsymbol{c}}_t\}\\&=\{\boldsymbol{T}_r[\boldsymbol{a}_r(\theta)]\otimes\boldsymbol{I}_{M_t}\}\{\boldsymbol{I}_{q_r}\otimes\boldsymbol{T}_t[\boldsymbol{a}_t(\varphi)]\}\{\tilde{\boldsymbol{c}}_r\otimes\tilde{\boldsymbol{c}}_t\}\end{aligned}\tag{8.13}$$

其中，$\boldsymbol{I}_{M_t}$ 和 $\boldsymbol{I}_{q_r}$ 分别为 $M_t\times M_t$ 及 $q_r\times q_r$ 维的单位阵。根据子空间原理，有

$$[\boldsymbol{b}_c(\varphi,\theta,\tilde{\boldsymbol{c}}_t,\tilde{\boldsymbol{c}}_r)]^{\mathrm{H}}\boldsymbol{U}_n\boldsymbol{U}_n^{\mathrm{H}}[\boldsymbol{b}_c(\varphi,\theta,\tilde{\boldsymbol{c}}_t,\tilde{\boldsymbol{c}}_r)]=0,(\varphi,\theta)=(\varphi_1,\theta_1),\cdots,(\varphi_P,\theta_P)\tag{8.14}$$

因此，定义如下优化问题来对目标收发方位角和互耦系数进行联合估计：

$$[\hat{\varphi}_p,\hat{\theta}_p,\hat{\tilde{\boldsymbol{c}}}_t,\hat{\tilde{\boldsymbol{c}}}_r]=\arg\min_{\varphi,\theta,\tilde{\boldsymbol{c}}_t,\tilde{\boldsymbol{c}}_r}[\boldsymbol{b}_c(\varphi,\theta,\tilde{\boldsymbol{c}}_t,\tilde{\boldsymbol{c}}_r)]^{\mathrm{H}}\hat{\boldsymbol{U}}_n\hat{\boldsymbol{U}}_n^{\mathrm{H}}[\boldsymbol{b}_c(\varphi,\theta,\tilde{\boldsymbol{c}}_t,\tilde{\boldsymbol{c}}_r)],\quad p=1,2,\cdots,P\tag{8.15}$$

但式(8.15)表示的是一个 $2P+2q_t+2q_r-4$ 维的优化问题。如果直接用一些优化算法(如遗传算法或高斯-牛顿梯度类算法)等进行多维参数搜索求解，其运算量将是十分庞大的，且当初始值与真值偏离较远时，会出现无法正确收敛的问题。

若记 $\boldsymbol{c}=\{\tilde{\boldsymbol{c}}_r\otimes\tilde{\boldsymbol{c}}_t\}$，并将式(8.13)代入式(8.14)，则

$$\begin{aligned}&\boldsymbol{c}^{\mathrm{H}}\{\boldsymbol{I}_{q_r}\otimes\boldsymbol{T}_t[\boldsymbol{a}_t(\varphi)]\}^{\mathrm{H}}\{\boldsymbol{T}_r[\boldsymbol{a}_r(\theta)]\otimes\boldsymbol{I}_{M_t}\}^{\mathrm{H}}\boldsymbol{U}_n\boldsymbol{U}_n^{\mathrm{H}}\times\\&\quad\{\boldsymbol{T}_r[\boldsymbol{a}_r(\theta)]\otimes\boldsymbol{I}_{M_t}\}\{\boldsymbol{I}_{q_r}\otimes\boldsymbol{T}_t[\boldsymbol{a}_t(\varphi)]\}\boldsymbol{c}=0\end{aligned}\tag{8.16}$$

$$\boldsymbol{c}^{\mathrm{H}}\{\boldsymbol{I}_{q_r}\otimes\boldsymbol{T}_t[\boldsymbol{a}_t(\varphi)]\}^{\mathrm{H}}\boldsymbol{G}(\theta)\{\boldsymbol{I}_{q_r}\otimes\boldsymbol{T}_t[\boldsymbol{a}_t(\varphi)]\}\boldsymbol{c}=0\tag{8.17}$$

$$\boldsymbol{G}(\theta)=\{\boldsymbol{T}_r[\boldsymbol{a}_r(\theta)]\otimes\boldsymbol{I}_{M_t}\}^{\mathrm{H}}\boldsymbol{U}_n\boldsymbol{U}_n^{\mathrm{H}}\{\boldsymbol{T}_r[\boldsymbol{a}_r(\theta)]\otimes\boldsymbol{I}_{M_t}\}\tag{8.18}$$

注意到，一般情况下，$\{\boldsymbol{I}_{q_r}\otimes\boldsymbol{T}_t[\boldsymbol{a}_t(\varphi)]\}\boldsymbol{c}\neq 0$，因此，式(8.17)成立的充要条件是当 $\theta=\theta_1,\theta_2,\cdots,\theta_P$ 时，矩阵 $\boldsymbol{G}(\theta)$ 为奇异矩阵。基于此原理，可以得到[192]

$$\hat{\theta}_p=\arg\min_{\theta}\lambda_{\min}[\boldsymbol{G}(\theta)]=\arg\max_{\theta}\frac{1}{\lambda_{\min}[\boldsymbol{G}(\theta)]}\tag{8.19}$$

或

$$\hat{\theta}_p=\arg\min_{\theta}\det[\boldsymbol{G}(\theta)]=\arg\max_{\theta}\frac{1}{\det[\boldsymbol{G}(\theta)]},\quad p=1,2,\cdots,P\tag{8.20}$$

式中，$\lambda_{\min}(\cdot)$ 为求矩阵最小特征值算子，$\det(\cdot)$ 为求矩阵行列式算子。对式(8.19)或式(8.20)通过一维谱峰搜索即可得 P 个目标 DOA 的估计值，将得到的 DOA 的估计值代入式(8.15)。同时，注意到 $c(1)=1$，式(8.15)的优化问题可转化为如下带约束的优化问题：

$$[\hat{\varphi}_p,\hat{\boldsymbol{c}}]=\arg\min_{\varphi,c}\boldsymbol{c}^{\mathrm{H}}\boldsymbol{F}(\varphi,\hat{\theta}_p)\boldsymbol{c}\ \text{s.t.}\ \boldsymbol{e}_1^{\mathrm{T}}\boldsymbol{c}=1,\quad p=1,2,\cdots,P \tag{8.21}$$

$$\boldsymbol{F}(\varphi,\hat{\theta}_p)=\{\boldsymbol{I}_{q_{\mathrm{r}}}\otimes\boldsymbol{T}_{\mathrm{t}}[\boldsymbol{a}_{\mathrm{t}}(\varphi)]\}^{\mathrm{H}}\{\boldsymbol{T}_{\mathrm{r}}[\boldsymbol{a}_{\mathrm{r}}(\hat{\theta}_p)]\otimes\boldsymbol{I}_{M_{\mathrm{t}}}\}^{\mathrm{H}}\hat{\boldsymbol{U}}_{\mathrm{n}}\hat{\boldsymbol{U}}_{\mathrm{n}}^{\mathrm{H}}\times$$
$$\{\boldsymbol{T}_{\mathrm{r}}[\boldsymbol{a}_{\mathrm{r}}(\hat{\theta}_p)]\otimes\boldsymbol{I}_{M_{\mathrm{t}}}\}\{\boldsymbol{I}_{q_{\mathrm{r}}}\otimes\boldsymbol{T}_{\mathrm{t}}[\boldsymbol{a}_{\mathrm{t}}(\varphi)]\} \tag{8.22}$$

其中，$\boldsymbol{e}_1=[1,0,\cdots,0]_{q_{\mathrm{t}}q_{\mathrm{r}}\times 1}$。

采用 Lagrange 算子法对式(8.21)进行求解，可得

$$\hat{\varphi}_p=\arg\min_{\varphi}\frac{1}{\boldsymbol{e}_1^{\mathrm{T}}\boldsymbol{F}^{-1}(\varphi,\hat{\theta}_p)\boldsymbol{e}_1}=\arg\max_{\varphi}\boldsymbol{e}_1^{\mathrm{T}}\boldsymbol{F}^{-1}(\varphi,\hat{\theta}_p)\boldsymbol{e}_1 \tag{8.23}$$

$$\hat{\boldsymbol{c}}_p=\frac{\boldsymbol{F}^{-1}(\hat{\varphi}_p,\hat{\theta}_p)\boldsymbol{e}_1}{\boldsymbol{e}_1^{\mathrm{T}}\boldsymbol{F}^{-1}(\hat{\varphi}_p,\hat{\theta}_p)\boldsymbol{e}_1},\hat{\boldsymbol{c}}=\frac{1}{P}\sum_{p=1}^{P}\hat{\boldsymbol{c}}_p,\quad p=1,2,\cdots,P \tag{8.24}$$

式中，$\hat{\boldsymbol{c}}_p$ 表示由 $(\hat{\varphi}_p,\hat{\theta}_p)$ 得到对 $\boldsymbol{c}$ 的估计值。对不同的 $\hat{\theta}_p$ 值，通过式(8.23)进行谱峰搜索，可得目标对应的 DOD 估计值 $\hat{\varphi}_p$，即估计出的收发方位角的自动配对，从而实现对目标的定位。

因为 $\boldsymbol{c}=\{\tilde{\boldsymbol{c}}_{\mathrm{r}}\otimes\tilde{\boldsymbol{c}}_{\mathrm{t}}\}$，所以由式(8.24)估计出 $\hat{\boldsymbol{c}}$ 后，根据 Kronecker 乘积的定义可得

$$\left.\begin{aligned}\hat{\tilde{\boldsymbol{c}}}(m)&=\frac{1}{q_{\mathrm{r}}}\sum_{i=1}^{q_{\mathrm{r}}}\frac{\hat{\boldsymbol{c}}((i-1)q_{\mathrm{t}}+m)}{\hat{\boldsymbol{c}}((i-1)q_{\mathrm{t}}+1)},\quad m=2,3,\cdots,q_{\mathrm{t}}\\ \hat{\tilde{\boldsymbol{c}}}(n)&=\frac{1}{q_{\mathrm{t}}}\sum_{i=1}^{q_{\mathrm{t}}}\frac{\hat{\boldsymbol{c}}((n-1)q_{\mathrm{t}}+i)}{\hat{\tilde{\boldsymbol{c}}}'(i)},\quad n=2,3,\cdots,q_{\mathrm{r}}\end{aligned}\right\} \tag{8.25}$$

通过 $\hat{\tilde{\boldsymbol{c}}}_{\mathrm{t}}$ 和 $\hat{\tilde{\boldsymbol{c}}}_{\mathrm{r}}$ 就可重构出具有带状、对称 Toeplitz 性的发射和接收互耦系数矩阵 $\hat{\boldsymbol{C}}_{\mathrm{t}}$ 和 $\hat{\boldsymbol{C}}_{\mathrm{r}}$，从而可分别实现对双基地 MIMO 雷达发射和接收阵列的互耦自校正。

8.3.2 算法基本步骤

根据以上分析过程，将本节的基于降维的双基地 MIMO 雷达多目标定位及互耦自校正方法的步骤总结如下：

(1)根据式(8.7)估计虚拟阵列的数据协方差矩阵 $\boldsymbol{R}_c$，并对其进行特征分解得噪声子空间 $\hat{\boldsymbol{U}}_{\mathrm{n}}$。

(2)根据式(8.9)～式(8.12)计算变换矩阵 $\boldsymbol{T}_{\mathrm{r}}[\boldsymbol{a}_{\mathrm{r}}(\theta)]$ 和 $\boldsymbol{T}_{\mathrm{t}}[\boldsymbol{a}_{\mathrm{t}}(\varphi)]$ 。

(3)根据式(8.18)构造矩阵 $\boldsymbol{G}(\theta)$ ，并通过对式(8.19)或式(8.20)进行一维谱峰搜索可得 P 个对目标 DOA 的估计值。

(4)根据式(8.22)构造矩阵 $\boldsymbol{F}(\varphi,\hat{\theta}_p)$ ，由式(8.23)对不同的 $\hat{\theta}_p$ 进行一维谱峰搜索可得 P 个对目标 DOD 的估计值,并基于 $(\hat{\varphi}_p,\hat{\theta}_p)$ 的估计值利用式(8.24)、式(8.25)得到发射和接收阵列互耦系数矩阵的估计值 $\hat{\boldsymbol{C}}_{\mathrm{t}}$ 和 $\hat{\boldsymbol{C}}_{\mathrm{r}}$ 。

8.4　基于 ESPRIT 的双基地 MIMO 雷达目标定位及互耦自校正算法

上节所给出的基于降维的双基地 MIMO 雷达多目标定位及互耦自校正算法相对于文献[191]中的算法在计算量方面大大减小,但其仍需进行一维角度搜索。为了进一步减小该类算法的计算量,本节给出了一种基于 ESPRIT 的双基地 MIMO 雷达多目标定位及互耦自校正算法。

8.4.1　算法基本原理

1. 多目标定位方法

定义如下选择矩阵：

$$\left.\begin{aligned}\boldsymbol{F}_{\mathrm{r1}}=\boldsymbol{J}_{\mathrm{r1}}\otimes\boldsymbol{I}_{M_{\mathrm{t}}},\boldsymbol{F}_{\mathrm{r2}}=\boldsymbol{J}_{\mathrm{r2}}\otimes\boldsymbol{I}_{M_{\mathrm{t}}}\\ \boldsymbol{F}_{\mathrm{t1}}=\boldsymbol{I}_{M_{\mathrm{r}}}\otimes\boldsymbol{J}_{\mathrm{t1}},\boldsymbol{F}_{\mathrm{t2}}=\boldsymbol{I}_{M_{\mathrm{r}}}\otimes\boldsymbol{J}_{\mathrm{t2}}\end{aligned}\right\}\tag{8.26}$$

式中， $\boldsymbol{J}_{\mathrm{r1}}=[\boldsymbol{0}_{(M_{\mathrm{r}}-2q_{\mathrm{r}}+1)\times(q_{\mathrm{r}}-1)}\quad\boldsymbol{I}_{(M_{\mathrm{r}}-2q_{\mathrm{r}}+1)}\quad\boldsymbol{0}_{(M_{\mathrm{r}}-2q_{\mathrm{r}}+1)\times q_{\mathrm{r}}}]$ ， $\boldsymbol{J}_{\mathrm{r2}}=[\boldsymbol{0}_{(M_{\mathrm{r}}-2q_{\mathrm{r}}+1)\times q_{\mathrm{r}}}\quad\boldsymbol{I}_{(M_{\mathrm{r}}-2q_{\mathrm{r}}+1)}\quad\boldsymbol{0}_{(M_{\mathrm{r}}-2q_{\mathrm{r}}+1)\times(q_{\mathrm{r}}-1)}]$ ， $\boldsymbol{J}_{\mathrm{t1}}=[\boldsymbol{0}_{(M_{\mathrm{t}}-2q_{\mathrm{t}}+1)\times(q_{\mathrm{t}}-1)}\quad\boldsymbol{I}_{(M_{\mathrm{t}}-2q_{\mathrm{t}}+1)}\quad\boldsymbol{0}_{(M_{\mathrm{t}}-2q_{\mathrm{t}}+1)\times q_{\mathrm{t}}}]$ ， $\boldsymbol{J}_{\mathrm{t2}}=[\boldsymbol{0}_{(M_{\mathrm{t}}-2q_{\mathrm{t}}+1)\times q_{\mathrm{t}}}\quad\boldsymbol{I}_{(M_{\mathrm{t}}-2q_{\mathrm{t}}+1)}\quad\boldsymbol{0}_{(M_{\mathrm{t}}-2q_{\mathrm{t}}+1)\times(q_{\mathrm{t}}-1)}]$ ， $\boldsymbol{0}_{s\times t}$ 表示所有元素全为 0 的 $s\times t$ 维矩阵, $\otimes$ 表示矩阵的 Kronecker 积。

用上述的选择矩阵分别右乘 $\boldsymbol{U}_{\mathrm{s}}$ 可得

$$\left.\begin{aligned}\boldsymbol{U}_{\mathrm{r1}}=\boldsymbol{F}_{\mathrm{r1}}\boldsymbol{U}_{\mathrm{s}}=(\boldsymbol{J}_{\mathrm{r1}}\boldsymbol{B}_{\mathrm{cr}}*\boldsymbol{B}_{\mathrm{ct}})\boldsymbol{T},\boldsymbol{U}_{\mathrm{r2}}=\boldsymbol{F}_{\mathrm{r2}}\boldsymbol{U}_{\mathrm{s}}=(\boldsymbol{J}_{\mathrm{r2}}\boldsymbol{B}_{\mathrm{cr}}*\boldsymbol{B}_{\mathrm{ct}})\boldsymbol{T}\\ \boldsymbol{U}_{\mathrm{t1}}=\boldsymbol{F}_{\mathrm{t1}}\boldsymbol{U}_{\mathrm{s}}=(\boldsymbol{B}_{\mathrm{cr}}*\boldsymbol{J}_{\mathrm{t1}}\boldsymbol{B}_{\mathrm{ct}})\boldsymbol{T},\boldsymbol{U}_{\mathrm{t2}}=\boldsymbol{F}_{\mathrm{t2}}\boldsymbol{U}_{\mathrm{s}}=(\boldsymbol{B}_{\mathrm{cr}}*\boldsymbol{J}_{\mathrm{t2}}\boldsymbol{B}_{\mathrm{ct}})\boldsymbol{T}\end{aligned}\right\}\tag{8.27}$$

式(8.27)在推导过程中用到了矩阵 Kronecker 积与 Khatri - Rao 积的乘积的性质[182],即

$$(\boldsymbol{A}\otimes\boldsymbol{B})(\boldsymbol{F}*\boldsymbol{G})=\boldsymbol{A}\boldsymbol{F}*\boldsymbol{B}\boldsymbol{G}\tag{8.28}$$

而根据 $\boldsymbol{J}_{r1}$，$\boldsymbol{J}_{r2}$，$\boldsymbol{J}_{t1}$，$\boldsymbol{J}_{t2}$，$\boldsymbol{B}_{cr}$ 及 $\boldsymbol{B}_{ct}$ 的表达式，并通过矩阵运算后可得

$$\left.\begin{array}{l}\boldsymbol{J}_{r1}\boldsymbol{B}_{cr}=\boldsymbol{B}_{r}\boldsymbol{\Lambda}_{r},\boldsymbol{J}_{r2}\boldsymbol{B}_{cr}=\boldsymbol{B}_{r}\boldsymbol{\Lambda}_{r}\boldsymbol{\Phi}_{r}\\ \boldsymbol{J}_{t1}\boldsymbol{B}_{ct}=\boldsymbol{B}_{t}\boldsymbol{\Lambda}_{t},\boldsymbol{J}_{t2}\boldsymbol{B}_{ct}=\boldsymbol{B}_{t}\boldsymbol{\Lambda}_{t}\boldsymbol{\Phi}_{t}\end{array}\right\} \tag{8.29}$$

式中，$\boldsymbol{B}_{r}=[\boldsymbol{b}_{r}(\theta_{1}),\cdots,\boldsymbol{b}_{r}(\theta_{P})]$，$\boldsymbol{b}_{r}(\theta_{p})=[1,\mathrm{e}^{-\mathrm{j}\pi\sin\theta_{p}},\cdots,\mathrm{e}^{-\mathrm{j}(M_{r}-2q_{r})\pi\sin\theta_{p}}]^{\mathrm{T}}$，$\boldsymbol{\Lambda}_{r}=\mathrm{diag}(\boldsymbol{d}_{r})$，$\boldsymbol{d}_{r}=[d(\theta_{1}),\cdots,d(\theta_{P})]$，$d(\theta_{p})=c_{rq_{r}}+c_{r(q_{r}-1)}\mathrm{e}^{-\mathrm{j}\pi\sin\theta_{p}}+\cdots+c_{r1}\mathrm{e}^{-\mathrm{j}\pi(q_{r}-1)\sin\theta_{p}}+\cdots+c_{rq_{r}}\mathrm{e}^{-\mathrm{j}2\pi(q_{r}-1)\sin\theta_{p}}$，$\boldsymbol{\Phi}_{r}=\mathrm{diag}[\mathrm{e}^{-\mathrm{j}\pi\sin\theta_{1}},\cdots,\mathrm{e}^{-\mathrm{j}\pi\sin\theta_{P}}]$；$\boldsymbol{B}_{t}=[\boldsymbol{b}_{t}(\varphi_{1}),\cdots,\boldsymbol{b}_{t}(\varphi_{P})]$，$\boldsymbol{b}_{t}(\varphi_{p})=[1,\mathrm{e}^{-\mathrm{j}\pi\sin\varphi_{p}},\cdots,\mathrm{e}^{-\mathrm{j}(M_{t}-2q_{t})\pi\sin\varphi_{p}}]^{\mathrm{T}}$，$\boldsymbol{\Lambda}_{t}=\mathrm{diag}(\boldsymbol{d}_{t})$，$\boldsymbol{d}_{t}=[d(\varphi_{1}),\cdots,d(\varphi_{P})]$，$d(\varphi_{p})=c_{tq_{t}}+c_{t(q_{t}-1)}\mathrm{e}^{-\mathrm{j}\pi\sin\varphi_{p}}+\cdots+c_{t1}\mathrm{e}^{-\mathrm{j}\pi(q_{t}-1)\sin\varphi_{p}}+\cdots+c_{tq_{t}}\mathrm{e}^{-\mathrm{j}2\pi(q_{t}-1)\sin\varphi_{p}}$，$\boldsymbol{\Phi}_{t}=\mathrm{diag}[\mathrm{e}^{-\mathrm{j}\pi\sin\varphi_{1}},\cdots,\mathrm{e}^{-\mathrm{j}\pi\sin\varphi_{P}}]$。

将式(8.29)代入式(8.27)可得

$$\left.\begin{array}{l}\boldsymbol{U}_{r1}=\boldsymbol{F}_{r1}\boldsymbol{U}_{s}=(\boldsymbol{B}_{r}\boldsymbol{\Lambda}_{r}*\boldsymbol{B}_{ct})\boldsymbol{T},\boldsymbol{U}_{r2}=\boldsymbol{F}_{r2}\boldsymbol{U}_{s}=(\boldsymbol{B}_{r}\boldsymbol{\Lambda}_{r}*\boldsymbol{B}_{ct})\boldsymbol{\Phi}_{r}\boldsymbol{T}\\ \boldsymbol{U}_{t1}=\boldsymbol{F}_{t1}\boldsymbol{U}_{s}=(\boldsymbol{B}_{cr}*\boldsymbol{B}_{t}\boldsymbol{\Lambda}_{r})\boldsymbol{T},\boldsymbol{U}_{t2}=\boldsymbol{F}_{t2}\boldsymbol{U}_{s}=(\boldsymbol{B}_{cr}*\boldsymbol{B}_{t}\boldsymbol{\Lambda}_{t})\boldsymbol{\Phi}_{t}\boldsymbol{T}\end{array}\right\} \tag{8.30}$$

因此，$\boldsymbol{U}_{r1}$ 和 $\boldsymbol{U}_{r2}$、$\boldsymbol{U}_{t1}$ 和 $\boldsymbol{U}_{t2}$ 之间具有如下关系：

$$\left.\begin{array}{l}\boldsymbol{U}_{r1}^{\#}\boldsymbol{U}_{r2}=\boldsymbol{T}^{-1}\boldsymbol{\Phi}_{r}\boldsymbol{T}\\ \boldsymbol{U}_{t1}^{\#}\boldsymbol{U}_{t2}=\boldsymbol{T}^{-1}\boldsymbol{\Phi}_{t}\boldsymbol{T}\end{array}\right\} \tag{8.31}$$

式(8.31)说明：$\boldsymbol{\Phi}_{r}$ 和 $\boldsymbol{\Phi}_{t}$ 分别为 $\boldsymbol{U}_{r1}^{\#}\boldsymbol{U}_{r2}$ 和 $\boldsymbol{U}_{t1}^{\#}\boldsymbol{U}_{t2}$ 的特征值矩阵，$\boldsymbol{T}$ 为两者共同的特征向量矩阵。对 $\boldsymbol{U}_{r1}^{\#}\boldsymbol{U}_{r2}$ 和 $\boldsymbol{U}_{t1}^{\#}\boldsymbol{U}_{t2}$ 进行特征值分解可分别得到对目标 DOA 的估计值 $\hat{\theta}_{p}(p=1,2,\cdots,P)$ 和 DOD 的估计值 $\hat{\varphi}_{p}(p=1,2,\cdots,P)$，并通过两者的特征向量矩阵即可实现 DOA 和 DOD 的自动配对。

2. 互耦自校正方法

由式(8.13)及子空间原理可知：

$$\boldsymbol{U}_{n}^{\mathrm{H}}\{\boldsymbol{T}_{r}[\boldsymbol{a}_{r}(\hat{\theta}_{p})]\otimes\boldsymbol{T}_{t}[a_{t}(\hat{\varphi}_{p})]\}\{\tilde{\boldsymbol{c}}_{r}\otimes\tilde{\boldsymbol{c}}_{t}\}=\boldsymbol{0}_{P\times1},\quad p=1,2,\cdots,P \tag{8.32}$$

定义如下 $P^{2}\times q_{t}q_{r}$ 维矩阵[192]：

$$\hat{\boldsymbol{G}}=\begin{bmatrix}\boldsymbol{U}_{n}^{\mathrm{H}}\{\boldsymbol{T}_{r}[\boldsymbol{a}_{r}(\hat{\theta}_{1})]\otimes\boldsymbol{T}_{t}[\boldsymbol{a}_{t}(\hat{\varphi}_{1})]\}\\ \vdots\\ \boldsymbol{U}_{n}^{\mathrm{H}}\{\boldsymbol{T}_{r}[\boldsymbol{a}_{r}(\hat{\theta}_{P})]\otimes\boldsymbol{T}_{t}[\boldsymbol{a}_{t}(\hat{\varphi}_{P})]\}\end{bmatrix}$$

因为 $\boldsymbol{c}=\{\tilde{\boldsymbol{c}}_{r}\otimes\tilde{\boldsymbol{c}}_{t}\}$。根据式(8.32)有

$$\hat{\boldsymbol{G}}\boldsymbol{c}=\boldsymbol{0}_{P^{2}\times1} \tag{8.33}$$

注意到 $\boldsymbol{c}(1)=1$，并记 $\hat{\boldsymbol{G}}=\begin{bmatrix}\hat{\boldsymbol{g}}_1 & \hat{\boldsymbol{g}}_2 & \cdots & \hat{\boldsymbol{g}}_{q_tq_r}\end{bmatrix}$，所以有

$$\hat{\boldsymbol{G}}(:,2:q_tq_r)\boldsymbol{c}(2:q_tq_r)=-\hat{\boldsymbol{g}}_1 \tag{8.34}$$

式中，$\hat{\boldsymbol{G}}(:,2:q_tq_r)=\begin{bmatrix}\hat{\boldsymbol{g}}_2 & \cdots & \hat{\boldsymbol{g}}_{q_tq_r}\end{bmatrix}$。

求解式(8.33)可得

$$\hat{\boldsymbol{c}}(2:q_tq_r)=-[\hat{\boldsymbol{G}}(:,2:q_tq_r)]^{\#}\hat{\boldsymbol{g}}_1 \tag{8.35}$$

估计出 $\hat{\boldsymbol{c}}$ 后，利用式(8.25)即可估计出发射和接收互耦系数矩阵 $\hat{\boldsymbol{C}}_t$ 和 $\hat{\boldsymbol{C}}_r$。

8.4.2　算法基本步骤

根据以上分析过程，将本节的基于 ESPRIT 的双基地 MIMO 雷达多目标定位及互耦自校正方法的步骤总结如下：

(1)根据式(8.6)估计虚拟阵列的数据协方差矩阵 $\hat{\boldsymbol{R}}_c$，并对其进行特征值分解得信号子空间 $\hat{\boldsymbol{U}}_s$ 和噪声子空间 $\hat{\boldsymbol{U}}_n$。

(2)根据式(8.27)构造矩阵 $\boldsymbol{U}_{r1}$ 和 $\boldsymbol{U}_{r2}$、$\boldsymbol{U}_{t1}$ 和 $\boldsymbol{U}_{t2}$。

(3)对 $\boldsymbol{U}_{r1}^{\#}\boldsymbol{U}_{r2}$ 和 $\boldsymbol{U}_{t1}^{\#}\boldsymbol{U}_{t2}$ 进行特征值分解可分别得到对目标 DOA 的估计值 $\hat{\theta}_p(p=1,2,\cdots,P)$ 和 DOD 的估计值 $\hat{\varphi}_p(p=1,2,\cdots,P)$。

(4)基于 $(\hat{\varphi}_p,\hat{\theta}_p)$ 的估计值，利用式(8.35)得到 $\boldsymbol{c}$ 的估计值，进一步利用式(8.25)可得发射和接收互耦系数矩阵 $\hat{\boldsymbol{C}}_t$ 和 $\hat{\boldsymbol{C}}_r$。

8.5　算法的性能分析

8.5.1　算法的运算量分析

从上述分析可以看出：基于降维的算法的运算量主要集中在计算数据协方差矩阵、对数据协方差矩阵的特征值分解、对 DOA 的一个一维谱峰搜索及对 DOD 的 P 个一维谱峰搜索，假设在搜索范围内的搜索次数为 n，则其总运算量为 $O\{LM_t^2M_r^2+M_t^3M_r^3+nM_t^3M_r^3+Pn[(M_t^2M_r+M_t^2)(M_tM_r-P)+M_t^2]\}$；基于 ESPRIT 算法的运算量主要集中在计算数据协方差矩阵、对数据协方差矩阵的特征值分解及对矩阵 $U_{r1}^{\#}U_{r2}$ 的特征值分解上，其总运算量为

$O\{LM_t^2M_r^2+M_t^3M_r^3+P^3\}$。而对文献[191]中算法，运算量主要集中在计算数据协方差矩阵、对角度的二维搜索及迭代运算。假设迭代次数为 I，则文献[191]算法的总运算量为 $O\{LM_t^2M_r^2+In^2[M_tM_r(M_tM_r-P)+M_tM_r-P]\}$ [124]。因为一般情况下 n 为较大的一个量，所以基于 ESPRIT 算法的运算量要远小于基于降维的算法和文献[191]算法的运算量；而基于降维的算法的运算量要小于文献[191]算法的运算量。

8.5.2 算法的模糊性分析

由式(8.6)可知：该式可表示为 $2M_tM_rP$（分别为 M_tM_r 个虚拟阵元及 P 个复信号）个独立的实数方程式，而未知参量个数为 $2P+2P^2+2(q_t-1)+2(q_r-1)$（分别为 P 个实数 DOD、P 个实数 DOA、$\boldsymbol{T}$ 矩阵的 P^2 个复数元素、发射阵的 q_t-1 个复数元素及接收阵的 q_r-1 个复数元素）。因此，参数可辨识条件要求独立方程式的个数不少于未知参量的个数，即

$$2M_tM_rP\geqslant 2P+2P^2+2(q_t-1)+2(q_r-1) \tag{8.36}$$

$$M_tM_r\geqslant 1+P+\frac{q_t}{P}+\frac{q_r}{P}-\frac{2}{P} \tag{8.37}$$

可以看出，由于引进了 q_t-1 个未知的发射阵互耦参数和 q_r-1 个未知的接收阵互耦参数，可辨识性要求双基地 MIMO 雷达拥有更多的发射和接收阵元数。然而，当 q_t 和 q_r 增大时，存在互耦的发射和接收阵元数变多，对于两个不同的目标 (φ_p,θ_p) 和 $(\varphi_{p+1},\theta_{p+1})$，其发射阵列导向矢量 $\boldsymbol{C}_t\boldsymbol{a}_t(\varphi_p)$ 与 $\boldsymbol{C}_t\boldsymbol{a}_t(\varphi_{p+1})$ 可能线性相关，导致 DOD 估计中出现模糊；其接收阵列导向矢量 $\boldsymbol{C}_r\boldsymbol{a}_r(\theta_p)$ 与 $\boldsymbol{C}_r\boldsymbol{a}_r(\theta_{p+1})$ 亦可能线性相关，亦会导致 DOA 估计中出现模糊。因此，上式仅为参数可辨识的必要条件。但由于阵列互耦的复杂性，发射和接收阵列无模糊的条件很难进行理论分析。现在给出大量仿真实验得出的结论。

(1)对于基于降维的算法，在发射阵元数 M_t、接收阵元数 M_r 及目标数 P 一定的条件下，若发射和接收阵列的互耦自由度 q_t 和 q_r 满足

$$\left.\begin{array}{c} q_t\leqslant\left\lfloor\dfrac{M_t+1}{2}\right\rfloor, q_r\leqslant\left\lfloor\dfrac{M_r+1}{2}\right\rfloor \\ \max[(M_t-q_t)M_r, M_t(M_r-q_r)]\geqslant P \end{array}\right\} \tag{8.38}$$

则方位估计无模糊。式中，$\lfloor\cdot\rfloor$表示向下取整，$\max[\cdot]$ 表示取最大值。

(2)对于基于 ESPRIT 的算法，在发射阵元数 M_t、接收阵元数 M_r 及目标数 P 一定的条件下，若发射和接收阵列的互耦自由度 q_t 和 q_r 满足

$$\left.\begin{aligned} & q_{\mathrm{t}} \leqslant \left\lfloor \frac{M_{\mathrm{t}}}{2} \right\rfloor, q_{\mathrm{r}} \leqslant \left\lfloor \frac{M_{\mathrm{r}}}{2} \right\rfloor \\ & \max\left[(M_{\mathrm{t}} - 2q_{\mathrm{t}} + 2) M_{\mathrm{r}}, M_{\mathrm{t}}(M_{\mathrm{r}} - 2q_{\mathrm{r}} + 2)\right] \geqslant P \end{aligned}\right\} \tag{8.39}$$

则方位估计无模糊。

8.5.3 参数估计的 CRB

为了计算收发方位参数与发射和接收阵元互耦联合估计对应的 CRB 表达式，分别把发射、接收阵元互耦的实部和虚部看作未知参数，此时共有 $2P + 2q_{\mathrm{t}} + 2q_{\mathrm{r}} - 4$ 个未知实参数（分别为 P 个目标的 DOD、P 个目标的 DOA、$q_{\mathrm{t}} - 1$ 个发射阵列互耦系数实部、$q_{\mathrm{t}} - 1$ 个发射阵列互耦系数虚部、$q_{\mathrm{r}} - 1$ 个接收阵列互耦系数实部、$q_{\mathrm{r}} - 1$ 个接收阵列互耦系数虚部），可写成矢量形式：

$$\boldsymbol{\eta} = \begin{bmatrix} \varphi_1, \varphi_2, \cdots, \varphi_P, \theta_1, \theta_2, \cdots, \theta_P, \mathrm{Re}(\tilde{\boldsymbol{c}}_{\mathrm{t}}^{\mathrm{T}}(2:q_{\mathrm{t}})), \mathrm{Im}(\tilde{\boldsymbol{c}}_{\mathrm{t}}^{\mathrm{T}}(2:q_{\mathrm{t}})), \\ \mathrm{Re}(\tilde{\boldsymbol{c}}_{\mathrm{r}}^{\mathrm{T}}(2:q_{\mathrm{r}})), \mathrm{Im}(\tilde{\boldsymbol{c}}_{\mathrm{r}}^{\mathrm{T}}(2:q_{\mathrm{r}})) \end{bmatrix}^{\mathrm{T}} \tag{8.40}$$

式中，Re(・)表示取实部，Im(・) 表示取虚部。

假设虚拟阵列数据 $\boldsymbol{y}_c(t_l)$ 是一个零均值的复高斯矢量，则目标二维方位参数与发射和接收阵列互耦联合估计对应的 CRB 可表示为

$$\mathrm{E}[(\hat{\boldsymbol{\eta}} - \boldsymbol{\eta}_0)(\hat{\boldsymbol{\eta}} - \boldsymbol{\eta}_0)^{\mathrm{T}}] \geqslant \mathbf{CRB} = \boldsymbol{F}^{-1} \tag{8.41}$$

其中，$\boldsymbol{F}$ 为 $(2P + 2q_{\mathrm{t}} + 2q_{\mathrm{r}} - 4) \times (2P + 2q_{\mathrm{t}} + 2q_{\mathrm{r}} - 4)$ 阶 Fisher 信息矩阵，其可分块表示为

$$\boldsymbol{F} = \begin{bmatrix} \boldsymbol{F}_{\varphi\varphi} & \boldsymbol{F}_{\varphi\theta} & \boldsymbol{F}_{\varphi\mathrm{R_t}} & \boldsymbol{F}_{\varphi\mathrm{I_t}} & \boldsymbol{F}_{\varphi\mathrm{R_r}} & \boldsymbol{F}_{\varphi\mathrm{I_r}} \\ \boldsymbol{F}_{\theta\varphi} & \boldsymbol{F}_{\theta\theta} & \boldsymbol{F}_{\theta\mathrm{R_t}} & \boldsymbol{F}_{\theta\mathrm{I_t}} & \boldsymbol{F}_{\theta\mathrm{R_r}} & \boldsymbol{F}_{\theta\mathrm{I_r}} \\ \boldsymbol{F}_{\mathrm{R_t}\varphi} & \boldsymbol{F}_{\mathrm{R_t}\theta} & \boldsymbol{F}_{\mathrm{R_tR_t}} & \boldsymbol{F}_{\mathrm{R_t}I_{\mathrm{t}}} & \boldsymbol{F}_{\mathrm{R_tR_r}} & \boldsymbol{F}_{\mathrm{R_tI_r}} \\ \boldsymbol{F}_{\mathrm{I_t}\varphi} & \boldsymbol{F}_{\mathrm{I_t}\theta} & \boldsymbol{F}_{\mathrm{I_tR_t}} & \boldsymbol{F}_{\mathrm{I_tI_t}} & \boldsymbol{F}_{\mathrm{I_tR_r}} & \boldsymbol{F}_{\mathrm{I_tI_r}} \\ \boldsymbol{F}_{\mathrm{R_r}\varphi} & \boldsymbol{F}_{\mathrm{R_r}\theta} & \boldsymbol{F}_{\mathrm{R_rR_t}} & \boldsymbol{F}_{\mathrm{R_rI_t}} & \boldsymbol{F}_{\mathrm{R_rR_r}} & \boldsymbol{F}_{\mathrm{R_rI_r}} \\ \boldsymbol{F}_{\mathrm{I_r}\varphi} & \boldsymbol{F}_{\mathrm{I_r}\theta} & \boldsymbol{F}_{\mathrm{I_rR_t}} & \boldsymbol{F}_{\mathrm{I_rI_t}} & \boldsymbol{F}_{\mathrm{I_rR_r}} & \boldsymbol{F}_{\mathrm{I_rI_r}} \end{bmatrix} \tag{8.42}$$

式中，$\boldsymbol{F}_{\varphi\varphi}$ 为 DOD 估计块，$\boldsymbol{F}_{\theta\theta}$ 为 DOA 估计块，$\boldsymbol{F}_{\mathrm{R_tR_t}}$ 和 $\boldsymbol{F}_{\mathrm{I_tI_t}}$ 分别为发射阵列互耦系数实部和虚部估计块，$\boldsymbol{F}_{\mathrm{R_rR_r}}$ 和 $\boldsymbol{F}_{\mathrm{I_rI_r}}$ 分别为接收阵列互耦系数实部和虚部估计块，其余为相应参数估计的互相关块。需指出的是，若假定一些参数已知（如发射或接收阵列的互耦系数），则应消去其在 $\boldsymbol{F}$ 中相应的行和列。

当脉冲数 $L \to \infty$ 时，第 m 个参数估计的 CRB 是 Fisher 矩阵逆的第 m 个

对角元素，即

$$\mathbf{CRB}(\eta_m)=\boldsymbol{F}^{-1}[\eta]_{mm} \tag{8.43}$$

$\boldsymbol{F}$ 矩阵的元素可表示为

$$\boldsymbol{F}_{mn}=-\mathrm{E}\left\{\frac{\partial^2\zeta}{\partial\eta_m\partial\eta_n}\right\} \tag{8.44}$$

式中，ζ 为概率密度函数的自然对数，即

$$\begin{aligned}\zeta(\boldsymbol{\eta})&=-L\cdot\ln[\det(\boldsymbol{R}_c)]-\sum_{l=1}^{L}\boldsymbol{y}_c^{\mathrm{H}}(t_l)\boldsymbol{R}_c^{-1}\boldsymbol{y}_c(t_l)\\&=-L\cdot\mathrm{tr}[\boldsymbol{R}_c^{-1}\hat{\boldsymbol{R}}_c]-L\cdot\ln[\det(\boldsymbol{R}_c)]\end{aligned} \tag{8.45}$$

其中

$$\hat{\boldsymbol{R}}_c=\frac{1}{L}\sum_{l=1}^{L}\boldsymbol{y}_c(t_l)\boldsymbol{y}_c^{\mathrm{H}}(t_l) \tag{8.46}$$

根据下列矩阵求导公式：

$$\frac{\partial\boldsymbol{R}_c^{-1}}{\partial\eta_m}=-\boldsymbol{R}_c^{-1}\frac{\partial\boldsymbol{R}^c}{\partial\eta_m}\boldsymbol{R}_c^{-1},\ \frac{\partial\ln[\det(\boldsymbol{R}_c)]}{\partial\eta_m}=\mathrm{tr}\left\{\boldsymbol{R}_c^{-1}\frac{\partial\boldsymbol{R}_c}{\partial\eta_m}\right\} \tag{8.47}$$

可以得到 ζ 对 η_m 的偏导数为

$$\begin{aligned}\frac{\partial\zeta}{\partial\eta_m}&=L\cdot\mathrm{tr}\left\{R_c^{-1}\frac{\partial\boldsymbol{R}_c}{\partial\eta_m}\boldsymbol{R}_c^{-1}\hat{\boldsymbol{R}}_c\right\}-L\cdot\mathrm{tr}\left\{\boldsymbol{R}_c^{-1}\frac{\partial\boldsymbol{R}_c}{\partial\eta_m}\right\}\\&=L\cdot\mathrm{tr}\left\{\boldsymbol{R}_c^{-1}\frac{\partial\boldsymbol{R}_c}{\partial\eta_m}(\boldsymbol{R}_c^{-1}\hat{\boldsymbol{R}}_c-\boldsymbol{I}_{M_\mathrm{t}M_\mathrm{r}})\right\}\end{aligned} \tag{8.48}$$

求 ζ 的二阶偏导，可得

$$\frac{\partial^2\zeta}{\partial\eta_m\partial\eta_n}=L\cdot\mathrm{tr}\left\{\frac{\partial}{\partial\eta_n}\left[\boldsymbol{R}_c^{-1}\frac{\partial\boldsymbol{R}_c}{\partial\eta_m}\right](\boldsymbol{R}_c^{-1}\hat{\boldsymbol{R}}_c-\boldsymbol{I}_{M_\mathrm{t}M_\mathrm{r}})+\boldsymbol{R}_c^{-1}\frac{\partial\boldsymbol{R}_c}{\partial\eta_m}\left[-\boldsymbol{R}_c^{-1}\frac{\partial\boldsymbol{R}_c}{\partial\eta_n}\boldsymbol{R}_c^{-1}\hat{\boldsymbol{R}}_c\right]\right\} \tag{8.49}$$

对式(8.49)两边求期望，可得

$$\boldsymbol{F}_{mn}=-\mathrm{E}\left\{\frac{\partial^2\zeta}{\partial\eta_m\partial\eta_n}\right\}=L\cdot\mathrm{tr}\left\{\boldsymbol{R}_c^{-1}\frac{\partial\boldsymbol{R}_c}{\partial\eta_m}\boldsymbol{R}_c^{-1}\frac{\partial\boldsymbol{R}_c}{\partial\eta_n}\right\} \tag{8.50}$$

求 $\boldsymbol{R}_c$ 对 η_m 的偏导数，有

$$\frac{\partial\boldsymbol{R}_c}{\partial\eta_m}=\boldsymbol{D}_m\boldsymbol{R}_\alpha\boldsymbol{B}_c^{\mathrm{H}}+\boldsymbol{B}_c\boldsymbol{R}_\alpha\boldsymbol{D}_m^{\mathrm{H}} \tag{8.51}$$

其中

$$\boldsymbol{D}_m=\frac{\partial\boldsymbol{B}_c}{\partial\eta_m}=\frac{\partial[\boldsymbol{C}_\mathrm{r}\boldsymbol{A}_\mathrm{r}*\boldsymbol{C}_\mathrm{t}\boldsymbol{A}_\mathrm{t}]}{\partial\eta_m} \tag{8.52}$$

将式(8.51)代入式(8.50)后化简可得

$$\boldsymbol{F}_{mn}=2L\cdot\mathrm{Re}\{\mathrm{tr}\{\boldsymbol{R}_c^{-1}\boldsymbol{D}_m\boldsymbol{R}_\alpha\boldsymbol{B}_c^{\mathrm{H}}\boldsymbol{R}_c^{-1}\boldsymbol{B}_c\boldsymbol{R}_\alpha\boldsymbol{D}_n^{\mathrm{H}}\}+\mathrm{tr}\{\boldsymbol{R}_c^{-1}\boldsymbol{D}_m\boldsymbol{R}_\alpha\boldsymbol{B}_c^{\mathrm{H}}\boldsymbol{R}_c^{-1}\boldsymbol{D}_n\boldsymbol{R}_\alpha\boldsymbol{B}_c^{\mathrm{H}}\}\}\tag{8.53}$$

为了便于求解，下面将给出更为详细的表达式。

1.关于 DOD 和 DOA 的 Fisher 信息子矩阵

根据式(8.52)及 $\boldsymbol{A}_{\mathrm{t}}$ 的表达式，可得 $\boldsymbol{B}_c$ 对 φ_m 的偏导为

$$\frac{\partial\boldsymbol{B}_c}{\partial\varphi_m}=(\boldsymbol{C}_{\mathrm{r}}\boldsymbol{A}_{\mathrm{r}}*\boldsymbol{C}_{\mathrm{t}}\dot{\boldsymbol{A}}_{\mathrm{t}})\boldsymbol{e}_m\boldsymbol{e}_m^{\mathrm{T}},\quad m=1,2,\cdots,P\tag{8.54}$$

式中，$\dot{\boldsymbol{A}}_{\mathrm{t}}=[\boldsymbol{a}_{\mathrm{t}}(\varphi_1)\odot\boldsymbol{d}_{\mathrm{t}}(\varphi_1),\boldsymbol{a}_{\mathrm{t}}(\varphi_2)\odot\boldsymbol{d}_{\mathrm{t}}(\varphi_2),\cdots,\boldsymbol{a}_{\mathrm{t}}(\varphi_P)\odot\boldsymbol{d}_{\mathrm{t}}(\varphi_P)]$，$\boldsymbol{d}_{\mathrm{t}}(\varphi_p)=[0,-\mathrm{j}\pi\cos\varphi_p,\cdots,-\mathrm{j}\pi(M_{\mathrm{t}}-1)\cos\varphi_p]^{\mathrm{T}}$，$\boldsymbol{e}_m$ 为单位矩阵 $\boldsymbol{I}_P$ 的第 m 列。

记 $\boldsymbol{E}_{\mathrm{t}}=\boldsymbol{C}_{\mathrm{r}}\boldsymbol{A}_{\mathrm{r}}*\boldsymbol{C}_{\mathrm{t}}\dot{\boldsymbol{A}}_{\mathrm{t}}$，将式(8.54)代入式(8.53)可得

$$\begin{aligned}\boldsymbol{F}_{\varphi_m\varphi_n}&=2L\cdot\mathrm{Re}\{\mathrm{tr}\{\boldsymbol{R}_c^{-1}\boldsymbol{E}_{\mathrm{t}}\boldsymbol{e}_m\boldsymbol{e}_m^{\mathrm{T}}\boldsymbol{R}_\alpha\boldsymbol{B}_c^{\mathrm{H}}\boldsymbol{R}_c^{-1}\boldsymbol{B}_c\boldsymbol{R}_\alpha\boldsymbol{e}_n\boldsymbol{e}_n^{\mathrm{T}}\boldsymbol{E}_{\mathrm{t}}^{\mathrm{H}}\}+\\&\quad\mathrm{tr}\{\boldsymbol{R}_c^{-1}\boldsymbol{E}_{\mathrm{t}}\boldsymbol{e}_m\boldsymbol{e}_m^{\mathrm{T}}\boldsymbol{R}_\alpha\boldsymbol{B}_c^{\mathrm{H}}\boldsymbol{R}_c^{-1}\boldsymbol{e}_{\mathrm{t}}\boldsymbol{e}_nE_n^{\mathrm{T}}\boldsymbol{R}_\alpha\boldsymbol{B}_c^{\mathrm{H}}\}\}\\&=2L\cdot\mathrm{Re}\{\boldsymbol{e}_m^{\mathrm{T}}\boldsymbol{R}_\alpha\boldsymbol{B}_c^{\mathrm{H}}\boldsymbol{R}_c^{-1}\boldsymbol{B}_c\boldsymbol{R}_\alpha\boldsymbol{e}_n\boldsymbol{e}_n^{\mathrm{T}}\boldsymbol{E}_{\mathrm{t}}^{\mathrm{H}}\boldsymbol{R}_c^{-1}\boldsymbol{E}_{\mathrm{t}}\boldsymbol{e}_m+\\&\quad\boldsymbol{e}_m^{T}\boldsymbol{R}_\alpha\boldsymbol{B}_c^{H}\boldsymbol{R}_c^{-1}\boldsymbol{E}_{\mathrm{t}}\boldsymbol{e}_n\boldsymbol{e}_n^{T}\boldsymbol{R}_\alpha\boldsymbol{B}_c^{H}\boldsymbol{R}_c^{-1}\boldsymbol{E}_{\mathrm{t}}\boldsymbol{e}_m\}\end{aligned}\tag{8.55}$$

将式(8.55)写成矩阵形式可表示为

$$\begin{aligned}\boldsymbol{F}_{\varphi\varphi}=2L\cdot\mathrm{Re}\{&(\boldsymbol{R}_\alpha\boldsymbol{B}_c^{\mathrm{H}}\boldsymbol{R}_c^{-1}\boldsymbol{B}_c\boldsymbol{R}_\alpha)\odot(\boldsymbol{E}_{\mathrm{t}}^{\mathrm{H}}\boldsymbol{R}_c^{-1}\boldsymbol{E}_{\mathrm{t}})^{\mathrm{T}}+\\&(\boldsymbol{R}_\alpha\boldsymbol{B}_c^{\mathrm{H}}\boldsymbol{R}_c^{-1}\boldsymbol{E}_{\mathrm{t}})\odot(\boldsymbol{R}_\alpha\boldsymbol{B}_c^{\mathrm{H}}\boldsymbol{R}_c^{-1}\boldsymbol{E}_{\mathrm{t}})^{\mathrm{T}}\}\end{aligned}\tag{8.56}$$

式(8.56)即为关于 DOD 的 Fisher 矩阵。同理，可知关于 DOA 的 Fisher 矩阵及 DOD 和 DOA 之间的 Fisher 矩阵分别为

$$\begin{aligned}\boldsymbol{F}_{\theta\theta}=2L\cdot\mathrm{Re}\{&(\boldsymbol{R}_\alpha\boldsymbol{B}_c^{\mathrm{H}}\boldsymbol{R}_c^{-1}\boldsymbol{B}_c\boldsymbol{R}_\alpha)\odot(\boldsymbol{E}_{\mathrm{r}}^{\mathrm{H}}\boldsymbol{R}_c^{-1}\boldsymbol{E}_{\mathrm{r}})^{\mathrm{T}}+\\&(\boldsymbol{R}_\alpha\boldsymbol{B}_c^{\mathrm{H}}\boldsymbol{R}_c^{-1}\boldsymbol{E}_{\mathrm{r}})\odot(\boldsymbol{R}_\alpha\boldsymbol{B}_c^{\mathrm{H}}\boldsymbol{R}_c^{-1}\boldsymbol{E}_{\mathrm{r}})^{\mathrm{T}}\}\end{aligned}\tag{8.57}$$

$$\begin{aligned}\boldsymbol{F}_{\varphi\theta}=2L\cdot\mathrm{Re}\{&(\boldsymbol{R}_\alpha\boldsymbol{B}_c^{\mathrm{H}}\boldsymbol{R}_c^{-1}\boldsymbol{B}_c\boldsymbol{R}_\alpha)\odot(\boldsymbol{E}_{\mathrm{r}}^{\mathrm{H}}R_c^{-1}\boldsymbol{E}_{\mathrm{t}})^{\mathrm{T}}+\\&(\boldsymbol{R}_\alpha\boldsymbol{B}_c^{\mathrm{H}}\boldsymbol{R}_c^{-1}\boldsymbol{E}_{\mathrm{r}})\odot(\boldsymbol{R}_\alpha\boldsymbol{B}_c^{\mathrm{H}}\boldsymbol{R}_c^{-1}\boldsymbol{E}_{\mathrm{t}})^{\mathrm{T}}\}\end{aligned}\tag{8.58}$$

$$\begin{aligned}\boldsymbol{F}_{\theta\varphi}=2L\cdot\mathrm{Re}\{&(\boldsymbol{R}_\alpha\boldsymbol{B}_c^{\mathrm{H}}\boldsymbol{R}_c^{-1}\boldsymbol{B}_c\boldsymbol{R}_\alpha)\odot(\boldsymbol{E}_{\mathrm{t}}^{\mathrm{H}}\boldsymbol{R}_c^{-1}\boldsymbol{E}_{\mathrm{r}})^{\mathrm{T}}+\\&(\boldsymbol{R}_\alpha\boldsymbol{B}_c^{\mathrm{H}}\boldsymbol{R}_c^{-1}\boldsymbol{E}_{\mathrm{t}})\odot(\boldsymbol{R}_\alpha\boldsymbol{B}_c^{\mathrm{H}}\boldsymbol{R}_c^{-1}\boldsymbol{E}_{\mathrm{r}})^{\mathrm{T}}\}\end{aligned}\tag{8.59}$$

式中，$\boldsymbol{E}_{\mathrm{r}}=\boldsymbol{C}_{\mathrm{r}}\dot{\boldsymbol{A}}_{\mathrm{r}}*\boldsymbol{C}_{\mathrm{t}}\boldsymbol{A}_{\mathrm{t}}$，$\dot{\boldsymbol{A}}_{\mathrm{r}}=[\boldsymbol{a}_{\mathrm{r}}(\theta_1)\odot\boldsymbol{d}_{\mathrm{r}}(\theta_1),\boldsymbol{a}_{\mathrm{r}}(\theta_2)\odot\boldsymbol{d}_{\mathrm{r}}(\theta_2),\cdots,\boldsymbol{a}_{\mathrm{r}}(\theta_P)\odot\boldsymbol{d}_{\mathrm{r}}(\theta_P)]$，$\boldsymbol{d}_{\mathrm{r}}(\theta_p)=[0,-\mathrm{j}\pi\cos\theta_p,\cdots,-\mathrm{j}\pi(M_{\mathrm{r}}-1)\cos\theta_p]^{\mathrm{T}}$。

2.关于发射和接收阵列互耦系数的 Fisher 信息子矩阵

由于发射和接收阵列的互耦系数均为复数，在求其 Fisher 信息子矩阵时需要将其实部和虚部分开处理。又因为其第一个互耦系数均被归一化为 1，因此可当作已知参数。由式(8.8)和式(8.52)可得

$$\boldsymbol{E}_{R_{tm}}=\frac{\partial \boldsymbol{B}_c}{\partial R_{tm}}=\frac{\partial}{\partial R_{tm}}[\{\boldsymbol{T}_r[\boldsymbol{a}_r(\theta_1)]\tilde{\boldsymbol{c}}_r\}\otimes\{\boldsymbol{T}_t[\boldsymbol{a}_t(\varphi_1)]\tilde{\boldsymbol{c}}_t\},\cdots,$$
$$\{\boldsymbol{T}_r[\boldsymbol{a}_r(\theta_P)]\tilde{\boldsymbol{c}}_r\}\otimes\{\boldsymbol{T}_t[\boldsymbol{a}_t(\varphi_P)]\tilde{\boldsymbol{c}}_t\}]$$
$$=[\{\boldsymbol{T}_r[\boldsymbol{a}_r(\theta_1)]\tilde{\boldsymbol{c}}_r\}\otimes\{\boldsymbol{T}_t[a_t(\varphi_1)]\boldsymbol{e}_{m+1}\},\cdots,$$
$$\{\boldsymbol{T}_r[\boldsymbol{a}_r(\theta_P)]\tilde{\boldsymbol{c}}_r\}\otimes\{\boldsymbol{T}_t[\boldsymbol{a}_t(\varphi_P)]\boldsymbol{e}_{m+1}\}]$$
$$m=1,2,\cdots,q_t-1 \tag{8.60}$$

将式(8.60)代入式(8.53)后可得发射阵列互耦系数实部的 Fisher 信息子矩阵为

$$\boldsymbol{F}_{R_{tm}R_{tn}}=2L\cdot\mathrm{Re}\{\mathrm{tr}\{\boldsymbol{R}_c^{-1}\boldsymbol{E}_{R_{tm}}\boldsymbol{R}_\alpha\boldsymbol{B}_c^{\mathrm{H}}\boldsymbol{R}_c^{-1}\boldsymbol{B}_c\boldsymbol{R}_\alpha\boldsymbol{E}_{R_{tn}}^{\mathrm{H}}\}+\mathrm{tr}\{\boldsymbol{R}_c^{-1}\boldsymbol{E}_{R_{tm}}\boldsymbol{R}_\alpha\boldsymbol{B}_c^{\mathrm{H}}\boldsymbol{R}_c^{-1}\boldsymbol{E}_{R_{tn}}\boldsymbol{R}_\alpha\boldsymbol{B}_c^{\mathrm{H}}\}\} \tag{8.61}$$

同理,可以得到部分关于互耦系数的 Fisher 信息子矩阵:

$$\boldsymbol{F}_{I_{tm}I_{tn}}=2L\cdot\mathrm{Re}\{\mathrm{tr}\{\boldsymbol{R}_c^{-1}\boldsymbol{E}_{I_{tm}}\boldsymbol{R}_\alpha\boldsymbol{B}_c^{\mathrm{H}}\boldsymbol{R}_c^{-1}\boldsymbol{B}_c\boldsymbol{R}_\alpha\boldsymbol{E}_{I_{tn}}^{\mathrm{H}}\}+\mathrm{tr}\{\boldsymbol{R}_c^{-1}\boldsymbol{E}_{I_{tm}}\boldsymbol{R}_\alpha\boldsymbol{B}_c^{\mathrm{H}}\boldsymbol{R}_c^{-1}\boldsymbol{E}_{I_{tn}}\boldsymbol{R}_\alpha\boldsymbol{B}_c^{\mathrm{H}}\}\} \tag{8.62}$$

$$\boldsymbol{F}_{R_{rm}R_{rn}}=2L\cdot\mathrm{Re}\{\mathrm{tr}\{\boldsymbol{R}_c^{-1}\boldsymbol{E}_{R_{rm}}\boldsymbol{R}_\alpha\boldsymbol{B}_c^{\mathrm{H}}\boldsymbol{R}_c^{-1}\boldsymbol{B}_c\boldsymbol{R}_\alpha\boldsymbol{E}_{R_{rn}}^{\mathrm{H}}\}+\mathrm{tr}\{\boldsymbol{R}_c^{-1}\boldsymbol{E}_{R_{rm}}\boldsymbol{R}_\alpha\boldsymbol{B}_c^{\mathrm{H}}\boldsymbol{R}_c^{-1}\boldsymbol{E}_{R_{rn}}\boldsymbol{R}_\alpha\boldsymbol{B}_c^{\mathrm{H}}\}\} \tag{8.63}$$

$$\boldsymbol{F}_{I_{rm}I_{rn}}=2L\cdot\mathrm{Re}\{\mathrm{tr}\{\boldsymbol{R}_c^{-1}\boldsymbol{E}_{I_{rm}}\boldsymbol{R}_\alpha\boldsymbol{B}_c^{\mathrm{H}}\boldsymbol{R}_c^{-1}\boldsymbol{B}_c\boldsymbol{R}_\alpha\boldsymbol{E}_{I_{rn}}^{\mathrm{H}}\}+\mathrm{tr}\{\boldsymbol{R}_c^{-1}\boldsymbol{E}_{I_{rm}}\boldsymbol{R}_\alpha\boldsymbol{B}_c^{\mathrm{H}}\boldsymbol{R}_c^{-1}\boldsymbol{E}_{I_{rn}}\boldsymbol{R}_\alpha\boldsymbol{B}_c^{\mathrm{H}}\}\} \tag{8.64}$$

$$\boldsymbol{F}_{R_{tm}I_{tn}}=2L\cdot\mathrm{Re}\{\mathrm{tr}\{\boldsymbol{R}_c^{-1}\boldsymbol{E}_{R_{tm}}\boldsymbol{R}_\alpha\boldsymbol{B}_c^{\mathrm{H}}\boldsymbol{R}_c^{-1}\boldsymbol{B}_c\boldsymbol{R}_\alpha\boldsymbol{E}_{I_{tn}}^{\mathrm{H}}\}+\mathrm{tr}\{\boldsymbol{R}_c^{-1}\boldsymbol{E}_{R_{tm}}\boldsymbol{R}_\alpha\boldsymbol{B}_c^{\mathrm{H}}\boldsymbol{R}_c^{-1}\boldsymbol{E}_{I_{tn}}\boldsymbol{R}_\alpha\boldsymbol{B}_c^{\mathrm{H}}\}\} \tag{8.65}$$

其中

$$\boldsymbol{E}_{I_{tm}}=\frac{\partial \boldsymbol{B}_c}{\partial R_{tm}}=\frac{\partial}{\partial R_{tm}}[\{\boldsymbol{T}_r[\boldsymbol{a}_r(\theta_1)]\tilde{\boldsymbol{c}}_r\}\otimes\{\boldsymbol{T}_t[\boldsymbol{a}_t(\varphi_1)]\tilde{\boldsymbol{c}}_t\},\cdots,$$
$$\{\boldsymbol{T}_r[\boldsymbol{a}_r(\theta_P)]\tilde{\boldsymbol{c}}_r\}\otimes\{\boldsymbol{T}_t[\boldsymbol{a}_t(\varphi_P)]\tilde{\boldsymbol{c}}_t\}]$$
$$=\mathrm{j}\cdot[\{\boldsymbol{T}_r[\boldsymbol{a}_r(\theta_1)]\tilde{\boldsymbol{c}}_r\}\otimes\{\boldsymbol{T}_t[\boldsymbol{a}_t(\varphi_1)]\boldsymbol{e}_{m+1}\},\cdots,$$
$$\{\boldsymbol{T}_r[\boldsymbol{a}_r(\theta_P)]\tilde{\boldsymbol{c}}_r\}\otimes\{\boldsymbol{T}_t[\boldsymbol{a}_t(\varphi_P)]\boldsymbol{e}_{m+1}\}]$$
$$m=1,2,\cdots,q_t-1 \tag{8.66}$$

$$\boldsymbol{E}_{R_{rm}}=\frac{\partial \boldsymbol{B}_c}{\partial R_{rm}}=\frac{\partial}{\partial R_{rm}}[\{\boldsymbol{T}_r[\boldsymbol{a}_r(\theta_1)]\tilde{\boldsymbol{c}}_r\}\otimes\{\boldsymbol{T}_t[\boldsymbol{a}_t(\varphi_1)]\tilde{\boldsymbol{c}}_t\},\cdots,$$
$$\{\boldsymbol{T}_r[\boldsymbol{a}_r(\theta_P)]\tilde{\boldsymbol{c}}_r\}\otimes\{\boldsymbol{T}_t[\boldsymbol{a}_t(\varphi_P)]\tilde{\boldsymbol{c}}_t\}]$$
$$=[\{\boldsymbol{T}_r[\boldsymbol{a}_r(\theta_1)]\boldsymbol{e}_{m+1}\}\otimes\{\boldsymbol{T}_t[\boldsymbol{a}_t(\varphi_1)]\tilde{\boldsymbol{c}}_t\},\cdots,$$
$$\{\boldsymbol{T}_r[\boldsymbol{a}_r(\theta_P)]\boldsymbol{e}_{m+1}\}\otimes\{\boldsymbol{T}_t[\boldsymbol{a}_t(\varphi_P)]\tilde{\boldsymbol{c}}_t\}]$$
$$m=1,2,\cdots,q_r-1 \tag{8.67}$$

$$\boldsymbol{E}_{I_{\mathrm{r}m}}=\frac{\partial \boldsymbol{B}_c}{\partial R_{\mathrm{r}m}}=\frac{\partial}{\partial R_{\mathrm{r}m}}[\{\boldsymbol{T}_{\mathrm{r}}[\boldsymbol{a}_{\mathrm{r}}(\theta_1)]\tilde{\boldsymbol{c}}_{\mathrm{r}}\}\otimes\{\boldsymbol{T}_{\mathrm{t}}[\boldsymbol{a}_{\mathrm{t}}(\varphi_1)]\tilde{\boldsymbol{c}}_{\mathrm{t}}\},\cdots,$$
$$\{\boldsymbol{T}_{\mathrm{r}}[\boldsymbol{a}_{\mathrm{r}}(\theta_P)]\tilde{\boldsymbol{c}}_{\mathrm{r}}\}\otimes\{\boldsymbol{T}_{\mathrm{t}}[\boldsymbol{a}_{\mathrm{t}}(\varphi_P)]\tilde{\boldsymbol{c}}_{\mathrm{t}}\}]$$
$$=\mathrm{j}\cdot[\{\boldsymbol{T}_{\mathrm{r}}[\boldsymbol{a}_{\mathrm{r}}(\theta_1)]\boldsymbol{e}_{m+1}\}\otimes\{\boldsymbol{T}_{\mathrm{t}}[\boldsymbol{a}_{\mathrm{t}}(\varphi_1)]\tilde{\boldsymbol{c}}_{\mathrm{t}}\},\cdots,$$
$$\{\boldsymbol{T}_{\mathrm{r}}[\boldsymbol{a}_{\mathrm{r}}(\theta_P)]\boldsymbol{e}_{m+1}\}\otimes\{\boldsymbol{T}_{\mathrm{t}}[\boldsymbol{a}_{\mathrm{t}}(\varphi_P)]\tilde{\boldsymbol{c}}_{\mathrm{t}}\}]$$
$$m=1,2,\cdots,q_{\mathrm{r}}-1 \tag{8.68}$$

由于剩余的关于互耦系数的 Fisher 信息子矩阵与式(8.61)～式(8.65)表达形式基本相同，这里为了节省篇幅就不再一一给出。

3.关于收发方位角和互耦系数交叉项的 Fisher 信息子矩阵

类似于前面的过程，可得

$$\boldsymbol{F}_{\varphi_m R_{\mathrm{t}n}}=2L\cdot\mathrm{Re}\{\boldsymbol{e}_m^{\mathrm{T}}\boldsymbol{R}_\alpha\boldsymbol{B}_c^{\mathrm{H}}\boldsymbol{R}_c^{-1}\boldsymbol{B}_c\boldsymbol{R}_\alpha\boldsymbol{E}_{R_{\mathrm{t}n}}^{\mathrm{H}}\boldsymbol{R}_c^{-1}\boldsymbol{E}_{\mathrm{t}}\boldsymbol{e}_m+$$
$$\boldsymbol{e}_m^{\mathrm{T}}\boldsymbol{R}_\alpha\boldsymbol{B}_c^{\mathrm{H}}\boldsymbol{R}_c^{-1}\boldsymbol{E}_{R_{\mathrm{t}n}}\boldsymbol{R}_\alpha\boldsymbol{B}_c^{\mathrm{H}}\boldsymbol{R}_c^{-1}\boldsymbol{E}_{\mathrm{t}}\boldsymbol{e}_m\} \tag{8.69}$$

将式(8.69)写成矢量形式为

$$\boldsymbol{F}_{\varphi R_{\mathrm{t}n}}=2L\cdot\mathrm{Re}\{\mathrm{vecd}\{\boldsymbol{R}_\alpha\boldsymbol{B}_c^{\mathrm{H}}\boldsymbol{R}_c^{-1}\boldsymbol{B}_c\boldsymbol{R}_\alpha\boldsymbol{E}_{R_{\mathrm{t}n}}^{\mathrm{H}}\boldsymbol{R}_c^{-1}\boldsymbol{E}_{\mathrm{t}}\}+$$
$$\mathrm{vecd}\{\boldsymbol{R}_\alpha\boldsymbol{B}_c^{\mathrm{H}}\boldsymbol{R}_c^{-1}\boldsymbol{E}_{R_{\mathrm{t}n}}\boldsymbol{R}_\alpha\boldsymbol{B}_c^{\mathrm{H}}\boldsymbol{R}_c^{-1}\boldsymbol{E}_{\mathrm{t}}\}\} \tag{8.70}$$

同理，可以得到关于收发方位角和互耦系数交叉项的 Fisher 子矩阵的表达式，这里就不再赘述。

综上所述，就可以得到 Fisher 信息矩阵 $\boldsymbol{F}$，从而可计算出各个参数的 CRB。记 $\boldsymbol{G}=\boldsymbol{F}^{-1}$，可得目标收发方位角的 CRB，有

$$\mathrm{CRB}_{\varphi,\theta}=\sqrt{\frac{1}{2P}\sum_{i=1}^{2P}\boldsymbol{G}_{ii}} \tag{8.71}$$

由于发射和接收阵列的互耦系数较小，且经过归一化，这里可用相对误差来衡量估计算法的性能。因此，发射阵列和接收阵列互耦系数的 CRB 可分别定义为

$$\mathrm{CRB}_{\tilde{c}_{\mathrm{t}}}=\sqrt{\frac{1}{\|\tilde{\boldsymbol{c}}_{\mathrm{t}}\|^2}\sum_{i=2P+1}^{2P+2q_{\mathrm{t}}-2}\boldsymbol{G}_{ii}}\times 100\% \tag{8.72}$$

$$\mathrm{CRB}_{\tilde{c}_{\mathrm{r}}}=\sqrt{\frac{1}{\|\tilde{\boldsymbol{c}}_{\mathrm{r}}\|^2}\sum_{i=2P+2q_{\mathrm{t}}-1}^{2P+2q_{\mathrm{t}}+2q_{\mathrm{r}}-4}\boldsymbol{G}_{ii}}\times 100\% \tag{8.73}$$

8.6　计算机仿真结果

为了验证本章算法的有效性，做如下计算机仿真。仿真过程中，取发射阵元数 $M_{\mathrm{t}}=6$，接收阵元数 $M_{\mathrm{r}}=8$。发射和接收阵元的互耦自由度分别为 $p_{\mathrm{t}}=$

3，$p_r=2$，且 $\tilde{c}_r=[1,0.4682+0.2163j]$，$\tilde{c}_t=[1,0.5791+0.3303j,0.3566+0.2653j]$。假设空间同一距离单元内存在 3 个目标，其收发方位角为(10°，20°)，(−8°，30°)，(0°，45°)。发射阵列各阵元发射相互正交的相位编码信号，在每个脉冲重复周期内的快拍数为 $K=256$。

仿真 1：基于降维的算法对目标定位及互耦系数估计结果

假设脉冲数 $L=128$，信噪比 SNR＝10 dB。图 8.1(a)所示为利用式(8.19)得到的对目标 DOD 的估计结果；图 8.1(b)～(d)所示为对目标 DOA 的估计结果；图 8.1(e)所示为图 8.1(a)～(c)估计出的目标 DOD 和 DOA 自动配对的参数星座图。表 8.1 所示为基于降维的算法估计出的发射和接收阵列的互耦系数的均值和 RMSE。仿真结果为进行 50 次 Monte－Carlo 实验得到的。

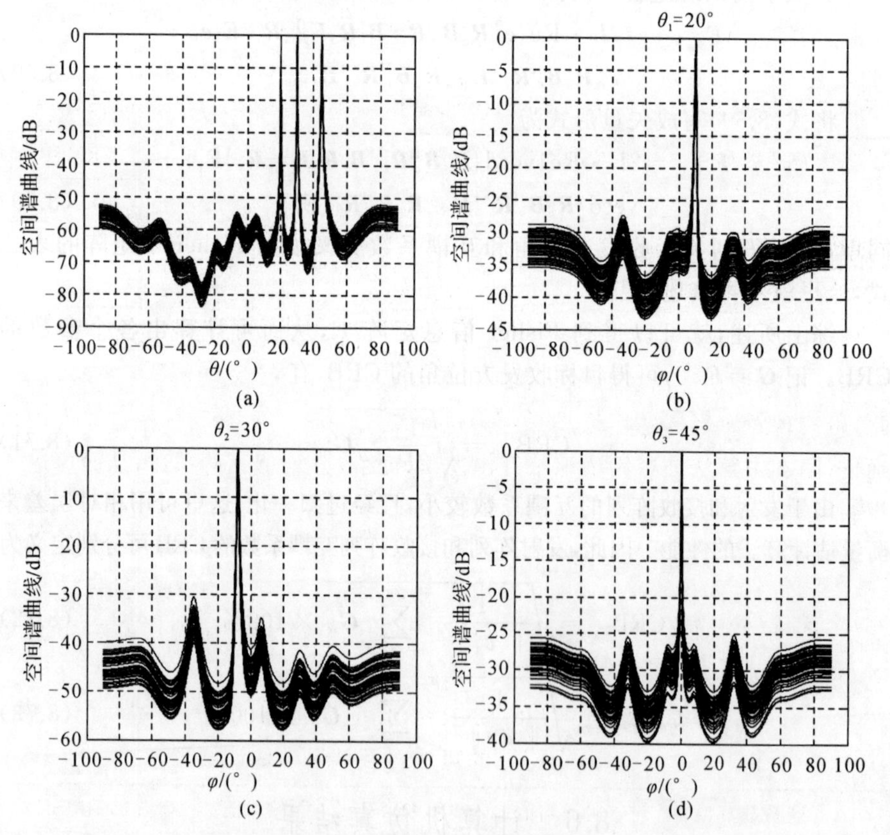

图 8.1 $L=128$，SNR＝10 dB 条件下，基于降维的算法多目标定位结果

(a)DOA 估计曲线；(b)$\theta_1=20°$时，DOD 估计曲线；

(c)$\theta_2=30°$时，DOD 估计曲线；(d)$\theta_3=45°$时，DOD 估计曲线

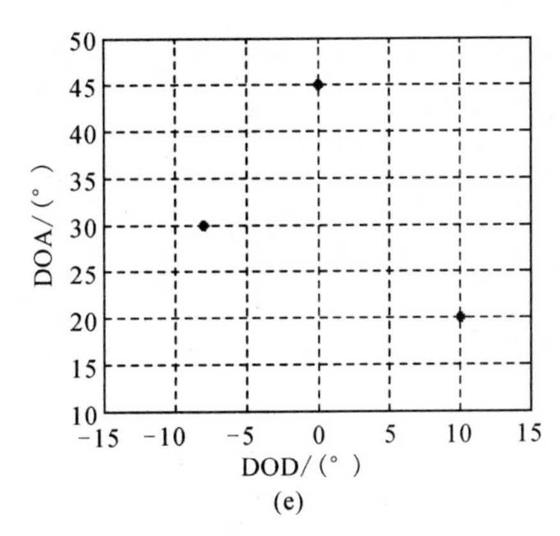

续图 8.1　$L=128$,SNR=10 dB 条件下,基于降维的算法多目标定位结果
(e)估计出的 DOD 和 DOA 自动配对星座图

表 8.1　$L=128$,SNR=10 dB 条件下,基于降维的算法对互耦系数估计结果

互耦系数真值	实部均值	实部 RMSE	虚部均值	虚部 RMSE
$c_{t2}=0.5791+0.3303j$	0.556 6	0.042 2	0.323 6	0.033 3
$c_{t3}=0.3566+0.2653j$	0.341 4	0.030 6	0.264 9	0.020 3
$c_{r2}=0.4682+0.2163j$	0.472 0	0.018 1	0.219 3	0.018 4

由图 8.1 可以看出:在发射和接收阵列均存在互耦的情况下,基于降维的算法可精确地估计出目标的 DOD 和 DOA,且估计出的参数可自动配对,因此,可实现对多目标的定位;从表 8.1 亦可看出:基于对目标收发方位角的精确估计,本书算法亦可精确地估计出发射和接收阵列的互耦系数,从而可进一步实现对双基地 MIMO 雷达的互耦自校正。

仿真 2:基于 ESPRIT 的算法对目标定位及互耦系数估计结果

参数设置同仿真 1。图 8.2 给出了基于 ESPRIT 的算法对多目标定位结果,表 8.2 则给出了该算法估计出的发射和接收阵列的互耦系数的均值和 RMSE,其亦为 50 次 Monte－Carlo 实验的统计结果。

表 8.2　$L=128$,SNR=10 dB 条件下,基于 ESPRIT 的算法对互耦系数估计结果

互耦系数真值	实部均值	实部 RMSE	虚部均值	虚部 RMSE
$c_{t2}=0.5791+0.3303j$	0.573 8	0.012 3	0.328 7	0.010 0
$c_{t3}=0.3566+0.2653j$	0.354 9	0.011 9	0.263 6	0.006 1
$c_{r2}=0.4682+0.2163j$	0.468 5	0.003 9	0.215 1	0.003 9

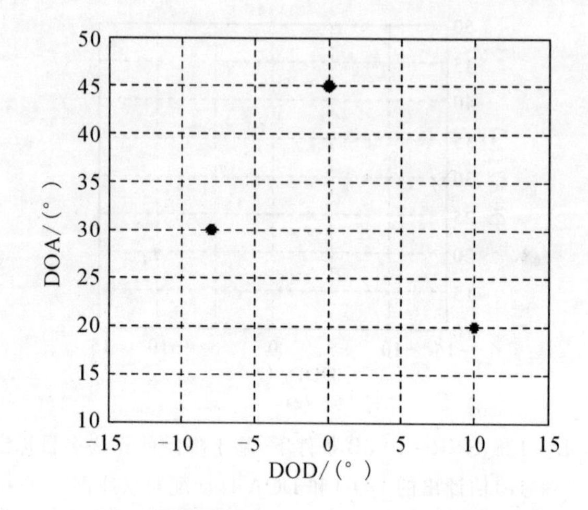

图 8.2 $L=128$,SNR=10 dB 条件下,基于 ESPRIT 的算法多目标定位结果

从 Monte-Carlo 仿真结果可以看出:基于 ESPRIT 的算法亦可精确地实现对多目标的定位和对发射和接收阵列互耦系数的估计。通过对比仿真 1 和仿真 2 的结果可以得出:基于降维的算法对目标的定位精度要高于基于 ESPRIT 的算法,而对发射和接收阵列互耦系数的估计,基于 ESPRIT 的算法要优于基于降维的算法,这一点将在下面的仿真中得以验证。

仿真 3:算法收发方位角估计统计性能

比较本章两个算法与文献[191](迭代次数为 3)所提算法在不同信噪比和不同脉冲数情况下的角度估计统计性能,其为 200 次 Monte-Carlo 实验的仿真结果。图 8.3 所示为脉冲数 $L=128$,信噪比从 0 dB 按步长2 dB变化到 30 dB时,3 种算法收发方位角估计的 RMSE 随 SNR 变化的比较曲线;图 8.4 所示为信噪比 SNR=10 dB,脉冲数从 10 按步长 10 变化到 300 时,3 种算法收发方位角估计的 RMSE 随脉冲数变化的比较曲线。图 8.3 和 8.4 中同时给出了发射和接收阵列互耦系数已知及未知时收发方位角估计的理论 CRB 曲线。

从仿真实验的结果可以看出,本章的两种算法不需要利用任何发射和接收阵列的互耦信息,收发方位角的估计即可达到较好的统计估计性能。此外,基于降维的估计性能要明显优于基于 ESPRIT 的算法和文献[191]的算法,而基于 ESPRIT 的算法和文献[191]的算法的性能相仿。

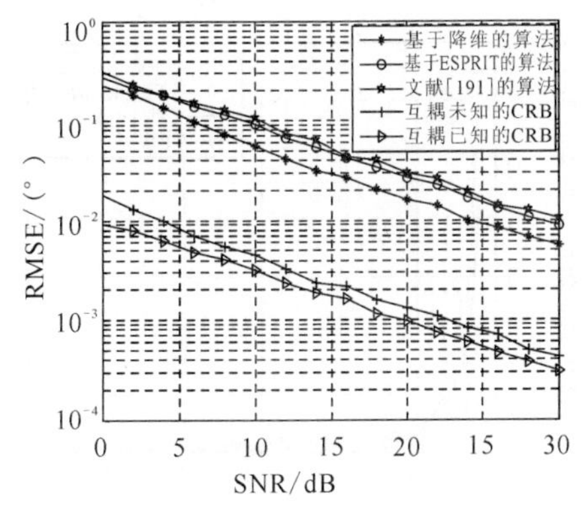

图 8.3　RMSE 随 SNR 变化曲线

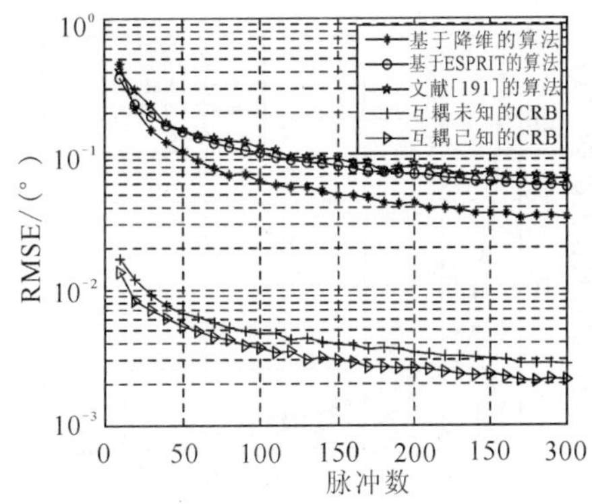

图 8.4　RMSE 随脉冲数变化曲线

仿真 4:算法的互耦自校正性能

为了便于分析,分别定义发射和接收阵列互耦系数校正误差为: $\Delta\rho_{\mathrm{t}}=\|\hat{\tilde{\boldsymbol{c}}}_{\mathrm{t}}-\tilde{\boldsymbol{c}}_{\mathrm{t}}\|_2/\|\tilde{\boldsymbol{c}}_{\mathrm{t}}\|_2\times100\%$ 及 $\Delta\rho_{\mathrm{r}}=\|\hat{\tilde{\boldsymbol{c}}}_{\mathrm{r}}-\tilde{\boldsymbol{c}}_{\mathrm{r}}\|_2/\|\tilde{\boldsymbol{c}}_{\mathrm{r}}\|_2\times100\%$,其中 $\hat{\tilde{\boldsymbol{c}}}_{\mathrm{t}}$ 和 $\tilde{\boldsymbol{c}}_{\mathrm{t}}$ 分别代表发射阵列互耦系数的估值及真值, $\hat{\tilde{\boldsymbol{c}}}_{\mathrm{r}}$ 和 $\tilde{\boldsymbol{c}}_{\mathrm{r}}$ 分别代表接收阵列互耦系数的估值及真值, $\|\cdot\|_2$ 表示向量的 l_2 范数。图 8.5 所示为脉冲数 $L=128$,信噪比从 0 dB 按步长 2 dB 变化到 30 dB 时,3 种算法发射和接收阵列互耦系数校正误差随 SNR 变化的曲线;图 8.6 所示为信噪比 SNR= 10 dB,脉冲数从 10 按步长 10 变化到 300 时,3 种算法发射和接收阵列互耦系数校正误差随脉冲数变化的比较曲线。图 8.5 和图 8.6 中同时给出了发射和接收阵列互耦系数估计的理论 CRB 曲线。

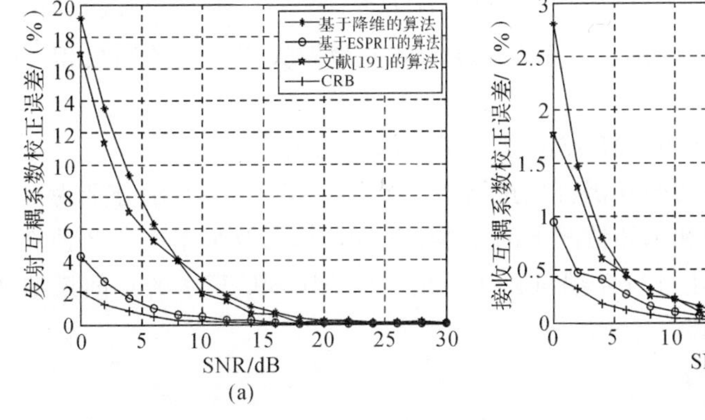

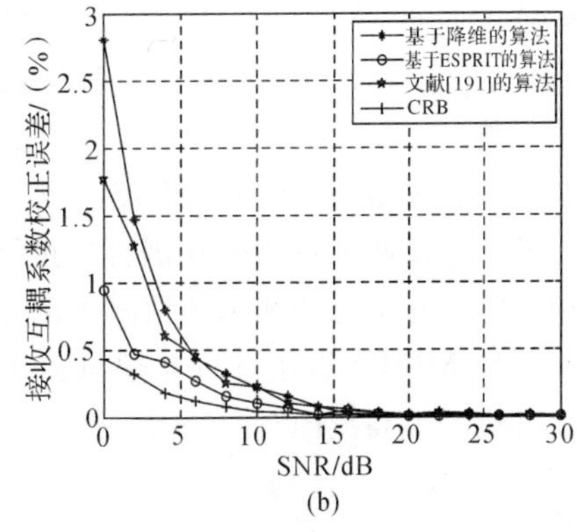

图 8.5　互耦系数校正误差随 SNR 变化曲线

(a)发射互耦系数校正误差; (b)接收互耦系数校正误差

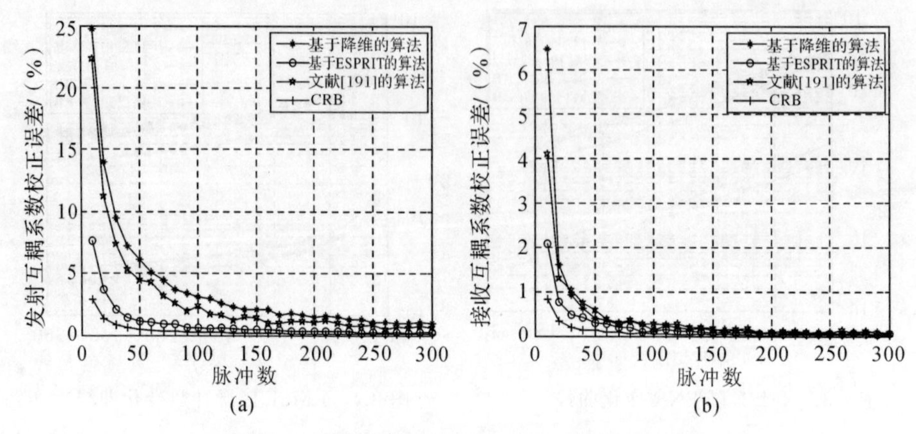

图 8.6　互耦系数校正误差随脉冲数变化曲线

(a)发射互耦系数校正误差；　(b)接收互耦系数校正误差

Monte-Carlo 仿真实验说明，基于 ESPRIT 的算法的互耦系数自校正误差明显要小于基于降维的算法和文献[191]的算法，而基于降维的算法和文献[191]的算法的互耦系数自校正误差基本相似。同时，图 8.5 表明：当脉冲数为 128，信噪比大于 15 dB 时，发射和接收阵列的互耦系数校正误差较小，且随着信噪比的增加，发射和接收阵列的互耦系数校正误差逐渐趋于零；而图 8.6表明：当信噪比为 10 dB，脉冲数大于 150 时，发射和接收阵列的互耦系数校正误差较小，且随着脉冲数的增加，发射和接收阵列的互耦系数校正误差逐渐趋于零。这都意味着发射和接收阵列的互耦系数估计值逐渐趋于真值。此外，通过对比可以看出：发射阵列的互耦系数校正误差要大于接收阵列的互耦系数校正误差，这是因为发射阵列的互耦自由度（$q_t=3$）大于接收阵列的互耦自由度（$q_r=2$），即发射阵列发生互耦的阵元数要大于接收阵列发生互耦的阵元数。

仿真 5：校正前后二维 MUSIC 算法的空间谱曲线

考察本章两种算法的互耦自校正结果。图 8.7～图 8.10 所示分别为发射和接收阵列互耦已知和未知情况下的二维 MUSIC 算法及采用本章 2 种算法对双基地 MIMO 雷达进行互耦自校正后的二维 MUSIC 算法的空间谱曲线及其对应的等高线图。

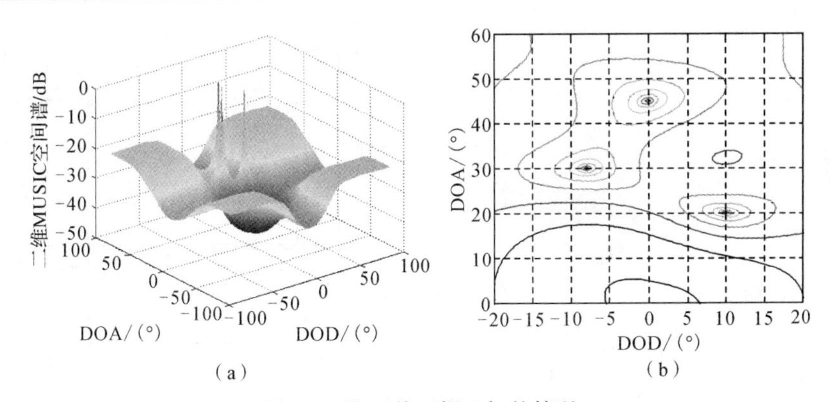

图 8.7　校正前互耦已知的情况

(a)二维 MUSIC 空间谱图；(b)对应的等高线图

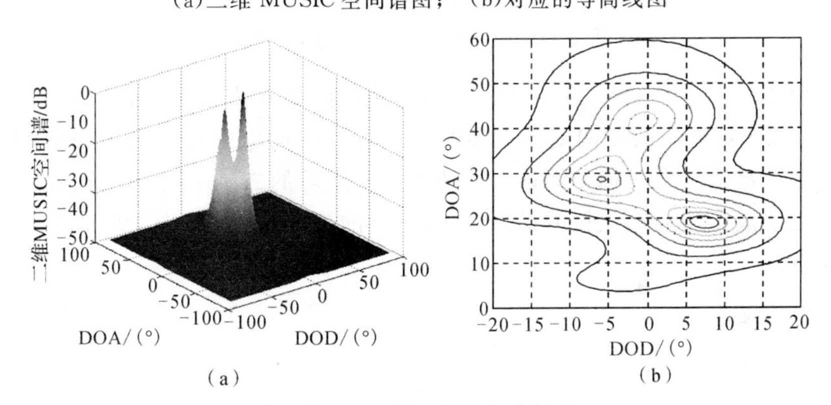

图 8.8　校正前互耦未知的情况

(a)二维 MUSIC 空间谱图；(b)对应的等高线图

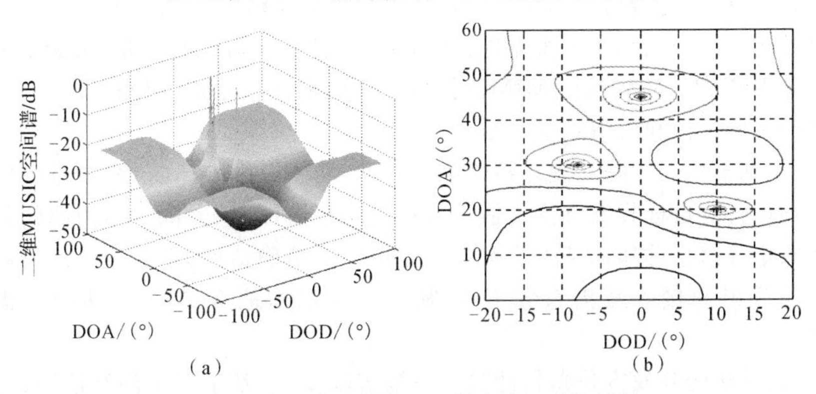

图 8.9　基于降维的算法互耦自校正后的情况

(a)二维 MUSIC 空间谱图；(b)对应的等高线图

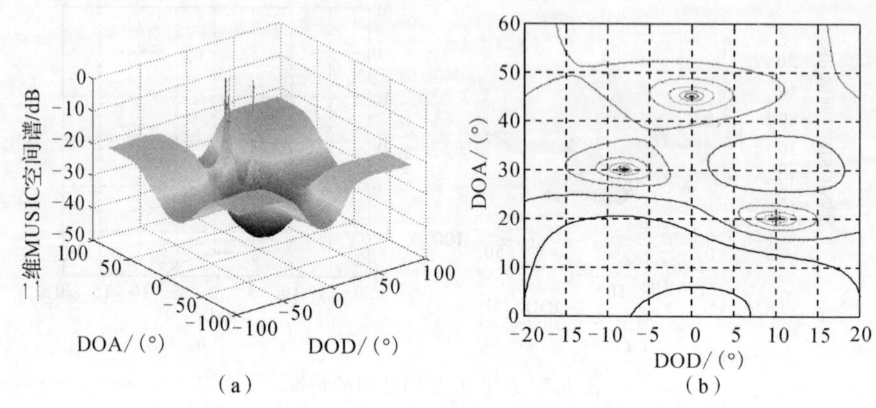

图 8.10　基于 ESPRIT 的算法互耦自校正后的情况

(a)二维 MUSIC 空间谱图；（b)对应的等高线图

由图 8.7～图 8.10 可以看出:发射和接收阵列互耦校正前(互耦未知)的二维 MUSIC 算法的空间谱不仅谱峰展宽而且副瓣电平也升高了很多,其不能有效分辨这三个目标。而通过算法 1、2 校正后的二维 MUSIC 算法在目标方位处形成了明显而尖锐的谱峰,能较精确的分辨这三个目标,大大提高了定位精度。

8.7　小　　结

本章针对双基地 MIMO 雷达收发阵列互耦条件下的多目标定位和互耦自校正问题,首先给出了一种基于降维的双基地 MIMO 雷达多目标定位和互耦自校正算法;然后,为了避免进行谱峰搜索,进一步降低计算量,又给出了一种基于 ESPRIT 的双基地 MIMO 雷达多目标定位和互耦自校正算法。现将本章的主要工作和所得结论总结如下:

(1)基于均匀线阵互耦系数矩阵的带状、对称 Toeplitz 特性,本章的两种算法均可将对目标收发方位角估计与互耦参数估计相“去耦”,不需要任何互耦系数矩阵信息;同时,基于信源收发方位角的精确估计,算法还可以精确地估计出发射和接收互耦系数矩阵,从而实现双基地 MIMO 雷达的互耦自校正。

(2)算法的收发方位角估计只需一维谱峰搜索(基于降维的算法)或无需任何谱峰搜索(基于 ESPRIT 的算法),避免了通常多参数联合估计的多维非线性搜索和迭代运算,可明显减小算法的运算量。

(3)文中分析了三种算法的运算量,从而得出:基于 ESPRIT 算法的运算量要远小于基于降维的算法和文献[191]算法;而基于降维的算法的运算量要小于文献[191]算法。

(4)文中讨论了参数可辨识性的必要条件,通过大量仿真实验给出了算法收发方位估计无模糊的条件,并分析计算了多参数联合估计的 CRB。

(5)蒙特卡罗仿真结果表明,本章两种算法在估计收发方位角的同时,还可对发射和接收阵列的互耦系数进行估计,从而实现互耦的自校正,算法具有二维方位估计分辨力高、互耦校正效果好等优点。

第9章 总结和展望

9.1 总 结

双基地MIMO雷达是近年来提出的新体制雷达。由于兼有MIMO体制和双基地体制的双重优点，该体制雷达具有重要的理论研究价值和广阔的应用前景，成为近年来研究的热点之一。双基地MIMO雷达发射阵列发射正交信号，接收阵列通过匹配滤波的方法来分离各正交信号，从而可以得到虚拟阵元，增加系统的自由度。因此，双基地MIMO雷达在目标参数估计、信号处理等方面与一般雷达具有显著的不同。面对接收信息维数急剧增大，目标收发方位角联合估计、未知目标数的参数联合估计、非理想目标情况的目标定位、存在阵列误差情况下目标定位及误差自校正等问题都需要寻找新的方法和技术加以解决。针对这些问题，本书深入研究了双基地MIMO雷达探测中的目标参数估计新方法和新技术，主要研究内容包括下述几方面。

1.收发方位角联合估计

基于波束空间的方法是指先将空间阵元通过变换合成一个或几个波束，再利用合成的波束数据进行DOA估计，该类方法可提高算法的鲁棒性，降低计算量和复杂度。而ESPRIT算法不需要进行谱峰搜索，计算量小，是空间谱估计中一种实时性较好的算法。本书将波束空间变换应用于ESPRIT算法中，得到了两种低运算量的收发方位角估计算法：

(1)给出了一种双基地MIMO雷达收发方位角估计的波束空间ESPRIT(B-ESPRIT)算法。该算法可重构受波束空间变换破坏的发射和接收阵列旋转不变特性，从而可利用ESPRIT方法来得到对目标DOD和DOA的估计值。相比常规的阵元空间ESPRIT(E-ESPRIT)算法，B-ESPRIT算法具有更小的计算量。

(2)为避免对波束空间变换后的数据进行协方差矩阵估计和特征值分解，给出了一种基于多级维纳滤波器的B-ESPRIT算法，该算法可进一步减小收发方位角估计的计算量。

理论分析和计算机仿真结果表明，当发射和接收波束数一定时，波束空间算法的波束增益在一定区域内满足 $f(\varphi,\theta)\approx 0$。若目标处于该区域内，则本章算法可正确估计出其收发方位角；反之，则估计会出现错误。同时，随着波束空间波束数的减少，波束增益中满足 $f(\varphi,\theta)\approx 1$ 的角度区域迅速减小。且对于相同的发射、接收波束，随着发射和接收阵元数的减小，波束增益 $f(\varphi,\theta)\approx 1$ 区域增大。两种波束空间算法的 RMSE 均比 E-ESPRIT 算法要大，随着波束数的增加，波束空间算法的统计性能变好。当波束数达到某一数值时，波束空间算法的性能接近于阵元空间算法。当 $L_t=M_t$，$L_r=M_r$ 时，波束空间算法的性能与 E-ESPRIT 算法完全一致，这体现了阵元空间（空域）与波束空间的（空频域）的一致性的体现。

2.未知目标数的收发方位角和多普勒频率联合估计

众多性能优良的双基地 MIMO 雷达参数估计算法大都是以预知目标数为前提的，一般的做法是先估计目标数，再估计目标参数，算法较为复杂。书中分别针对空间高斯白噪声和高斯色噪声背景，给出了两种未知目标数的双基地 MIMO 雷达收发方位角和多普勒频率联合估计算法。这两种算法都基于 m-Capon 方法将目标 DOD 和 DOA 相“去耦”，估计出目标的 DOD 和 DOA。在对目标收发方位角估计的基础上，算法可进一步估计出相应的多普勒频率。该算法对目标收发方位角与多普勒频率的联合估计只需一维谱峰搜索，无需进行特征值分解，并且可适用于发射和接收阵列为任意阵列结构的双基地 MIMO 雷达系统。

3.非理想目标情况下的目标角度联合估计

(1)针对相干分布式目标，给出一种不需搜索的快速相干分布式目标收发中心方位角联合估计方法。书中推导证明了相干分布式目标的导向矢量具有 Hadamard 积旋转不变性，并利用该性质，分别得到了对目标收发中心方位角的估计。该算法无需谱峰搜索，参数配对简单，能有效降低计算量，且其适用于具有不同角信号分布函数或角信号分布函数未知的情况，具有很好的鲁棒性。由于未利用相干分布式目标具体的角分布函数信息，算法存在收发中心方位角的二倍模糊问题。但该问题可通过检验复平面单位圆附近广义特征值在同一 DOD 或 DOA 处是否成对出现来实现去模糊。

(2)针对准平稳目标，给出了一种准平稳目标空间定位算法——KR-ESPRIT算法。该算法利用目标的准平稳特性和 ESPRIT 方法来估计目标相对于发射阵列和接收阵列的二维角度，进而通过收发阵列的几何关系计算出目标的三维坐标，从而实现对准平稳目标的空间定位。由于利用了目标的准平稳特性，相比其他空间定位算法，KR-ESPRIT 算法可定位更多的目标。

该算法可完全对消空间阵列噪声，适用于更广泛的未知噪声背景和低信噪比环境。此外，该算法不需要多维谱峰搜索和参数配对，具有较小的运算量。理论和计算机仿真结果表明，算法角度估计的均方根误差理论值和目标与阵列法线方向的夹角有关，当目标角度为 90°，即目标处于阵列的法线方向时，其 RMSE 最小，随着其与阵列法线方向夹角的增大，其 RMSE 亦随之增大。

4.收发阵列误差条件下的稳健目标角度参数和误差信息联合估计

(1)研究了双基地 MIMO 雷达收发阵列存在幅相误差的情况，给出了一种基于 ISM 的 ESPRIT - like 算法。通过在发射和接收端分别设置若干个精确校正的辅助阵元，该算法可实现对目标收发方位角和收发阵列的幅相误差系数的无模糊联合估计，从而可实现对目标的定位及对收发阵列的幅相误差自校正。其在角度估计过程中无需任何收发阵列幅相误差系数信息，无需任何谱峰搜索，具有较小的运算量。此外，该算法无需使用对阵列误差的微扰动及第一个发射和接收阵元的幅相误差进行归一化的假设，更加符合实际的误差模型。

(2)利用均匀线阵互耦系数矩阵的带状、对称 Toeplitz 特性，给出了一种基于降维的双基地 MIMO 雷达多目标定位及互耦自校正算法，该算法可将对目标收发方位角估计与互耦参数估计相“去耦”，不需要任何互耦系数矩阵信息；同时，基于目标收发方位角的精确估计，算法还可以精确地估计出发射和接收互耦系数矩阵，从而实现双基地 MIMO 雷达的互耦自校正。该算法对目标收发方位角与互耦矩阵的联合估计均不涉及高维的非线性优化搜索，只需一维搜索，具有较小的运算量。

(3)为了避免进行谱峰搜索，书中又给出了一种基于 ESPRIT 的双基地 MIMO 雷达多目标定位及互耦自校正算法。该算法通过 ESPRIT 算法中子阵的选取，无需任何收发阵列互耦信息，可直接得到对收发方位角的估计；然后在估计的收发方位角的基础上，通过求解一个线性方程组即可得到对互耦系数的估计值，从而可实现互耦自校正。该算法无需任何的谱峰搜索，因而，该算法相比上述的基于降维的算法具有更小的运算量。文中分析比较了算法的运算量，讨论了参数可辨识的必要条件，并给出了参数估计的 CRB。

9.2 工 作 展 望

双基地 MIMO 雷达是一种正在发展的新体制雷达，具有许多独特性能。针对这种新体制雷达，本书在收发方位角联合估计、未知目标数的参数联合估计、非理想目标情况下的目标定位和收发阵列存在阵列误差的目标定位及误差自校正等方面做了大量的研究工作，取得了初步的成果，仍有许多问题需要进一步深入研究，以推进其实用化进程，主要归纳总结如下：

(1)更多维数的目标参数联合估计技术。本书研究的双基地 MIMO 雷达参数估计算法只涉及了目标角度和多普勒频率信息，未涉及目标的时延和极化等信息。如何结合实际应用环境，对目标的角度、多普勒频率、时延和极化信息等多维参数进行联合估计，并对各参数估计性能进行分析，从理论上对各种算法的性能进行比较仍有待于更深入的研究。

(2)收发阵列综合误差背景下目标参数估计及误差自校正技术。书中虽然分别讨论了双基地 MIMO 雷达收发阵列幅相误差和互耦条件下的目标定位和自校正算法，但实际中收发阵列可能同时存在多种阵列误差，如何在收发阵列存在多种阵列误差情况下实现目标参数的估计还需进一步研究。

(3)近场目标参数估计问题。本书讨论的都是目标位于远场的情况，在远场条件下，双基地 MIMO 雷达的等效虚拟阵列是不变的。而在近场条件下，双基地 MIMO 雷达的等效虚拟阵列就与目标的位置有关，目标位置不一样，其对应的等效虚拟阵列也不一样。因此，近场目标位置与虚拟阵列的关系及相应的近场目标参数估计算法是一个需要深入探讨的问题。

(4)目标宽带信号的参数估计问题。现有的大多数双基地 MIMO 雷达参数估计算法都假设目标的回波信号满足窄带信号模型，实际中目标的回波信号有些是宽带信号，所以目标宽带信号的参数估计问题也值得进一步的研究。

(5)目标参数的连续估计也就是跟踪问题。现有的大多数算法大都假设目标相对收发阵列的参数是不变的或者是在某个时间段内是不变的，但当目标运动速度较高时，目标的参数是却是时变的。

(6)由于现实环境的复杂性，直接采用已有的双基地 MIMO 雷达参数估计算法未必能获得理想的估计性能。因此，在应用中如何根据实际情况选择、修改已有方法也是很重要的，需要在实践中不断总结和探索。

总之，双基地 MIMO 雷达参数估计的理论与应用中还有许多问题值得去研究、发展，随着理论研究的不断深入，其理论与技术必将越来越完善，应用也会越来越广泛。

参考文献

[1] RABIDEAU D J, PARKER P. Ubiquitous MIMO multifunction digital array radar [C]//Conference Record of the 37th Asilomar Conference on Signals, Systems and Computers, Pacific Grove, CA, United States, Nov. 2004, 44(1): 1057 - 1064.

[2] FISHLER E, HAIMOVICH A, BLUM R, et al. MIMO radar: An idea whose time has come [C]//Proceedings of IEEE National Radar Conference, Philadelphia, PA, United States, 2004: 71 - 78.

[3] FISHLER E, HAIMOVICH A, BLUM R, et al. Spatial diversity in radars - models and detection performance [J]. IEEE Trans. on Signal Processing, 2006, 54(3): 823 - 838.

[4] LI J , STOICA P. MIMO radar signal processing [M]. New Jersey: John Wiley & Sons Press, 2009: 235 - 251.

[5] ROBEY F C, COUTTS S, WEIKLE D, et al. MIMO radar theory and experimental results [C]//Conference Record of the 38th Asilomar Conference on Signals, Systems and Computers, Pacific Grove, CA, United States, Nov. 2004: 300 - 304.

[6] CHEN C Y , VAIDYANATHAN P P. MIMO Radar Waveform Optimization With Prior Information of the Extended Target and Clutter [J]. IEEE Trans. on Signal Processing, 2009, 57(9): 3533 - 3544.

[7] LEHMANN N H, FISHLER E, HAIMOVICH A M, et al. Evaluation of transmit diversity in MIMO - radar direction finding [J]. IEEE Trans. on Signal Processing, 2007, 55(5 II): 2215 - 2225.

[8] XIAO C, YIN C, HUANG H, et al. An improved carrier frequency synchronization algorithm with spatial diversity in MIMO - OFDM system [J]//Proceeding of 2009 2nd IEEE International Conference on Broadband Network and Multimedia Technology, 2009: 628 - 631.

[9] LI J, STOICA P. MIMO radar with colocated antennas [J]. IEEE Signal Processing Magazine, 2007, 24(5): 106 - 114.

[10] HASSANIEN A , VOROBYOV S A. Transmit/receive beamforming for MIMO radar with colocated antennas [C]//2009 IEEE International Conference on Acoustics, Speech, and Signal Processing, Taipei, Taiwan, Apr. 2009:2089 - 2092.

[11] HASSANIEN A, VOROBYOV S A. Direction finding for MIMO radar with colocated antennas using transmit beamspace preprocessing [C]//2009 3rd IEEE International Workshop on Computational Advances in Multi - Sensor Adaptive Processing, Aruba, Netherlands, Dec. 2009:181 - 184.

[12] 胡亮兵，刘宏伟，杨晓超，等. 集中式 MIMO 雷达发射方向图快速设计方法[J]. 电子与信息学报，2010，32(2)：481 - 484.

[13] SRINIVAS A, REDDY V U. Transmit beamforming for colocated MIMO radar [C]//2010 International Conference on Signal Processing and Communications, Bangalore, India, Jul. 2010:254 - 257.

[14] DOREY J, GAMIER G, AUVRAY G R. Synthetic impulse and antenna radar [C]//International Conference on Radar, Paris, 1989: 556 - 562.

[15] LUCE A S, MOLINA H, MULLER D, et al. Experimental results on SIAR digital beamforming radar [C]//Proc. of the IEEE International Radar Conference, 1992: 74 - 77.

[16] 赵光辉. 基于 SIAR 体制的稀布阵米波雷达若干问题研究[D]. 西安：西安电子科技大学，2008.

[17] 杨明磊. 微波稀布阵 SIAR 相关技术研究[D]. 西安：西安电子科技大学，2009.

[18] MAIO D A ,LOPS M. Design principles of MIMO radar detectors [J]. IEEE Trans. on Aerospace and Electronic Systems, 2007, 43(3): 886 - 898.

[19] XU L , LI J. Iterative generalized - likelihood ratio test for MIMO radar [J]. IEEE Trans. on Signal Processing, 2007, 55(6I): 2375 - 2385.

[20] LIU J, ZHANG Z J,CAO Y H, et al. A closed - form expression for false alarm rate of adaptive MIMO - GLRT detector with distributed MIMO radar [J]. Signal Processing, 2013, 93(9): 2771 - 2776.

[21] BLISS D W, FORSYTHE K W. Multiple - input multiple - output (MIMO) radar and imaging: degree of freedom and resolution [C]//

Proc. of Asilomar Conference on Signal, Systems and Computers, Pacific Grove, CA, United States, Nov. 2003: 54-59.

[22] LIU J, ZHOU W D, FILBERT H J, et al. Reweighted smoothed l_0-norm based DOA estimation for MIMO radar [J]. Signal Processing, 2017, 137: 44-51.

[23] SHI J P, HU G P, ZHANG X F, et al. Generalized co-prime MIMO radar for DOA estimation with enhanced degrees of freedom [J]. IEEE Sensors Journal, 2018, 18(3): 1203-1212.

[24] BLISS D W, FORSYTHE K W, DAVIS S K, et al. GMTI MIMO radar [C]//2009 International Waveform Diversity and Design Conference, Kissimmee, FL, United States, Feb. 2009: 118-122.

[25] FENG W K, ZHANG Y S, HE X Y. Complexity reduction and clutter rank estimation for MIMO-phased STAP radar with subarrays at transmission [J]. Digital Signal Processing, 2017, 60: 296-306.

[26] FENG W K, GUO Y D, HE X Y, et al. Jointly iterative adaptive approach based space time adaptive processing using MIMO Radar [J]. IEEE Access, 2018, 6: 26605-26616.

[27] 张锡祥. 对 MIMO 雷达的干扰构想[J]. 现代雷达, 2010, 32(4): 1-4.

[28] XU J W, LIAO G S, ZHU S Q, et al. Deceptive jamming suppression with frequency diverse MIMO radar [J]. Signal Processing, 2015, 113: 9-17.

[29] XU J W, LIAO G S, HUANG L, et al. Robust Adaptive Beamforming for Fast-Moving Target Detection with FDA-STAP Radar [J]. IEEE Transactions on Signal Processing, 2017, 65 (4): 973-984.

[30] FISHLER E, HAIMOVICH A, BLUM R, et al. Performance of MIMO radar systems: Advantages of angular diversity [C]//Conference Record of the 38th Asilomar Conference on Signals, Systems and Computers, Pacific Grove, CA, United States, Nov. 2004: 305-309.

[31] FRIEDLANDER B. On the relationship between MIMO and SIMO radars [J]. IEEE Trans. on Signal Processing, 2009, 57(1): 394-398.

[32] 张庆文, 何铮. 稀布阵综合脉冲和孔径雷达的接收信号处理[J]. 现代雷达, 1992, 14(5): 32-42.

[33] 夏威. MIMO 雷达模型与信号处理研究[D]. 成都: 电子科技大

学，2009.
[34] 何子述，韩春林，刘波. MIMO 雷达概念及其技术特点分析[J]. 电子学报，2005，33(B12)：2441 - 2445.
[35] DONNET B J, LONGSTAFF I D. MIMO radar, techniques and opportunities [C]//Proc. of the 3rd European Radar Conference, Manchester, England, 2006：112 - 115.
[36] RABIDEAU D J. Multiple - input multiple - output radar apertureoptimization [J]. IET Radar Sonar Naving., 2011，5(2)：155 - 162.
[37] HAIMOVICH A M, BLUM R S, CIMINI L J. MIMO radar with widely separated antennas [J]. IEEE Signal Processing Magazine, 2008，25(1)：116 - 129.
[38] RENNICH P K. Four - platform distributed MIMO radar measurements and imagery[C]//2009 IEEE Radar Conference, RADAR 2009, Pasadena, CA, United States, May 2009：1 - 6.
[39] 戴喜增，许稼，彭应宁，等. MIMO - VSAR 及其一种优化的阵列配置[J]. 电子学报，2008，36(12)：2394 - 2399.
[40] 邵慧，田文涛，张浩，等. MIMO 雷达非均匀布阵的性能分析[J]. 雷达科学与技术，2008，6(4)：247 - 250.
[41] CHEN C, VAIDYANATHAN P P. Minimum redundancy MIMO radars [C]//2008 IEEE International Symposium on Circuits and Systems, ISCAS 2008, Seattle, WA, United States, May 2008：45 - 48.
[42] DONG J, LI Q, GUO W. A combinatorial method for antenna array design in minimum redundancy MIMO radars [J]. IEEE Antennas and Wireless Propagation Letters, 2009，8：1150 - 1153.
[43] 张娟，张林让，刘楠. 阵元利用率最高的 MIMO 雷达阵列结构优化算法[J]. 西安电子科技大学学报，2010，37(1)：86 - 90.
[44] ZHANG J, ZHANG L R, LIU N, et al. An efficient algorithm for array optimization of MIMO radar[C]//IET International Radar Conference 2009, Guilin, China, April 2009：1 - 4.
[45] ZHANG Z Y, ZHAO Y B, HUANG J F. Array optimization for MIMO radar by genetic algorithms [C]//Proc. of the 2009 2nd International Congress on Image and Signal Processing, Oct. 2009：4654

-4657.

[46] CAO H, JIANG T Z, CHEN X Y. Array optimization for MIMO radar by particle swarm algorithm [C]//Proceedings of 2011 IEEE CIE International Conference on Radar, Chengdu, China, Oct. 2011: 99-103.

[47] FUHRMANN D R, ANTONIO S G. Transmit beamforming for MIMO radar systems using signal cross-correlation [J]. IEEE Trans. on Aerospace and Electronic Systems, 2008, 44(1): 171-186.

[48] FUHRMANN D R, ANTONIO S G. Transmit beamforming for MIMO radar systems using partial signal correlation [C]//IEEE Signals, Systems and Computers Conference Record of the 38th Asilomar Conference, California, 2004: 295-300.

[49] ZENG X N, ZHANG Y S, GUO Y D. Polyphase coded signal design for MIMO radar using MO-MicPSO [J]. Journal of Systems Engineering and Electronics, 2011, 22(3): 381-386.

[50] STOICA P, LI J, XIE Y. On probing signal design for MIMO radar [J]. IEEE Trans. on Signal Processing, 2007, 55(8): 4151-4161.

[51] LI J, XU L, STOICA P, et al. Range compression and waveform optimization for MIMO radar: A Cramer-Rao bound based study [J]. IEEE Trans. on Signal Processing, 2008, 56(1): 218-232.

[52] STOICA P, LI J, ZHU X. Waveform synthesis for diversity-based transmit beampattern design [J]. IEEE Trans. on Signal Processing, 2008, 56(6): 2593-2598.

[53] LI J, STOICA P, ZHENG X. Signal synthesis and receiver design for MIMO radar imaging [J]. IEEE Trans. on Signal Processing, 2008, 56(8 Ⅱ): 3959-3968.

[54] LIU B, HE Z S, HE Q. Optimization of orthogonal discrete frequency-coding waveform based on modified genetic algorithm for MIMO radar [C]//International Conference on Communications, Circuits and Systems 2007, Kokura, Japan, Jul. 2007: 966-970.

[55] LIU B, HE Z S, ZENG J K, et al. Polyphase orthogonal code design for MIMO radar systems [C]//2006 CIE International Conference on Radar, Shanghai, China, Oct. 2006: 1-4.

[56] LI J, GUERCI J R,XU L. Signal waveform's optimal under restriction design for active sensing [J]. IEEE Signal Processing Letter, 2006, 13 (9): 565 - 568.

[57] MAIO A D,NICOLA S D,HUANG Y. Code design to optimize radar detection performance under accuracy and similarity constraints [J]. IEEE Trans. on Signal Processing, 2008, 56(11): 5618 - 5629.

[58] BELL M R. Information theory and radar waveform design [J]. IEEE Trans. on Inf. Theory, 1993, 39(5): 1578 - 1597.

[59] SONG C,LEE K J,LEE I. MMSE based transceiver designs in closed - loop non - regenerative MIMO relaying systems [J]. IEEE Trans. on Wireless Communications, 2010, 9(7): 2310 - 2319.

[60] NAGHIBI T,BEHNIA F. MMSE based waveform design for MIMO radars [C]//IET Waveform Diversity and Digital Radar Conference, London, United Kingdom, Dec. 2008: 1 - 5.

[61] YANG Y,BLUM R S. Minimax robust MIMO radar waveform design [J]. IEEE Journal Selected Topics Signal Processing, 2007, 1(1): 147 - 155.

[62] BRENNAN L E,REED I S, Theory of adaptive radar [J]. IEEE Trans. on AES, 1973, 9 (1): 237 - 252.

[63] RICHARD K. Principles of space - time adaptive processing [M]. London: The Institution of Electrical Engineers, 2002.

[64] RICHARD K. Applications of space - time adaptive processing [M]. London: The Institution of Electrical Engineers, 2004.

[65] 王永良,彭应宁. 空时自适应信号处理 [M]. 北京: 清华大学出版社, 2000.

[66] PARKER P,SWINDLEHURST A. Space - time autoregressive filter for matched subspace STAP [J]. IEEE Trans. on AES, 2003, 39(2): 510 - 520.

[67] GERLACH K, MICHAEL L P. Airborne/Spacebased radar STAP using a structured covariance matrix [J]. IEEE Trans. on AES, 2003, 39(1): 269 - 281.

[68] LIM C H, ABOUTANIOS E, MULGREW B. Modified JDL with Doppler compensation for airborne bistatic radar [C]//Arlington:Proc of the IEEE National Radar Conf., Arlington, VA, USA, May 2005:

854 - 858.

[69] SHANNON D B, GERLACH K, RANGASWAMY M. STAP using knowledge - aided covariance estimation and the FRACTA algorithm [J]. IEEE Trans. on AES, 2006, 42(3): 1043 - 1057.

[70] VOROBYOV S A, GERSHMAN A B, LUO Z Q. Robust adaptive beamforming using worst - case performance optimization: a solution to the signal mismatch problem [J]. IEEE Trans. on Signal Processing, 2003, 51(3): 313 - 324.

[71] BLISS D W, FORSYTHE K W. Multiple - input multiple - output (MIMO) radar and imaging: Degrees of freedom and resolution [C]// Pacific Grove: Proc 37th Asilomar Conference on Signals, Systems, Computers, Pacific Grove, CA, Nov. 2003 (1): 54 - 59.

[72] FORSYTHE K W, BLISS D W, FAWCETT G S. Multiple - Input Multiple - Output (MIMO) radar: performance issues [C]//Pacific Grove: Proceedings of the 38th Asilomar Conference on Signals, Systems and Computers, Pacific Grove, CA, Nov. 2004(1): 310 - 315.

[73] CHEN C Y, VAIDYANATHAN P P. Beamforming issues in modem MIMO radars with Doppler [C]//Proceedings of 40th Asilomar Conference on Signals, Systems and Computers, Pacific Grove, CA, United States, Nov. 2006: 41 - 45.

[74] CHEN C Y, VAIDYANATHAN P P. MIMO radar space - time adaptive processing using prolate spheroidal wave functions [J]. IEEE Trans. on Signal Processing, 2008, 56(2): 623 - 635.

[75] MECCA V F, DINESH R, KROLIK J L. MIMO radar space - time adaptive processing for Multipath Clutter Mitigation [C]//Proc. of 4th IEEE Sensor Array and Multichannel Signal Processing Workshop, Waltham, MA, United States, 2006: 249 - 253.

[76] MECCA V F, KROLIK J L. Slow - time MIMO STAP with improved power efficiency [C]//Proceedings of 41th Asilomar Conference on Signals, Systems and Computers, Pacific Grove, CA, United States, 2007: 202 - 206.

[77] WILCOX D, SELLATHURAI M. Beampattern optimisation for sub - arrayed MIMO radar for large arrays [C]//4th IEEE International

Symposium on Phased Array Systems and Technology, Array, Boston, MA, United States, Oct. 2010: 567 - 572.

[78] 张宇，王建新. MIMO 雷达发射波束成形技术研究[J]. 南京理工大学学报(自然科学版)，2008，32(3)：356 - 359.

[79] ABRAMOVICH Y I, FRAZER G J, JOHNSON B A. Iterative adaptive kronecker MIMO radar beamformer: Description and convergence analysis[J]. IEEE Trans. on Signal Processing, 2010, 58(7): 3681 - 3691.

[80] FENG D Z, LI X, LV H, et al. Two - sided minimum - variance distortionless response beamformer for MIMO radar [J]. Signal Processing, 2009, 89(3): 328 - 332.

[81] XIANG C, FENG D Z, LV H, et al. Robust adaptive beamforming for MIMO radar [J]. Signal Processing, 2010, 90(12): 3185 - 3196.

[82] 莫海生，李军，廖桂生. 基于 NLS 的 MIMO 雷达方向图综合[J]. 雷达科学与技术，2008，6(6)：476 - 480.

[83] 屈金佑，张剑云. MIMO 雷达的相干脉冲串检测性能[J]. 电子与信息学报，2009，31(2)：378 - 381.

[84] 屈金佑，张剑云，刘春生. 波形具有任意相关性时 MIMO 雷达的检测性能[J]. 电路与系统学报，2009，14(2)：68 - 73.

[85] BEKKERMAN I, TABRIKIAN J. Target detection and localization using MIMO radars and sonars[J]. IEEE Trans. on Signal Processing, 2006, 54(10): 3873 - 3883.

[86] 戴喜增，彭应宁，汤俊. MIMO 雷达检测性能[J]. 清华大学学报(自然科学版)，2007，47(1)：88 - 91.

[87] MAIO A D, LOPS M. Design principles of MIMO radar detectors [J]. IEEE Trans. on Aerospace and Electronic Systems, 2007, 43(3): 886 - 898.

[88] 王鞠庭，江胜利，何劲，等. 基于对角加载的机载 MIMO 雷达 GLRT 检测器[J]. 电子学报，2009,37(12)：2614 - 2619.

[89] 王敦勇，马晓岩，袁俊泉，等. MIMO 雷达与相控阵雷达的多脉冲检测性能比较[J]. 雷达科学与技术，2007，5(6)：405 - 409.

[90] 王敦勇，马晓岩，袁俊泉，等. MIMO 雷达中单元平均恒虚警检测性能分析[J]. 电子对抗，2008(1)：34 - 38.

[91] 王敦勇，马晓岩，袁俊泉，等. 两种基于 MIMO 雷达体制的鲁棒 CFAR 检测器[J]. 电子与信息学报，2009，31(3)：596 - 600.

[92] 朱晓波，王首勇，李旭涛，等. 非高斯杂波中的 MIMO 雷达信号分离[J]. 系统工程与电子技术，2010，32(6)：1210 - 1214.

[93] XU L，LI J，STOICA P. Radar imaging via adaptive MIMO techniques [C]//Proc. 14th European Signal Processing Conference，Florence，Italy，Sep. 2006：1 - 4.

[94] LI J，ZHENG X Y，STOICA P. MIMO SAR imaging：signal synthesis and receiver design [C]//2007 2nd IEEE International Workshop on Computational Advance in Multi - Sensor Adaptive Processing，Dec. 2007：89 - 92.

[95] OSSOWSKA，KIM J H，WIESBECK W. Modeling of nonidealities in receiver front - end for a simulation of multistatics SAR system[C]// Proc. of the 4th European Radar Conference，Mubich Germany，Oct. 2007：13 - 16.

[96] LUKIN K A，MOGYLA A A，PALAMARCHUK V P，et al. Ka - band bistatic ground - based noise waveform SAR for short - range applications [J]. IET Radar Sonar Navig.，2008，2(4)：233 - 243.

[97] KIM J H，OOSSOWSKA A，WIESBECK W. Investigation of MIMO SAR for interferometry[C]//Proc. of the 4th European Radar Conference，Mubich Germany，Oct. 2007：51 - 54.

[98] LI J，STOICA P，ZHENG X Y. Signal synthesis and receiver design for MIMO radar imaging [J]. IEEE Trans. on Signal Processing，2008，56 (8)：3959 - 3968.

[99] BILL J C. Efficient Spotlight SAR MIMO linear collection configurations [J]. IEEE Journal of Selected Topics in Signal Processing，2010，4(1)：33 - 39.

[100] JOHN K S. Sparse，active aperture imaging [J]. IEEE Journal of Selected Topics in Signal Processing，2010，4(1)：202 - 209.

[101] DUAN G Q，WANG D W，MA X Y，et al. Three - dimensional imaging via wideband MIMO radar system [J]. IEEE Geoscience and Remote Sensing Letters，2010，7(3)：445 - 449.

[102] WANG D W，MA X Y，SU Y. Two - dimensional imaging via a nar-

rowband MIMO radar system with two perpendicular linear arrays [J]. IEEE Trans. on Image Processing, 2010, 19(5): 1269 - 1279.

[103] KRIM H, VIBERG M. Two decades of array signal processing research[J]. IEEE Signal Processing Magazine, 1996, 13(4): 67 - 94.

[104] 王永良，陈辉，彭应宁，等. 空间谱估计理论与算法[M]. 北京：清华大学出版社，2004.

[105] XU L, LI J, STOICA P. Adaptive techniques for MIMO radar [C]// Proceeding of the 4th IEEE Workshop Sensor Array Multi - Channel, Waltham, MA, USA, Jul. 2006: 258 - 262.

[106] LIU N, ZHANG R, ZHANG J, et al. Direction finding of MIMO radar through ESPRIT and Kalman filter [J]. Electronics Letters, 2009, 45(17): 908 - 910.

[107] LIU J, ZHOU W D, WANG X P. Fourth - order cumulants - based sparse representation approach for DOA estimation in MIMO radar with unknown mutual coupling [J]. Signal Processing, 2016(128): 123 - 130.

[108] 吴向东，赵永波，张守宏，等. 一种 MIMO 雷达低角跟踪环境下的波达方向估计新方法[J]. 西安电子科技大学学报(自然科学版)，2008，35(5)：793 - 798.

[109] 江胜利，王鞠庭，何劲，等. 冲击杂波下的 MIMO 雷达的 DOA 估计方法[J]. 航空学报，2009，30(8)：1454 - 1459.

[110] LEHMANN N H, FISHLER E, HAIMOVICH A M, et al. Evaluation oftransmits diversity in MIMO radar direction finding [J]. IEEE Trans. on Signal Processing, 2007, 55(5): 2215 - 2225.

[111] WILCOX D, SELLATHURAI M, RATNARAJAH T. A comparison of MIMO and phased array radar with the application of MUSIC [C]// Pacific Grove: Asilomar Conference on Signals, Systems and Computers, Pacific Grove, CA, Nov. 2007:1529 - 1533.

[112] 邵慧，田文涛，张浩，等. MIMO 雷达非均匀布阵的性能分析[J]. 雷达科学与技术，2008，4(8)：247 - 252.

[113] 杨巍，刘峥. MIMO 雷达波达方向估计的性能分析[J]. 西安电子科技大学学报(自然科学版)，2009，36(5)：819 - 826.

[114] 江胜利，刘中，邓海. 基于 MIMO 雷达的相干分布式目标参数估计的

Cramer - Rao 下界[J]. 电子学报，2009，37(1)：101 - 107.

[115] 王鞠庭，江胜利，刘中. 复合高斯杂波中 MIMO 雷达 DOA 估计的克拉美-罗下限[J]. 电子与信息学报，2009，31(4)：786 - 790.

[116] 胡晓琴，陈建文，王永良，等. MIMO 体制米波圆阵雷达研究[J]. 国防科技大学学报，2009，31(1)：52 - 57.

[117] 郑志东，张剑云，查淞. 基于约束最小冗余阵的 MIMO 雷达二维波达方向估计[J]. 电子与信息对抗技术，2009，24(6)：1 - 7.

[118] 谢荣，刘铮，刘韵佛. 基于 L 型阵列 MIMO 雷达的多目标分辨和定位[J]. 系统工程与电子技术，2010，32(1)：49 - 54.

[119] 许红波，王怀军，陆珉，等. 基于 MIMO 技术的二维波达方向估计[J]. 信号处理，2010，26(1)：60 - 64.

[120] 曲毅，廖桂生，朱圣棋，等. MIMO 雷达的目标运动方向及速度估计[J]. 西安电子科技大学(自然科学版)，2008，35(5)：781 - 786.

[121] 杨明磊，陈伯孝，秦国栋，等. 多载频 MIMO 雷达的空时超分辨算法[J]. 电子与信息学报，2009，31(9)：2048 - 2052.

[122] YAN H D, LI J, LIAO G S. Multitarget identification and localization using bistatic MIMO radar system [J]. EURASIP Journal on Advance in Signal Processing, 2008, 8(2): 1 - 8.

[123] ZHANG X, XU D. Angle estimation in MIMO radar using reduced - dimension Capon [J]. Electronics Letters, 2010, 46(12): 860 - 861.

[124] ZHANG X F, XU L Y, XU L, et al. Direction of departure (DOD) and direction of arrival (DOA) estimation in MIMO radar with reduced - dimensional MUSIC [J]. IEEE Communications Letters, 2010, 14(12): 1161 - 1163.

[125] BENCHEIKH M L, WANG Y D, HE H Y. A subspace - based technique for joint DOA - DOD estimation in bistatic MIMO radar [C]// 2010 11th International Radar Symposium, Jun. 2010: 1 - 4.

[126] BENCHEIKH M L, WANG Y D, HE H Y. Polynomial root finding technique for joint DOA DOD estimation in bistatic MIMO radar [J]. Signal Processing, 90(2010): 2723 - 2730.

[127] LIU X L, LIAO G S. Joint DOD and DOA estimation using real polynomial rooting in bistatic MIMO radar [C]//Ning bo: 2010 International Conference on Multimedia Technology, Ningbo, China, Oct.

2010：1-4.

[128] 谢荣，刘峥. 基于多项式求根的双基地 MIMO 雷达多目标定位方法[J]. 电子与信息学报，2010，32(9)：2197-2200.

[129] GAO X，ZHANG X F，FENG G P，et al. On the MUSIC-derived approaches of angle estimation for bistatic MIMO radar [C]//Shanghai：2009 International Conference on Wireless Networks and Information Systems，Shanghai China，Dec. 2009：343-346.

[130] LI X C，GUO Y D，ZHANG Y S，et al. Joint angle estimation for bistatic MIMO radar [C]//The 6th International Conference on Wireless Communications，Networking and Mobile Computing，Chengdu，China，Sep. 2010：1-4.

[131] GUANGHAN X，SETH D，RICHARD H，et al. Beamspace ESPRIT [J]. IEEE Trans. on Signal Processing，1994，42(2)：349-356.

[132] CEN D F，CHEN B X，QIN G D. Angle estimation using ESPRIT in MIMO radar [J]. Electronics Letters，2008，44(12)：770-771.

[133] CHEN J L，GU H，SU W M. Angle estimation using ESPRIT without pairing in MIMO radar [J]. Electronics Letters，2008，44(24)：1422-1423.

[134] YANG M L，CHEN B X，YANG X Y. Conjugate ESPRIT algorithm for bistatic MIMO radar [J]. Electronics Letters，2010，46(25)：1692-1694.

[135] 陈金立，顾红，苏卫民. 一种双基地 MIMO 雷达快速多目标定位方法[J]. 电子与信息学报，2009，31(7)：1664-1668.

[136] ZHENG Z D，ZHANG J Y，MA P，et al. Angle estimation with automatic pairing for bistatic MIMO radar [C]//2009 2nd International Congress on Image and Signal Processing，Oct. 2009：1-4.

[137] LIU X L，LIAO G S. Multi-targetlocalization in bistatic MIMO radar [J]. Electronics Letters，2010，46(13)：945-946.

[138] LIU F L，WANG J K. AD-MUSIC for jointly DOA and DOD estimation in bistatic MIMO radar system [C]//2010 International Conference on Design and Applications，Qinhuangdao：Hebei，China，Jun. 2010：455-458.

[139] LIU F L，WANG J K. An effective virtual ESPRIT algorithm for multi-target localization in bistatic MIMO radar system[C]// 2010

International Conference on Design and Applications, Qinhuangdao: Hebei, China, Jun. 2010: 412-415.

[140] ZHENG Z D, ZHANG J Y. Fast method for multi-targetlocalization in bistatic MIMO radar [J]. Electronics Letters, 2011, 47(2): 138-139.

[141] CHEN J L, GU H, SU W M. A new method for joint DOD and DOA estimation in bistatic MIMO radar [J]. Signal Processing, 90(2010): 714-718.

[142] 郑志东，张剑云. 基于 ESPRIT 的 MIMO 雷达测向方法[J]. 雷达科学与技术，2009，7(3)：205-209.

[143] 郑志东，张剑云，熊蓓蕾. 双基地 MIMO 雷达的 DOD 和 DOA 联合估计[J]. 系统工程与电子技术，2010，32(11)：2268-2272.

[144] JIN M, LIAO G S, LI J. Joint DOD and DOA estimation for bistatic MIMO radar [J]. Signal Processing, 2009, 89(2): 244-251.

[145] ZHANG S, GUOY D, NIUX L, et al.. Angle estimation of coherent multitarget for MIMO bistatic radar [C]//2010 International Conference on Image Analysis and Signal Processing, Xiamen: China, Apr. 2010: 146-149.

[146] BENCHEIKH M L, WANG Y. Joint DOD-DOA estimation using combined ESPRIT-MUSIC approach in MIMO radar [J]. Electronics Letters, 2010, 46(15): 1081-1083.

[147] 刘晓莉，廖桂生. 基于 MUSIC 和 ESPRIT 的双基地 MIMO 雷达角度估计算法[J]. 电子与信息学报，2010，32(9)：2179-2183.

[148] BENCHEIKH M L, WANG Y D. Non circular ESPRIT-rootMUSIC joint DOA-DOD estimation in bistatic MIMO radar [C]//2011 7th International Workshop on Systems, Signal Processing and their Applications, Tipaza Algeria, May, 2011: 51-54.

[149] ZHANG X, XU Z, XU L, et al. Trilinear decomposition-based transmit angle and receive angle estimation for multiple-input multiple-output radar [J]. IET Radar Sonar Navig., 2011, 5(6): 626-631.

[150] YUNCHE C. Joint estimation of angle and Doppler frequency for bistatic MIMO radar [J]. Electronics Letters, 2010, 46(2): 170-172.

[151] 张剑云，郑志东，李小波. 双基地 MIMO 雷达收发角及多普勒频率的联合估计算法[J]. 电子与信息学报，2010，32(8)：1843-1848.

[152] 吕晖，冯大政，和洁，等. 一种新的双基地 MIMO 雷达目标定位和多普勒频率估计方法[J]. 电子与信息学报，2010，32(9)：2167－2171.

[153] 张永顺，牛新亮，赵国庆，等. 双基地 MIMO 雷达多目标角度-多普勒频率联合估计[J]. 西安电子科技大学学报(自然科学版)，2011，38(1)：16－21.

[154] GONG J，LV H Q，GUO Y D. Multidimensional Parameters estimation for bistatic MIMO radar [C]//2011 7th International Conference on Wireless Communications，Networking and Mobile Computing，Wuhan，China，Sep. 2011：1－4.

[155] 符渭波，苏涛，赵永波，等. 空间色噪声环境下基于时空结构的双基地 MIMO 雷达角度和多普勒频率联合估计方法[J]. 电子与信息学报，2011，33(7)：1649－1654.

[156] 符渭波，苏涛，赵永波，等. 空间色噪声环境下双基地 MIMO 雷达角度和多普勒频率联合估计方法[J]. 电子与信息学报，2011，33(12)：2858－2862.

[157] 吴跃波，郑志东，杨景曙. 一种新的双基地 MIMO 雷达收发角和多普勒频率联合估计方法[J]. 电子与信息学报，2011，33(8)：1816－1821.

[158] 金明，李军，廖桂生，等. 测量目标高度的双基地 MIMO 雷达虚拟阵元技术[J]. 西安电子科技大学学报(自然科学版)，2010，37(4)：671－675.

[159] 张永顺，郭艺夺，赵国庆. 双基地 MIMO 雷达空间多目标定位方法[J]. 电子与信息学报，2010，32(12)：2820－2824.

[160] 吴跃波，杨景曙，王江. 一种双基地 MIMO 雷达三维多目标定位方法[J]. 电子与信息学报，2011，33(10)：2483－2488.

[161] HONG J，WANG D F，LIU C. Joint parameter estimation of DOD/DOA/polarization for bistatic MIMO radar [J]. The Journal of China Universities of Posts and Telecommunications，2010，17(5)：32－37.

[162] HONG J，WANG D F，LIU C. Estimation of DOD and 2D－DOA and polarizationd forbistatic MIMO radar [C]//The 19th Annual Wireless and Optical Communications Conference，Shanghai：China，May 2010：1－5.

[163] 刘志国，廖桂生. 双基地 MIMO 雷达互耦校正[J]. 电波科学学报，2010，25(4)：663－667.

[164] 刘晓莉，廖桂生. 双基地 MIMO 雷达多目标定位及幅相误差估计[J]. 电子学报，2011，39(1)：596－601.

[165] KALKAN Y, BAYKAL B. MIMO radar target localization by using Doppler shift measurement [C]//Proceedings of the European Radar Conference, Rome: Italy, Sep. 2009: 489 - 492.

[166] CHEN H W, ZHOU W, LI X, et al. Cramer - Rao bounds for estimating velocity and direction with a bistatic MIMO radar [C]//Proceedings of ICSP, 2010: 2412 - 2415.

[167] GOLDSTEIN J S, REED I S, SCHARF L L. A multistage representation of the wiener filter based on orthogonal projections [J]. IEEE Trans. on Information Theory, 1998, 44(7): 2943 - 2959.

[168] HOTELLING H. Analysis of a complex of statistical variables into principal components [J]. J. Educ. Psychol., 1933, 24(4): 417 - 441.

[169] GOLDSTEIN J S, REED I S. Reduced rank adaptive filtering [J]. IEEE Trans. on Signal Processing, 1997, 45(2): 492 - 496.

[170] HONIG M L, XIAO W. Performance of reduced - rank linear interference suppression [J]. IEEE Trans. on Information Theory, 2001, 47(5): 1928 - 1946.

[171] 黄磊，张林让，吴顺君. 一种低复杂度的信号子空间拟合的新方法[J]. 电子学报，2005，33(6)：982 - 986.

[172] XU X L, BUCKLEY K. An analysis of beam - space source localization [J]. IEEE Trans. on Signal Processing, 1993, 41(1): 501 - 504.

[173] 黄磊. 快速子空间估计方法研究及其在阵列信号处理中的应用[D]. 西安：西安电子科技大学，2005.

[174] 张涛麟，刘颖，廖桂生. 一种未知信源数的高分辨 DOA 估计算法[J]. 电子与信息学报，2008，30(2)：375 - 378.

[175] WU Q, WONG K M, MENG Y, et al. DOA estimation of point and scattered sources: Vec - MUSIC [C]//IEEE Signal Processing Workshop on Statistical and Array Processing, Quebec City: Canada, Jun. 1994: 365 - 368.

[176] VALEE S, CHAMPAGNE B, KABAL P. Parametric localization of distributed sources [J]. IEEE Trans. on Signal Processing, 1995, 43(9): 2144 - 2153.

[177] 万群，袁静，刘申建，等. 基于角信号子空间的 DOA 估计方法[J]. 清华大学学报(自然科学版)，2003，43(7)：950 - 952.

[178] 万群，杨万麟. 相干分布源一维 DOA 估计方法[J]. 信号处理，2001，17(2)：115 - 119.

[179] SHAHBAZPANAHI S，VALEE S，BESTANI M H. Distributed source localization using ESPRIT algorithm [J]. IEEE Trans. on Signal Processing，2001，49(10)：2169 - 2178.

[180] 郭贤生. 多阵列分布源参数估计及跟踪方法研究[D]. 成都：电子科技大学，2008.

[181] 韩英华，汪晋宽，宋昕. 基于 Schur - Hadamard 积波束形成的相干分布式信源参数估计[J]. 系统工程与电子技术，2008，30(11)：2099 - 2102.

[182] MA W K，HSIEH T H，CHI C Y. DOA estimation of quasi - stationary signals with less sensors than sources and unknown spatial noise covariance：a Khatri - Rao subspace approach [J]. IEEE Trans. on Signal Processing，2010，58(4)：2168 - 2180.

[183] 张贤达. 矩阵分析与应用[M]. 北京：清华大学出版社，2004.

[184] RAO B D，HARI K V S. Performance analysis of ESPRIT and TAM in determining the direction of arrival of plane waves in noise [J]. IEEE Trans. on Acoustics，Speech and Signal Processing，1989，37(12)：1990 - 1995.

[185] LI F，LU Y. Bias analysis for ESPRIT - type estimation algorithms [J]. IEEE Trans. on Antennas and Propagation，1994，42(3)：418 - 423.

[186] 杨明磊，张守宏，陈伯孝，等. 多载频 MIMO 雷达的幅相误差校正[J]. 系统工程与电子技术，2010，32(2)：279 - 283.

[187] 刘晓莉，廖桂生. 双基地 MIMO 雷达多目标定位及幅相误差估计[J]. 电子学报，2011，39(3)：598 - 601.

[188] WANG B H，WANG Y L，CHEN H，et al. Array calibration of angularly dependent gain and phase uncertainties with carry - on instrumental sensors [J]. Science in China Ser. F：Information Sciences，2004，47(6)：777 - 792.

[189] 伍裕江，聂在平. 一种新的互耦补偿方法及其在 DOA 估计中的应用[J]. 电波科学学报，2007，22(4)：541 - 545.

[190] 苏洪涛，张守宏，保铮. 发射阵列互耦及幅相误差校正[J]. 电子与信息学报，2006，28(5)：941 - 944.

[191] 郭利强，朱守平，陈伯孝，等. 双/多基地综合脉冲孔径地波雷达的互耦

自校正[J]. 电波科学学报，2008，23(1)：134 - 140.
[192] WANG B H,WANG Y L,CHEN H，et al. Robust DOA estimation and mutual coupling self - calibration for uniform linear array in the presence of mutual coupling [J]. Science in China Ser. E Technological Sciences，2004，34 (2)：229 - 240.
[193]YE Z F,LIU C. On the resiliency of MUSIC direction finding against antenna sensor coupling [J]. IEEE Trans. on Antennas and Propagation，2008，56(2)：371 - 380.